食品科学与工程类专业应用型本科教材

粮油食品工艺学

张 雪 主 编
陈复生 主 审

中国轻工业出版社

图书在版编目（CIP）数据

粮油食品工艺学/张雪主编 . —北京：中国轻工业出版社，2023.1

普通高等教育"十三五"规划教材　食品科学与工程类专业应用型本科教材

ISBN 978 – 7 – 5184 – 1429 – 1

Ⅰ.①粮…　Ⅱ.①张…　Ⅲ.①粮食加工—工艺学—高等学校—教材　②油料加工—工艺学—高等学校—教材　Ⅳ.①TS210.4 ②TS224

中国版本图书馆 CIP 数据核字（2017）第 199126 号

责任编辑：贾　磊　责任终审：劳国强　整体设计：锋尚设计
责任校对：吴大朋　责任监印：张京华

出版发行：中国轻工业出版社（北京东长安街6号，邮编：100740）
印　　刷：北京君升印刷有限公司
经　　销：各地新华书店
版　　次：2023年1月第1版第5次印刷
开　　本：787×1092　1/16　印张：16.5
字　　数：370千字
书　　号：ISBN 978 – 7 – 5184 – 1429 – 1　定价：39.00元
邮购电话：010 – 65241695
发行电话：010 – 85119835　传真：85113293
网　　址：http://www.chlip.com.cn
Email：club@chlip.com.cn
如发现图书残缺请与我社邮购联系调换
230030J1C105ZBW

本书编写人员

主　编：张　雪

副主编：李　磊

编　者：袁晓晴　吴　丽　杨盛茹

主　审：陈复生

前　言
Preface

　　粮食和油料是主要的农产品，粮油食品是我国人民膳食结构的主体，粮油工业是我国食品工业的重要组成部分。特别是在我国主要农产品产量不断提高、供应充足的情况下，粮油加工与转化对促进农业发展，提高农产品附加值，振兴农村经济，繁荣市场和提高人民生活水平具有重要意义。

　　新中国成立以来，尤其是改革开放以来，我国粮油加工业发展迅速，取得了举世瞩目的成就。粮油加工的规模化、集约化、标准化及其制品质量逐步改善，产品结构渐趋合理，深加工程度不断提高，产业经济地位日益重要。粮油加工业在推动农业产业结构调整、增加农民收入、提高国民身体素质、促进农业良性循环等方面已经成为不容忽视的力量。目前，我国粮油食品消费已告别了供应短缺的历史，进入了由数量与原料需求型向质量与制品需求型转化的新阶段。粮油加工业的快速发展，不仅加大了对人才的需求量，同时也对人才的实用性、技能性、创新性提出了更高的要求。

　　《粮油食品工艺学》是我国高等学校食品科学与工程及相关专业教学内容和课程设置的重要组成部分。随着高等学校教学改革的不断深入，《粮油食品工艺学》的教学内容正在不断创新发展。虽然有关粮油加工方面的书籍很多，但系统地反映我国粮油食品工艺领域研究理论和生产实践，并适合应用型本科食品科学与工程专业本科生教学的教材却很少。为适应应用型本科转型发展的需要，加强应用型本科院校粮油食品工艺学的教学和科研工作，进一步规范粮油食品工艺学课程的教学内容，及时反映学科发展前沿及产业状况，新教材的出版迫在眉睫。近年来，我们在总结粮油加工业发展特点和粮油食品工艺学课程建设与改革经验的基础上编写了这本《粮油食品工艺学》教材，以满足高等院校食品科学与工程类专业建设和相关课程改革的需要，提高课程教学质量和人才培养水平，助推我国粮油加工业发展。

　　本教材编写人员均来自河南牧业经济学院教学一线相关课程的任课教师，由张雪任主编并统稿。具体编写分工如下：第一章、第八章第一、二节由李磊编写；第二章至第七章由张雪编写；第八章第三节至第五节由袁晓晴编写；第九章第一、二节由吴丽编写；第九章第三、四节由杨盛茹编写。全书由河南工业大学陈复生主审。

　　本教材在编写过程中，得到了河南牧业经济学院教务处、食品工程学院和相关高等院校的大力支持与帮助，承蒙不少同行学者悉心指导并提出宝贵意见，谨此表示衷心感谢。本教材在编写过程中参阅了大量国内外文献和相关专业网站资料，在此向这些文献资料的作者表示感谢。

　　编写人员尽管有多年的教学和实践经验，编写过程中倾注了大量心血，但本书涉及的内容广、产业发展快，加之编写时间仓促和编者知识水平有限，书中难免存在疏漏、错误和不妥之处，恳请专家同行批评指正。

编者

2017 年 3 月

目 录
Contents

绪 论

第一节 农产品 （粮油） 加工的意义

种植业所收获的一切产品在广义上统称为农产品，它包括粮食、油料、水果、蔬菜、棉花、麻类、茶叶、烟草、中草药、花卉、食用菌等，范围广泛，种类繁多。农产品中的粮食和油料（统称粮油）是人们最基本的食物来源，具有巨大的加工潜力。以各种粮油作为基础原料，采用物理、化学、生物技术方法，可以制成人们生活必需的多种食品，同时也可为工业、医药等许多行业生产出所需产品。

农产品加工是农产品生产与销售、消费之间一个极为重要的环节。例如，水稻、小麦只有经过碾米工业和制粉工业的加工处理，才能成为食品或工业原料，再经过进一步的食品加工，才能成为米饼、馒头、面条等各种米面食品。油料不经加工也不能供食品消费和其他方面利用。所以，世界各国都必须运用现代科学技术将农业所收获的农产品加工成各种产品，投放市场，发挥其可用价值，创造经济和社会效益。

农产品加工始终是一个战略问题。

首先，它与人民生活息息相关。"民以食为天"，人类赖以生存的食物绝大多数来自农产品，肉、蛋、奶等动物性食品也间接来源于农产品，人们都是以种植业、养殖业的发展而得以丰衣足食、安居乐业、经济繁荣。食品安全（包括数量和质量）是世界各国都必须重视的重大问题，古今中外，任何国家都把食品问题看作国家兴衰存亡的头等大事，都把农业和农产品加工业作为富国强民的基础性产业，给予足够的重视。食品工业的发展水平，在很大程度上反映了一个国家的发展程度。随着人民生活水平的提高，人们不仅要吃饱，而且要求吃好，要求卫生安全、营养合理、方便以及多样化，初级农产品是不能满足人们需求的，而必须通过加工转化才能解决。所以农产品加工是"永恒的产业"，既能调节季节性、区域性与单一性，又能提高商品性与适用性。世界上发达国家的国民膳食结构都在食品工业的不断发展过程中得到改善和提高；反之，食品工业发展水平低的国家，必然呈现食物结构单一、人民生活水平得不到根本改善的状况。

其次，农产品加工直接关系到能否实现高产优质高效农业的发展目标，初级农产品经济价值低，通过加工转化才能实现大幅度增值，把资源优势变为商品优势。加工增值过程是农产品"收获后再收获"的过程，在丰产丰收的基础上，保证农产品资源的充分利用。现代加工技术可以使收获的初级农产品在经济价值上实现几倍甚至十几倍、几十倍的增长，实现加工品形式的市场贸易。而以初级农产品原料形式为主的国内外贸易、经济必然处于落后状态。

其三，农产品加工业是解决农产品出路的主要途径，也是解决农村剩余劳动力就业的重要途径，随着我国城镇化步伐的不断加快，首先要解决走出农村的大量剩余劳动力的就业问题。农产品加工业原料来自农村，就地取材，产地加工，符合大多数农产品加工的产业特点。世界上不少发达国家都把农产品加工业安排在农村产地，既能获得新鲜原料，又能减少原料运输成本，加工后的下脚副料又能及时返还农村作为饲料或肥料。把农业、工业、商业有机结合起来，促进农业良性循环，形成一体化多元结构。

总之，农产品加工是大农业的延伸发展，是高效农业的保证，是丰富人民生活、改善人们食物结构的良策。以粮油原料为主体的农产品加工业，在国际化、现代化、信息化飞速发展的今天，产业发展的规模化、贸易的国际化、加工技术的现代化的产业特征越来越突出，现代农产品加工业的发展需要在传统产业的基础上采用现代高新技术，需要现代产业发展模式，大力发展现代农产品加工业是必然趋势。

第二节　粮油加工的主要内容

在全世界范围内，粮食、油料都是主要的农产品原料，粮油原料给人类提供了主要的食物来源，因为这些原料中含有人体生长发育所需要的糖类、蛋白质、脂肪以及其他营养成分，粮油原料的70%~80%经过加工提取，成为成品粮油或食品工业的原料。但是粮油原料中还有20%~30%的成分目前还不能直接或间接地成为人类食品，如皮壳、纤维等成为副产品。

粮油原料主要包括小麦、水稻、玉米、各种杂粮，以及大豆、花生等各种植物性油料。各类粮食、油料的组织结构、理化特性各异。

一、　粮食初加工和深加工

（一）稻谷加工

1. 大米及米制食品

大米及米制食品主要包括符合不同标准要求的大米、营养强化米、方便米饭、米粉、米糕以及各类大米食品等。

2. 发酵制品

发酵制品包括米酒、醪糟等。

（二）小麦加工

1. 面粉加工制品

面粉加工制品包括符合不同标准要求的面粉、专用粉以及挂面、方便面等。

2. 传统主食面制食品

传统主食面制食品包括馒头、包子等食品。

（三）玉米、薯类加工

1. 淀粉及淀粉制品

淀粉及淀粉制品包括玉米淀粉、马铃薯淀粉、甘薯淀粉以及粉条粉丝等淀粉制品。

2. 淀粉糖

淀粉糖包括麦芽糖、葡萄糖、淀粉糖浆、高果糖（果葡糖浆）及其各类淀粉糖等。

3. 变性淀粉

变性淀粉包括通过物理、化学以及生物技术方法对原淀粉进行改性处理、制备得到的淀粉糊精、酸变性淀粉、氧化淀粉、酯化淀粉、醚化淀粉、交联淀粉等各类变性淀粉。

4. 淀粉发酵制品

淀粉发酵制品淀粉经水解转化并发酵制备各种氨基酸、柠檬酸、维生素、抗生素类、酶制剂、酵母、酒精、调味品等。

二、　植物蛋白制品加工

（一）传统豆制品

传统豆制品包括豆浆、豆腐、豆干、豆筋、豆粉等。

（二）发酵豆制品

发酵豆制品包括豆酱、酱油、豆豉、豆腐乳、酸豆奶等。

（三）植物蛋白制品

植物蛋白制品包括脱脂豆粉、浓缩蛋白、分离蛋白、组织蛋白等。

（四）其他植物蛋白制品

其他植物蛋白制品包括花生等油料蛋白、谷物蛋白提取加工制品等。

三、　油料作物加工

（一）提取油脂制品

提取油脂制品主要包括通过压榨、浸出等工艺提取大豆油、花生油、芝麻油、葵花籽油、菜籽油、棉籽油等各种植物油。

（二）精炼与加工油脂制品

精炼与加工油脂制品包括符合标准的精炼油、色拉油、氢化油、起酥油、人造奶油等。

四、　副产品综合利用

（一）粮食加工副产品

粮食加工副产品包括稻壳、米糠、碎米、麸皮、胚芽等的综合利用。

（二）淀粉加工副产品

淀粉加工副产品包括玉米胚芽、皮渣、麸质、浸泡液以及薯类淀粉生产的副产品薯渣和废液等的综合利用。

（三）豆制品及油料加工副产品

豆制品及油料加工副产品包括豆渣、黄浆、豆粕、油脚、皂脚等的综合利用。

第三节 开创粮油加工新局面

改革开放以来，我国粮油加工业取得了巨大发展，特别是进入 21 世纪以来，粮油加工业已经跃居我国规模最大、产值最高的工业产业之一。以谷物、豆类、油料、杂粮、薯类为主要原料和主体的粮油加工业已经成为我国国民经济发展和经济建设的重要支柱产业。现已拥有面粉、制米、油脂、淀粉、制糖、焙烤、酿酒、调味品、糖果、糕点、氨基酸、抗生素、维生素等门类比较齐全的粮油加工工业体系，粮油加工系列企业遍及全国城乡各地，生产设备绝大部分已实现标准化、现代化。但我国粮油加工业与发达国家相比，仍有不同程度的差距。主要表现在品种结构少、质量标准低、深加工程度不够、综合利用程度不高等方面。例如，大米只有精米与标米，免淘洗米、营养强化米等还没有得到普及，加工碎米率较高，碎米分离和利用不够；方便米饭、米粉等大米食品刚刚起步；稻米加工副产品综合利用程度还比较低；小麦制粉在专用粉生产方面起步较晚，专用粉品种数量和精度以及标准化程度都有待进一步增加和完善。

面制食品还有很大的发展潜力，特别是我国传统主食生产的工业化程度还非常低。植物油提取的产业格局已经发生改变，大豆油产业由于原料主要依赖进口，使我国民族大豆产业受到强烈冲击，油脂工业在很大程度上受制于国际市场，发展我国特色的食用植物油产业势在必行。我国的大豆等植物蛋白质产业得到较快发展，但还有巨大的市场潜力。另外，我国粮油工业机械设备的先进程度与发达国家差距仍较大，主要加工设备还需要进口。粮油加工业的总体技术、设备以及管理水平都还有待进一步提高。要进一步开创粮油加工新局面，使我国粮油加工业再上新台阶，赶上或接近发达国家的水平。

一、 充分利用现有资源

我国人口众多，而人均资源占有量则很少，如何用好、用尽现有粮油资源是当前最迫切的问题：①需对现行企业进行设备挖潜，加强技术监督管理，从而提高产品质量与原料利用率，减少原料吨耗，降低成本，增强竞争力；②需大力加强对加工副产物的综合利用，减少资源浪费，达到物尽其用，进而提高经济效益；③需不断开发新产品，增强企业活力。新产品开发，首先要针对国内市场，扩大内需，适应人民生活水平不断提高的要求，把粮油加工与日常消费联系起来，开发营养、卫生、安全的粮油食品；④弘扬中国传统产品，发挥特色资源优势，如利用我国非转基因大豆的优势，大力发展安全豆制品产业，提高档次，改进包装，美化商品。

二、 重视食品质量安全

从全球范围来看，营养、卫生、安全、绿色成为粮油加工的主流和方向。卫生和安全成为新世纪粮油加工企业的首要任务。美国早在 20 世纪 70 年代就建立了各谷物、油料的营养、卫生和安全的标准体系，规定了谷物的各种营养成分和卫生、安全的标准。联合国食品卫生法典委员会（CAC）已将良好生产操作规程（GMP）和危害分析及关键控制点（HACCP）作为国际规范推荐给各成员国。为防止出现食品安全危机，世界加速进入绿色食品时代，许多国家对粮油的化肥、农药使用都作了严格限制，生态农业、回归自然、绿色粮油迅速发展，确保稻米、小麦、玉米、油料及其产品安全已成为粮油加工业的共识。

食品安全是关系广大人民群众健康的大事，为世界各国所关注。食品安全涉及粮油产业链的各个环节，从粮油种养的生态环境到加工流通和消费都要确保食品安全。粮食、油料是人们食物的主要来源，确保原料的安全和加工适应性，是加工优质、安全食品的基础，没有加工适应性优良的品种做原料，是难以加工出优质产品的。原料的加工适应性以加工产品不同而要求各异。但一般来讲，对原料的可利用率、成熟度、新鲜度、主要化学成分含量等要求是一致的。有了优良品种，还需建立原料基地，按生态农业规格，按需种植，集中种植，按质按价收购，确保农、工、贸各方利益。基地生产的原料，应是无公害、无污染的"绿色、有机原料"，以便生产出"绿色、有机食品"，向消费者提供营养丰富、安全优质的食品。

三、采用高新技术，提高资源利用率

进入 21 世纪以来，现代高新技术已经逐步在粮油加工产业中应用。目前世界发达国家把稻米深加工的生物技术、膜分离技术、离子交换技术、高效干燥技术、超微技术、自动化工艺控制技术等高新技术作为稻米加工业产品市场竞争力和行业发展及获得高额利润的关键因素。稻米加工在美国、日本等发达国家具有很高的技术水平，其中日本以稻米加工技术和装备称雄世界。在小麦制粉生产过程中，应用计算机管理和智能控制技术，应用各种传感装置，实现生产过程的计算机管理，最大限度地利用小麦资源，使生产过程平稳、高效地运行。利用生物技术的研究成果，采用安全、高效的生物添加剂改善面粉食用品质，替代现在使用的化学添加剂，使传统的小麦加工业生机蓬勃。玉米加工采用大型湿磨、密封循环工艺，采用电子计算机对生产过程进行控制，使工艺过程具有很高的透明度，随时变换和调节工艺条件，玉米淀粉、蛋白质、纤维和玉米油等玉米加工的综合利用率达到 99% 以上。油脂加工业把新的提取分离技术、酶技术、发酵技术、膜分离技术用于大豆加工业。启用超临界 CO_2 气体萃取制油工艺，采用酶技术提高蛋白和油脂提取率。应用生物技术对油脂改性或结构脂质制备。

我国粮油加工业的现代化水平与发达国家相比仍有一定差距，进一步提高我国粮油加工业的装备和技术水平，在更大的范围内、更高的水平上应用现代高新技术，是我国 21 世纪粮油加工业发展的方向。

四、深加工、多样化是高效增值的重要途径

稻米的综合利用是国内外技术力量雄厚企业集团发展的重点。其产品有备受消费者钟爱的米酒、米饼、米粉、米糕、速煮米、方便米饭、冷冻米饭、调味品等品种繁多的米制食品；高纯度米淀粉、抗性淀粉、多孔淀粉、缓慢消化淀粉、淀粉基脂肪替代物等更具特色和新用途的产品；不同蛋白质含量和不同性能的大米蛋白产品；具有营养和生理功能的发芽糙米、米胚芽健康食品、米糠营养素和营养纤维、米糠多糖等；以米糠为原料的日化产品、米糠高强度材料、脂肪酶抑制剂、稻壳白炭黑、活性炭和高模数硅酸钾。稻米深加工使稻米的附加值提高了 5 ～

10 倍。玉米是重要的工业原料，有"工业黄金原料"之称，世界上发达国家玉米加工，特别是深加工可生产 2000 ~ 3000 种产品，种类繁多的产品应用在食品、化工、发酵、医药、纺织、造纸等工业领域。大豆和油菜籽的高效增值转化利用是世界发达国家的主要研究方向，大豆、油菜籽除了应用新技术大规模制备食用植物油外，还研发多样化、营养化、方便化、安全化、优质化大豆制品。

五、 积极开展科学研究， 完善产品质量标准

发展粮油加工业，技术是关键。大力开展产学研结合，进一步发挥高校和科研院所的技术优势，促进科研成果转化，不断提高粮油加工企业的技术水平，是现代农产品加工产业发展的必由之路。建立健全各类粮油质量标准，执行各项法律法规，实施严格的监督监管机制，不断提高粮油质量，是当前和今后粮油加工业的重要任务。

发达国家粮油加工企业大都有科学的产品标准体系和全程质量控制体系，多采用 GMP 进行厂房、车间设计，对管理人员和操作人员进行 HACCP 上岗培训，并在加工生产中实施 GMP、HACCP 及 ISO（国际标准化组织）9000 体系管理规范。世界卫生组织（WHO）、联合国粮农组织（FAO）和各国都为食品的营养、卫生等制定了严格的标准，旨在建立一个现代化的科学的食品安全体系，以加强食品的监督、监测和公众教育等。

总之，开创我国粮油加工新局面，首先是用好现有粮油资源，提高加工粮油食品档次，增强科技竞争力，同时注重食品质量安全，应用高新技术，培训技术人才，制定质量标准，使我国的粮油加工业提高到一个新的水平。

第四节　本教材的内容与主要任务

粮油加工含义广泛，本教材侧重于粮油原料的加工与转化，主要介绍小麦、水稻、玉米、大豆、薯类等作物的加工转化。指导高校相关专业学生和企业技术人员对农产品加工原理和应用技术进行学习和实践。

粮油加工包括粮油初加工和粮油精深加工。粮油初加工主要为广大消费者提供基本的成品粮和食用油，可以满足广大人民群众的最基本食物需求；粮油精深加工则是要不断提高加工转化的程度，产品的化学组成进行进一步的分离、转化，提高粮油原料的利用率和科技附加值，不仅能为消费者供应营养水平和功能性更为齐全、完善的食品，还可为其他行业提供原料和辅料，进而创造更大的经济和社会效益。本教材内容包括稻谷制米、小麦制粉以及大豆制油等初加工，也包括米面食品、淀粉生产与淀粉转化、植物蛋白提取以及调味品等发酵产品精深加工内容。旨在为广大学生以及粮油加工业的技术人员提供比较完整的教学和技术参考资料。

粮油加工是以化学、生物学和机械工程学作为理论基础，应用传统和现代科学技术对农产品原料进行加工处理，食品化学、食品微生物、食品工程原理等课程都是粮油食品工艺学的应用基础课程。粮油食品工艺学综合了本学科的知识基础、应用基础和应用技术，成为一门综合性的应用技术课程。本教材在结构上包括粮油食品工艺原理、工艺流程和操作技术要点。

随着科学技术的发展不断革新，传统的粮油加工技术与现代加工技术相结合，把我国粮油加工业推向一个新的阶段。提高产品品质和档次，加大粮油精深加工的力度。注重对粮油加工及资源综合利用技术开发；注重对植物油及植物蛋白的开发；注重对杂粮开发技术的研究；大力推广粮油高新技术；注重对粮油添加剂的开发；进一步完善粮油标准质量检测技术体系建设。本教材在传统粮油加工业的基础上，重视新产品研发、新技术应用，使教材内容反映时代特征。

CHAPTER

2

第二章

稻谷加工

稻谷结构与其他粮食作物不同，其籽粒由坚硬的外壳和颖果组成，外壳对颖果起保护作用。稻谷在制米过程中，除去颖果皮而得到糙米，再经精制剥离糠层（糠层由果皮、种皮、外胚乳及糊粉层构成）即成白米。目前，稻谷的加工过程主要包括稻谷清理、砻谷、砻下物分离、糙米碾白、成品及副产物整理、大米后处理及包装等工序。

第一节　稻谷清理

稻谷在收割、贮藏、干燥和运输过程中，难免混有杂质。稻谷中的杂质是多种多样的，有的比稻谷大，有的比稻谷小，有的比稻谷重，有的比稻谷轻。杂质包括泥土、沙石、砖瓦块及其他无机物质，以及无食用价值的稻谷粒、异种粮粒等有机物质。

稻谷清理除杂的方法很多，但其基本方法主要包括风选法（空气动力学特性的不同）、筛选法（宽度与厚度的不同）、精选法（形状和长度的不同）、相对密度分选法（密度的不同）、磁选法（磁性的不同）等。稻谷清理除杂的基本方法有风选、筛选、相对密度分选和磁选等。

一、风　　选

风选法是利用稻谷和杂质之间空气动力学性质的不同，借助气流的作用进行除杂的方法。按照气流的方向，风选可分为垂直气流风选、水平气流分选和倾斜气流风选 3 种。

风选设备主要用于轻杂的分离，如皮壳、瘪粒、草屑、泥沙及灰尘等，对保证车间的环境卫生以及提高后道设备的除杂效率有着重要作用。风选设备可单独用于原粮处理，也可与其他设备组合使用。目前常用的风选设备为垂直吸风风选器和循环气流风选器。

二、筛　　选

筛选是利用被筛理的物料之间在粒度上的差异，借助筛孔分离杂质或将原料进行分级的方法。

筛面是筛选设备的主要工作部件。筛面种类很多，稻谷工厂常用的筛面有栅筛、冲孔筛和金属丝编织筛 3 种。

常用的筛选设备有圆筒初清筛、振动筛和平面回转筛等。筛选设备常与风选相结合，在清除大、中、小杂质的同时，也清除了轻杂。常用的清理设备有圆筒初清筛、TQLZ 型振动筛、TQLM 型平面回转筛。

三、　相对密度分选

相对密度分选是利用稻谷和沙石等相对密度及悬浮速度或沉降速度等物理特性的不同，借助适当的设备进行除杂的方法。

根据所用介质的不同，相对密度分选可分为干法和湿法两类。湿法是以水为介质，利用粮粒和沙石等杂质的相对密度以及在水中的沉降速度的不同进行除杂。在稻谷加工厂，湿法去石常用于蒸谷米加工中的清理工艺。干法去石是以空气为介质，利用粮粒和沙石等杂质相对密度及悬浮速度的不同进行除杂。稻谷加工厂广泛应用此法去除并肩石，相应设备为比重去石机。去石机按供风方式的不同分为吹式比重去石机、吸式比重去石机和循环气流比重去石机 3 种。

四、　磁　　选

利用磁力将物料中磁性金属杂质去除的方法称为磁选。当物料通过磁场时，由于稻谷是非导磁性物体，不受磁场的作用而自由通过，而磁性金属杂质则易被磁场磁化，与异性磁极相吸而去除。磁性金属杂质分离的条件是磁场对磁性金属杂质的磁力大于其反作用力。常用的磁选设备有 CXP 型磁选器、永磁筒、永磁滚筒、无动力磁选器等。

第二节　砻　　谷

脱除稻谷颖壳的工序称为砻谷。脱去稻谷颖壳的机械称为砻谷机。砻谷是根据谷粒结构的特点，对其施加一定的机械力破坏稻壳而使稻壳脱离糙米的过程。

一、　砻谷的基本方法与原理

根据稻谷脱壳时的受力状况和脱壳方式，稻谷脱壳的方法通常可分为挤压搓撕脱壳、端压搓撕脱壳和撞击脱壳 3 种。

（一）挤压搓撕脱壳

挤压搓撕脱壳是指稻谷两侧受两个不同运动速度的工作面的挤压、搓撕作用而除去颖壳的方法。如图 2-1 所示，谷粒两侧分别与甲、乙两物体紧密接触，并受到两物体对其施加的挤压力 F_{j_1}、F_{j_2}。假设甲物体以一定速度向下运动，乙物体静止不动，则甲物体对谷粒产生一向下的摩擦力 F_1，使谷粒向下运动，而乙物体对谷粒产生一向上的

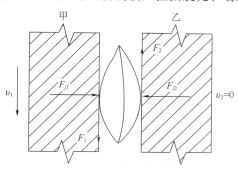

图 2-1　挤压搓撕脱壳示意图

摩擦力 F_2，具有阻碍谷粒随甲物体一起向下运动的趋势。这样，在谷粒两侧就产生了一对方向相反的摩擦力。在挤压力和摩擦力的作用下，稻壳产生拉伸、剪切、扭转等变形，这些变形统称为搓撕效应。当搓撕效应大于稻壳的结合强度时，稻壳就被撕裂而脱离糙米，从而达到脱壳的目的。挤压搓撕脱壳设备主要有胶辊砻谷机和辊带砻谷机。

（二）端压搓撕脱壳

端压搓撕脱壳是指谷粒两端受两个不等速运动的工作面的挤压、搓撕作用而脱去颖壳的方法。如图 2-2 所示，谷粒横卧在甲、乙两物体之间，且只有一个侧面与其中一个物体（甲物体）接触。假设甲物体做高速运动，而乙物体静止，此时，谷粒受到两个力的作用，一个是甲物体对谷粒产生的摩擦力，另一个是谷粒运动所产生的惯性力，并形成一对力偶，从而使谷粒斜立。当斜立后的谷粒顶端与乙物体接触时，谷粒的两顺部同时受到甲、乙两物体对其施加的压力，同时产生一对方向相反的摩擦力。在压力和摩擦力的共同作用下，稻壳被脱去。典型的端压搓撕脱壳设备是砂盘砻谷机。

（三）撞击脱壳

撞击脱壳是指高速运动的谷粒与固定工作面的撞击而脱壳的方法。如图 2-3 所示，借助机械作用力加速的谷粒，以一定的入射角冲向静置的粗糙面，在撞击的一瞬间，谷粒的一端受到较大的撞击力和摩擦力的作用，当这一作用力超过稻谷颖壳的结合力时，颖壳就被破坏而脱去。典型的撞击脱壳设备是离心式砻谷机。

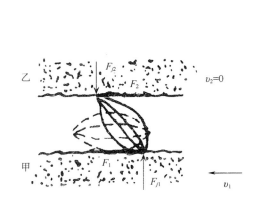

图 2-2 端压搓撕脱壳示意图

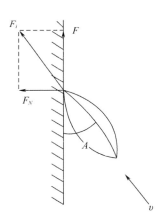

图 2-3 撞击脱壳示意图

二、砻谷设备

砻谷设备的种类很多，目前我国广泛使用的砻谷设备主要是橡胶辊筒砻谷机。橡胶辊筒砻谷机简称胶辊砻谷机，它的主要工作部件是一对并列的、富有弹性的橡胶辊筒，两辊筒做不等速相向旋转运动。谷粒进入两辊筒工作区后，谷粒两侧受到胶辊的挤压力和摩擦力而脱壳。由于两辊筒的转速不同，因此两辊与谷粒所产生的摩擦力的方向不同，快辊始终有对谷粒加速的作用，因此，快辊与谷粒间的摩擦力方向向下；慢辊则有阻止谷粒随快辊加速的作用，因而慢辊与谷粒间的摩擦力方向向上（图 2-4）。这两个方向相反、作用在谷粒两侧的摩擦力对谷粒产生搓撕作用。当搓撕作用力大于稻谷颖壳的结合力时，谷粒两侧的颖壳被撕裂而与糙米脱离，

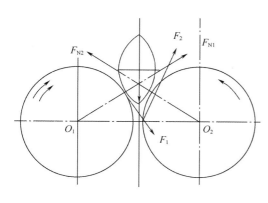

图 2-4　稻谷在胶辊间的受力

达到脱壳的目的。

橡胶辊筒砻谷机具有产量高、脱壳率高、糙碎率低等良好的工艺性能，是目前脱壳设备中较好的一种，在国内外得到广泛应用。橡胶辊筒砻谷机按辊间压力调节机构的不同，分为手轮紧辊砻谷机、压砣紧辊砻谷机、液压紧辊砻谷机和气压紧辊砻谷机 4 种。

三、稻壳分离

稻谷经砻谷后，脱下的稻壳，俗称砻糠或大糠。由于它的容积大，密度小，散落性差，若不把它分离开，将影响以后各生产工序的工艺效果。例如，在谷糙分离过程中，混有大量的稻壳，将使谷糙混合物的流动性差，降低谷糙分离效果；又如，回砻谷中混入较多的稻壳，将使砻谷机产量下降，动力及消耗增加。因此，砻谷后必须及时将稻壳分离干净。

通过稻壳分离要求达到谷糙混合物中的稻壳含量不超过 0.8%；每 100kg 被分离的稻壳中含饱满粮粒不超过 30 粒。

稻壳的体积质量、密度和悬浮速度都比稻谷、糙米小得多（表 2-1）。因此可利用风选方法从砻谷后的混合物中分离出稻壳。目前广泛使用吸风分离的方法，在分离的同时可借气流将稻壳输送至砻糠间。

表 2-1　　　　稻壳、稻谷、糙米的体积质量、密度和悬浮速度

物料名称	体积质量/（kg/m³）	密度/（g/cm³）	悬浮速度/（m/s）
稻壳	145	0.2	2~3
稻谷	560~580	1.18~1.22	8~10
糙米	780~800	1.40	9~12

稻壳分离设备种类很多，其中 FL-14 型稻壳分离器是各种稻壳分离器中分离效果较好的一种。

四、稻壳收集

稻壳经风选分离后要进行收集，这也是稻谷加工中不可忽视的一道工序。收集稻壳，不但要求把全部稻壳收集起来，而且要使排放的空气达到规定的含尘浓度指标，以免污染空气，影响环境卫生。

稻壳收集的方法主要有离心沉降和重力沉降两种。

五、谷糙分离

稻谷和糙米具有不同的粒度、密度、体积质量、摩擦因数、悬浮速度和弹性等。这些物理特性的差异是进行谷糙分离的重要依据。由于稻谷和糙米物理特性的不同，使谷糙混合物在运

动过程中产生自动分级，稻谷上浮，糙米下沉，这给谷糙分离创造了十分有利的条件。目前我国所采用的谷糙分离方法，即是利用谷糙混合物在运动中的自动分级特性及稻谷和糙米在某一物理特性方面的差异进行分离的。分离方法主要有筛选法、密度分选法和弹性分离法3种。

典型的谷糙分离设备有谷糙分离平转筛、重力谷糙分离机和撞击谷糙分离机。

第三节　稻谷的碾米

碾米是应用物理（机械）或化学的方法，将糙米表面的皮层部分或全部剥除的过程。糙米的皮层组织含有较多的纤维素，作为日常主食直接食用不利于人体正常的消化吸收。另外，糙米的吸水性和膨胀性都比较差，用糙米煮饭，不仅所需要的蒸煮时间长，出饭率低，而且颜色深，黏性差，口感不好。因此，糙米必须通过碾米工序将糙米的皮层去除，以提高其食用品质。但是，糙米的皮层中也含有一定量的营养物质（粗脂肪、粗蛋白、矿物质、维生素等），如将皮层全部去除，势必造成营养成分的大量损失。同时，根据糙米籽粒的结构特点，要将背沟处的皮层全部碾除，会造成淀粉的损失和碎米的增加，使出米率下降。因此，按国家标准规定的大米等级标准保留适当的皮层，不仅有利于减少大米营养成分的损失，而且可以提高大米的出米率。

在糙米碾白过程中，应在确保成品大米的碾白精度的前提下，尽可能提高出品率、纯度、产量而降低成本。

一、　碾米的基本方法和原理

（一）碾米的基本方法

碾米的基本方法可分为物理方法和化学方法两种。目前，世界各国普遍采用物理方法碾米，也称机械碾米。

1. 物理碾米法

物理碾米法是运用机械设备产生的机械作用力对糙米进行去皮碾白的方法，所使用的机械称为碾米机。碾米机的主要工作部件是碾辊。根据碾辊制作材料的不同，碾辊有铁辊、砂辊（臼）和砂铁结合辊3种类型。而根据碾辊轴的安装形式，碾米机可分为立式碾米机和横式碾米机两种。横式碾米机采用铁辊、砂辊或砂铁结合辊，立式碾米机采用砂辊、砂臼或铁辊。碾辊的类型和安装形式不同，碾白作用的性质也就不同。按碾白作用力的特性，碾白方式分为擦离碾白和碾削碾白两种。

（1）擦离碾白　擦离碾白是依靠强烈的摩擦擦离作用使糙米碾白。

糙米在碾米机的碾白室内，由于米粒与碾白室构件之间和米粒与米粒之间具有相对运动，相互间便有摩擦力产生。当这种摩擦力增大并扩展到糙米皮层与胚乳结合处时，便使皮层沿着胚乳表面产生相对滑动并把皮层拉断、擦除，使糙米得到碾白。擦离碾白所需的摩擦力应大于糙米皮层的结构强度和皮层与胚乳间的结合力，而必须小于胚乳自身的结构强度，这样才能使糙米皮层沿胚乳表面擦离脱落，同时保持米粒的完整。

以擦离作用为主进行碾白的碾米机主要有铁辊碾米机。此类米机的特点：碾白压力大，机内平均压力为 19.6~98kPa。碾辊线速度较低，一般为 2.5~5m/s，离心加速度约为 470m/s²。所以，擦离型米机又称为压力型米机。

擦离碾白所得米粒表面见图 2-5，表面留有残余的糊粉层，形成光滑的晶状表面，具有天然光泽并半透明。残余的糊粉层保持了较多的蛋白质，像一层胚乳淀粉的薄膜。因此，擦离碾白具有成品精度均匀、表面细腻光洁、色泽较好、碾下的米糠含淀粉少等特点。

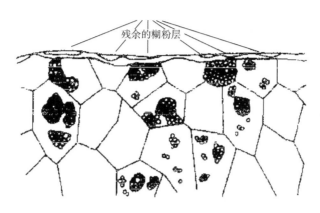

图 2-5 擦离碾白所得米粒表面

但因需用较大的碾白压力，故容易产生碎米，当碾制强度较低的糙米时更是如此。所以，擦离碾白适合加工强度大、皮层柔软的糙米。

（2）碾削碾白 碾削碾白是借助高速旋转的金刚砂碾辊表面密集的坚硬、锐利金刚砂粒的砂刃对糙米皮层不断地施加碾削作用，使皮层破裂。碾削碾白的工艺效果主要与金刚砂碾表面砂粒的粗细、砂刃的坚利程度及碾辊表面线速度有关。

以削碾作用为主进行碾白的碾米机是立式砂辊（臼）碾米机。这种碾米机的特点是：碾白压力小，一般为 5kPa 左右。碾辊线速度较高，为 15m/s 左右，离心加速度约为 1700m/s²。所以，碾削型米机又称为速度型米机。

碾削碾米所得米粒表面见图 2-6，其表面粗糙，在凹陷处积聚了无数细微的胚乳淀粉颗粒和糠层的屑末，称为糠粉。米粒的反光漫射，虽然看起来比较白，却是无光泽的白。因此，碾

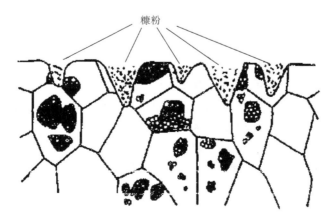

图 2-6 碾削碾白的米粒表面

削碾白碾制出的成品表面光洁度较差，米色暗淡无光，碾出的米糠片较小，米糠中含有较多的淀粉，而且成品米易出现精度不均匀现象。但因在碾米时所需的碾白压力较小，故在碾米过程中产生碎米较小，因此碾削碾白适宜于碾制籽粒结构强度较差、表面较硬的糙米。

应当指出，擦离作用与碾削作用并不是单一地存在于一种米机内，实际上任何一种米机都有这两种作用，差别只在于以哪种作用为主而已。

长期实践证明，同时利用擦离作用和碾削作用的混合碾白，可以减少碎米，提高出米率，改善米色，同时，还有利于提高设备的生产能力。目前，我国基本上使用混合碾白进行碾米，相应的碾米机为横式砂辊碾米机。这种米机碾辊线速度一般为 10m/s 左右，机内平均压力比碾削型米机稍大。混合型米机由于具有擦离和碾削型两种米机的优点，因此工艺效果较好。

2. 化学碾米法

化学碾米法包括纤维素酶分解皮层法、碱去皮法、溶剂浸提碾米法等，但付诸工业化生产的只有溶剂浸提碾米法。溶剂浸提碾米法简称 SEM 法。

溶剂浸提碾米法是先用米糠油软化糙米皮层，然后在米糠油和（正）己烷混合液中进行湿法机械碾制。去除皮层后的白米还需经脱溶工序利用过热己烷蒸气和惰性气体脱去己烷溶剂，然后分级、包装，最终得到成品白米。从碾米装置排出的米糠、米糠油和己烷浆经沉淀容器沉淀，完成米糠油抽出和固体米糠离析的工作。沉淀后的米糠浆被泵入离心机而脱去混合液，再用新鲜己烷浸渍抽提剩余米糠油，经再一次离心分离后，米糠被送入脱溶装置脱去溶剂，得到脱脂米糠。米糠油与己烷的混合液经蒸馏工序将米糠油与己烷分离，得到米糠油。由溶剂浸提碾米法最终得到白米、米糠油和脱脂米糠 3 种产品。

溶剂浸提碾米具有不少优点，如：碎米少，碾米过程中米温低，米的品质不受损坏；成品米脂肪含量低，贮藏稳定性较好，并便于白米进行上光，还能改善白米的酿造特性；成品米色较白，外观上具有相当的吸引力；直接生产出脱脂米糠，其脂肪含量仅为 1.5%，且色白、稳定、清洁，可供食用。但投资费用和生产成本高，己烷溶剂来源、损耗及残留问题不易解决，因此一直得不到推广，目前仅有美国一家溶剂浸提碾米厂。

（二）碾米的基本原理

目前世界各国普遍采用的方法是物理碾米方法，物理碾米具有悠久的历史，但碾米过程的机械物理作用比较复杂。在复杂的诸多作用中，碰撞、碾白压力、翻滚和轴向输送是最基本的，被称为碾米四要素。

1. 碰撞

碰撞运动是米粒在碾白室内的基本运动之一，有米粒与碾辊的碰撞、米粒与米粒的碰撞、米粒与米筛的碰撞。

米粒与碾辊碰撞，获得能量，增加了运动速度，产生摩擦擦离作用和碾削作用。哪一种作用占主导地位，视碾辊的材质、结构形状而定。作用的结果，使米粒变形，变形表现为米粒皮层被切开、断裂和剥离，同时米温升高，米粒所获得能量的一部分就是消耗在这方面。米粒与米粒相撞，主要产生摩擦擦离作用，使米粒变形，除去已被碾辊剥离松动的皮层，同时动能减小，运动方向改变。米粒与米筛碰撞，主要也是产生摩擦擦离作用，使米粒变形，继续剥除皮层，动能减小，速度减小，方向改变，从米筛弹回。

在以上 3 类碰撞中，米粒与碾辊的碰撞起决定作用。碰撞中，米粒的动能和速度是衰减的，这些衰减的动能和速度不断地从碾辊得到补偿，不断地将米粒碾白，直到达到规定的精度。在整个碾白过程中，由于每个米粒所受到的碰撞次数和碰撞程度不同，因此各米粒的速度与变形情况也不同，致使各米粒最后的精度和损坏程度不同。

2. 碾白压力

碰撞运动在碾白室内建立起的压力，称为碾白压力。碰撞越剧烈，压力越大；反之越小。不同碾白形式，碾白压力的形成方式也不同。

在进行摩擦擦离碾白时，碾白室内的米粒必须受到较大的压力，即碾白室内的米粒密度要大。碾白压力主要是由米粒与米粒之间、米粒与碾白室构件之间的相互挤压而形成的。起碾白作用的压力有碾白室内的内压力和外压力，内压力的大小及其分布情况恰当与否，决定了碾米机的基本性能，外压力起调节与补偿内压力的作用。碾白室的内压力有轴向压力、周向压力和径向压力之分。

碾削碾白时，米粒在碾白室内的密度较小，呈松散状态。所以在碾削碾白过程中，碾白室内米粒与碾辊、米粒与米粒、米粒与碾白室外壁之间的多种碰撞作用比摩擦擦离碾白过程中的碰撞作用强，米粒主要是靠与碾辊的碰撞而吸收能量，并产生切割碾削皮层的作用。

3. 翻滚

米粒在碾白室内碰撞时，本身有翻转，也有滚动，此即为米粒的翻滚。除碰撞运动外，还有其他因素和方法可使米粒翻滚。米粒在碾白室内的翻滚运动，是米粒进行均匀碾白的条件，米粒翻滚不够时，会使米粒局部碾得过多（称为"过碾"），造成出米率降低，也会使米粒局部碾得不够，造成白米精度不符合规定要求。米粒翻滚过分时，米粒两端将被碾去，也会降低出米率。因此，需对米粒的翻滚程度加以控制。

4. 轴向输送

轴向输送是保证米粒碾白运动连续不断的必要条件。米粒在碾白室内的轴向输送速度，从总体来看能稳定在某一数值，但在碾白室的各个部位，轴向输送速度是不相同的，速度高的部位碾白程度小，速度低的部位碾白程度大。影响轴向输送程度的因素有多种，它同样可以加以控制。

二、　影响碾米机工艺效果的因素

影响碾米工艺效果的因素很多，如糙米的工艺品质，碾米机碾白室的结构、机械性能和工作参数以及操作管理等。只有根据糙米的工艺品质，合理选择碾米机类型、结构和参数，按照加工成品的精度要求，合理确定碾米机的技术参数，并进行合理有效的操作管理，才能取得良好的工艺效果。

（一）糙米的工艺品质

1. 品种

粳糙米籽粒结实，粒型椭圆，抗压强度和抗剪、抗折强度较强，在碾米过程中能承受较大的碾白压力。因此，碾米时产生的碎米少，出米率较高。籼糙米籽粒较疏松，粒型较长，抗压强度和抗剪切、抗折强度较差，只能承受较小的碾白压力，在碾白过程中容易产生碎米。同时，粳糙米皮层较柔软，采用摩擦擦离型碾米机碾白时，得到的成品米色泽较好，碎米率也不高；而籼糙米皮层较坚硬，故不适宜采用摩擦擦离型碾米机。

2. 含水率

含水率较高的糙米皮层比较柔软，皮层与胚乳的结合程度较小，去皮较容易。但米粒结构较疏松，碾白时容易产生碎米且碾下的米糠容易和米粒粘在一起而结成糠块，从而增加碾米机的负荷和动力消耗。含水率低的糙米结构强度较大，碾米时产生的碎米较少。但糙米皮层与胚乳的结合强度也较大，碾米时需要较大的碾白作用力和较长的碾白时间。含水率过低的糙米（13%以下），其皮层过于干硬，去皮困难，碾米时需较大的碾白压力，且糙米籽粒结构变脆，因此碾米时也容易产生较多的碎米。糙米的适宜入机含水率为 14.0% ~ 15.0%。

3. 爆腰率

与皮层厚度糙米爆腰率的高低直接影响碾米过程中产生碎米的多少。一般来说，裂纹多而深、爆腰程度比较严重的糙米碾米时容易破碎，因此不宜碾制高精度的大米。

糙米的皮层厚度与碾米工艺效果有直接关系。糙米皮层厚，去皮困难，碾米时需较高的碾白压力，米机耗用动力大，碎米率也增加。

4. 含稻壳量和含谷量

含稻壳量和含谷量主要影响碾米时碾米压力的控制。碾米时为保证成品的纯度，避免过高的含稻壳量和含谷量，操作中必须增加碾米压力以去除稻壳和谷，这样就使碎米增加，出米率降低。同时，粉碎后的稻壳和谷具有较强的附着力，使出机白米的外观色泽差。

（二）碾白室的结构

1. 碾辊的直径和长度

碾辊的直径和长度直接关系到米粒在碾白室内受碾次数及碾白作用的面积。用直径和长度较大的碾辊碾米时，产生的碎米较少，米温升高较低，有利于提高碾米机的工艺效果。为了保证碾米机的工艺性能，碾辊的长度和直径应成一定的比例。一般碾辊直径 140mm 时长径比为 2.5 ~ 2.7，碾辊直径 150mm 时长径比为 2.7 ~ 3.1，碾辊直径 180mm 时长径比为 3.1 ~ 3.6，碾辊直径 215mm 时长径比为 3.6 ~ 4.1。

2. 碾辊的表面形状

碾辊表面凸筋和凹槽的几何形状及尺寸大小，对米粒在碾白室内的运动速度和碾白压力有较大的影响。碾辊表面的筋或槽在碾米过程中对米粒具有碾白和翻滚的作用，斜筋、斜槽和螺旋槽对米粒还具有轴向输送的作用。一般情况下，高筋或深槽的辊形，米粒的翻滚性能好，碾白作用较强。但筋过高或槽过深都会使碾白作用过分强烈而损伤米粒，影响碾米效果。

3. 碾白室间隙

碾白室间隙是指碾辊表面与碾白室米筛之间的距离。碾白室间隙大小要适宜，不宜过大或过小。过大，会使米粒在碾白室内停滞不前，产量下降，电耗增加；过小，易使米粒折断，产生碎米。碾白室间隙应大于一粒米的长度。

（三）碾米机的工艺参数

碾米机的工艺参数有碾白压力、碾辊转速、向心加速度等，它们是影响和控制碾米工艺效果的重要参数。

1. 碾白压力

碾白压力与碾米的工艺效果关系很大，碾白压力的大小决定了擦离作用的强弱和碾削作用的深浅。碾米机类型的不同，碾白压力对其影响也不同。对于擦离型碾米机来说，其碾白压力主要由米粒与构件和米粒之间的相互挤压形成，并随碾白室内米粒密度大小和挤压程度不同而变化。碾削碾白压力主要是由米粒与构件和米粒之间的相互碰撞形成的，随碾白室米粒密度大小和运动速度不同而变化。

当碾白压力超过了米粒的强度时，米粒就会破碎而产生碎米。在碾白室中碾白压力并不是均匀的，通常说的碾白压力是指碾白室内的平均压力，如果压力发生突变，也会导致碎米的产生。但凡是碾白室截面积缩小的地方，或是筋、槽处，其流体密度都会加大，碾白压力也会增加，也就会产生碎米。为了保持碾白压力的均匀性，在碾白室中应尽量避免出现这种情况。

2. 碾辊转速

碾辊转速的大小与米粒在碾白室内的运动速度和所受到的碾白室压力有密切的关系。在其他条件不变的情况下，提高转速，米粒运动速度增加，通过碾白室的时间缩短，碾米机流量提高。对于摩擦擦离型碾米机来讲，由于米粒运动速度增加，碾白室内的米粒流体密度减小，使碾米压力下降，擦离作用减小，碾白效果变差。碾米机类型不同，碾辊的转速控制范围也不同。摩擦擦离型碾米机的转速一般在 1000r/min 以下，碾削型碾米机的转速一般控制在 1000～1500r/min。

3. 向心加速度

长期的理论研究和生产实践证明，碾米机碾辊具有一定的向心加速度，它是米粒均匀碾白的重要条件。同类型碾米机碾制同品种同精度大米，在辊径不同、线速度相差较大时，只有当其向心加速度相近，才能达到相同的碾白效果。

4. 单位产量碾白运动面积

单位产量碾白运动面积是指碾制单位产量所用的碾白运动面积（碾辊每秒对米粒产生碾白作用的面积），可用下式表示：

$$A = \frac{F}{Q} = \frac{vL}{Q}$$

式中　A——单位产量碾白运动面积，$m^2 \cdot h/s \cdot t$

　　　F——碾白运动面积，m^2/s

　　　Q——规定精度的白米产量，t/h

　　　v——碾辊线速，m/s

　　　L——碾辊长度，m

单位产量碾白运动面积把碾米机的产量同碾白运动面积联系起来，综合地体现了碾辊的直径、长度和转速对碾米机效果的影响。当米粒以一定的流量通过碾白室时，单位产量碾白运动面积大，则米粒受到碾白作用的次数就多，米粒容易碾白，需用的碾白压力可小些，从而可减少碎米的产生。但单位产量碾白运动面积过大，则碾白室体积过分增大，不仅经济性差，而且还会产生过碾现象。

（四）碾白道数和出糠比例

多机轻碾是指借助多道米机的串联组合将糙米加工成符合一定精度大米的整个生产过程，多机轻碾是目前工厂使用最多的一种碾米组合方式，它具有碾米压力小、碾白均匀性好、碎米少、米糠综合利用价值高等特点。采用多机轻碾工艺时，应注意以下两点。

1. 碾白道数

碾白道数应视加工大米的精度和碾米机的性能而定。碾白道数多时，各道碾米机的碾白作用比较缓和，加工精度均匀，米粒温升低，米粒容易保持完整，碎米少，出米率较高，加工高精度大米时效果更加明显。如果加工留胚米必须采用多级轻碾。实践证明：三机出白比二机出白的出米率高，当产量较低时，二者差别更大；加工不同精度大米时，加工精度越高，三机出白与二机出白的出米率差别越大。因此，加工高精度大米时，宜采用三机出白，加工低精度大米时，可采用二机出白。

2. 排糠比例

采用多机碾白时，各道碾白机的排糠比例应合理分配，以保证各道碾米机碾白作用均衡，否则加工能耗和出碎率都增加。

（五）流量

在碾白室间隙和碾辊转速不变的条件下，适当加大物料流量，可增加碾白室内的米粒流体密度，从而提高碾白效果。但流量过大，不仅碎米会增加，而且还会使碾白不均，甚至造成碾米机堵塞。相反，如果流量过小，则米粒流体密度减小，碾白压力随之减小，不仅降低碾白效果，而且米粒在碾白室内的冲击作用加剧，也会导致碎米增加。

适宜的流量应根据碾白室的间隙、糙米的工艺性质、碾辊转速和动力配备大小等因素决定。

三、 典型碾米设备

碾米设备的种类多种多样，如果按碾白工作原理分类，可分为摩擦擦离型碾米机、碾削型碾米机和混合型碾米机3类；按碾辊的材质不同，又可分为铁辊碾米机和砂辊碾米机两种；而按碾辊主轴的安装形式，还可分为立式碾米机和横式碾米机；各种碾米机又有喷风和不喷风之分。目前使用较多的分为横式碾米机和立式碾米机。

1. 摩擦擦离型碾米机

摩擦擦离型碾米机包括铁辊碾米机与铁辊喷风碾米机。铁辊碾米机主要由进料装置、碾白室、传动装置和机架等部分组成。

铁辊喷风碾米机有许多规格型号，如图2-7所示的NP.13.6型铁辊喷风碾米机是其中的一种。该机主要由进料装置、碾白室、喷风装置、糠秕收集装置、传动装置及机架等部分组成。

2. 碾削型碾米机

碾削型碾米机的主要代表是立式砂辊碾米机，该机型具有许多优点，特别是碾制高精度大米时由于其碾白作用力缓和，生产的碎米较少，能取得较好的工艺效果，在国外尤其是欧洲使用比较广泛。它主要由砂辊、米筛、米刀、排料装置、传动装置等构成。碾白压力主要由压砣通过杠杆把托盘托起，改变碾白室出口大小，从而进行调节。糙米从进口流进碾白室后，在砂辊与米筛的作用下进行碾白。米糠出口外接风源，在其作用下进入风管。该种机型所需功率与产量一般为铁辊喷风碾米机的2倍。

DSRD型立式砂辊碾米机是世界上使用极为广泛的一种。它主要由圆柱形砂辊、米筛、橡胶米

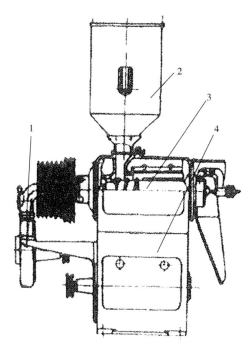

图2-7　NP.13.6型铁辊喷风碾米机

1—喷风机　2—进料斗　3—碾白座　4—机座

刀、排料装置、传动装置等部分组成。

3. 混合型碾米机

混合型碾米机是我国使用较广的一种碾米机，它结合了摩擦擦离型碾米机和削碾型碾米机的优点，具有较好的工艺效果。主要有螺旋槽砂辊碾米机、旋筛喷风式碾米机和立式双辊碾米机3种类型。

（1）NS型螺旋槽砂辊碾米机 NS型螺旋槽砂辊碾米机的结构见图2-8，它由进料装置、碾白室、擦米室、传动装置、机架等组成。

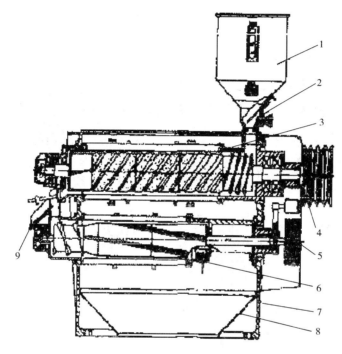

图2-8 NS型螺旋槽砂辊碾米机结构示意

1—进料斗 2—流量调节装置 3—碾白室 4—传动带轮
5—防护罩 6—擦米室 7—机架 8—接糠斗 9—分路器

（2）NF.14型旋筛喷风式碾米机 NF.14型旋筛喷风式碾米机的结构见图2-9，它主要由进料机构、碾白室、糠粞分离室、喷风机构和机架等组成。

（3）立式双辊碾米机 图2-10为MNML系列立式双辊碾米机的基本机构。机架2由钢板焊接而成，机架上安有两套相同的碾米装置，碾辊为立式安放，主要由进料装置、碾白室、出料装置、吸风系统、传动装置及机架等组成。

四、 成品及副产品整理

（一）成品整理

经碾米机碾制成的白米，混有米糠和碎米，而且白米的温度较高，这都会影响成品的质量，也不利于成品大米的贮藏。因此，在成品打包前必须经过整理，使成品米含糠、含碎符合标准要求；使米温降至有利于贮存的范围。白米整理的过程就称为成品整理。成品整理大体上

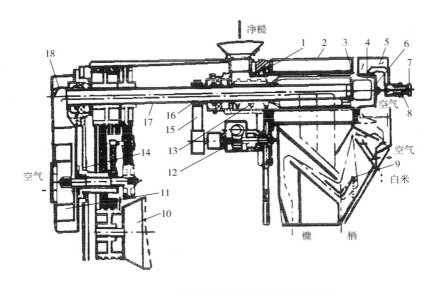

图 2 - 9 NF. 14 型旋筛喷风式碾米机总体结构

1—齿轮 2—碾白室 3—拨米器 4—精碾室 5—挡料罩 6—压力门 7—压簧螺母
8—弹簧 9—糠秕分离室 10—电机 11—风机 12—蜗轮 13—螺旋推进器
14—机架 15—平皮带 16—减速箱主动轮 17—主轴 18—进风套管

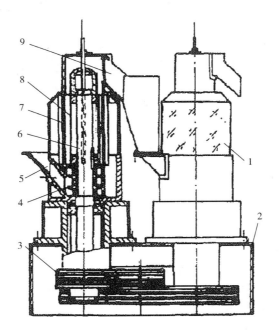

图 2 - 10 立式双辊碾米机

1—机壳 2—机架 3—皮带轮 4—螺旋输送器 5—进料口
6—主轴 7—米筛 8—碾白室 9—出料

可分为擦米、凉米、成品分级、抛光、色选等基本工序。

1. 擦米

擦米的主要作用是擦除黏附在白米表面的糠粉，使白米表面光洁，提高成品的外观色泽。

这还有利于大米的贮藏和米糠的回收。擦米过程中，作用不应剧烈，以防产生碎米。为了简化工艺与设备，普遍采用铁辊擦米，常将它与碾米机组合成碾米擦米组合机。铁辊擦米只要转速和线速配置恰当，就能取得较好效果。如30－5A双辊碾米机、NS型碾米机等都是采用铁辊擦米与砂辊碾米相结合的组合设备。

2. 凉米

凉米的目的是降低米温，以利于贮藏。尤其在加工高精度米时，米温比室温要高15～20℃，如不马上冷却，进仓后成品则易发霉。凉米一般在擦米后进行，并把凉米和吸糠有机地结合起来。凉米的常用设备有风选器、冷却塔和凉米箱等。工作时，白米经擦米机擦米后依次进入六层之字形溜筛，和从箱底百叶窗进入的冷空气逆向交叉接触。一方面，米粒在各筛面上与冷空气交换热量降低米温；另一方面，气流可吸出部分留在米粒中的米糠。带有米糠的热空气最后由擦米机顶部出风管经风机送入集糠器。

这种气流与米粒逆向热交换的凉米箱，凉米效果较好，可降低米温3～7℃。但应注意风速，风速过高，冷却过速会使米粒爆腰。操作时应做到米流层薄、流速低、风速风量适宜，及时清理筛面，避免筛孔堵塞。

近年来，喷风碾米、白米和米糠的气流输送等技术的应用，都有利于成品的冷却。目前加工标二米的米厂都不设置专门的凉米设备。不少米厂还充分利用成品输送过程进行自然冷却。总之，冷却方式多种多样，应根据具体情况因地制宜地选择使用。

3. 成品分级

我国大米质量标准中规定，留存在直径2mm的圆孔筛上，不足正常整米2/3的米粒为大碎米；通过直径为2mm圆孔筛，留存在直径1mm圆孔筛上的碎粒为小碎米。成品分级就是根据成品的质量标准要求分离出超过标准的碎米。成品分级设备主要有白米分级平转筛和滚筒精选机等。白米分级平转筛是我国目前较好的白米分级设备，主要用于分出成品中的大碎米、小碎米。白米分级平转筛的结构基本上与选糙平转筛相同。

4. 抛光

抛光的目的是生产高质量大米，以满足人们生活水平日益提高的需要。抛光的实质是湿法擦米，它是将符合一定精度的白米，经着水、润湿以后，送入专用设备（白米抛光机），在一定温度下，米粒表面的淀粉胶质化，使得米粒晶莹光洁，不黏附糠粉，不脱落米粉，从而改善其贮藏性能，提高其商品价值。目前国内生产的白米抛光机的型号、规格还未统一，工艺效果相差无几，常用的抛光机有MPGF型白米抛光机、MPGT型白米抛光机、BSPA型白米抛光机等。

5. 色选

色选是利用光电原理，从大量散装产品中将颜色不正常的或感受病虫害的个体（球、块或颗粒）以及外来夹杂物检出并分离的单元操作，色选所使用的设备即为色选机。在不合格产品与合格产品因粒度十分接近而无法用筛选设备分离，或密度基本相同而无法用密度筛选设备分离时，利用色选机却能进行有效的分离，其独特作用十分明显。

色选是利用物料之间的色泽差异进行分选的。将某一单颗粒物料置于一个光照均衡的位置（图2－11），物料两侧受到光电探测器的探照。光电探测器可测量物料反射光的强度，并与基准色板（又称背景、反光板）反射光的强度相比较。色选机将光强差值信号放大处理，当信号大于预定值时，驱动喷射阀，将物料吹出，此为不合格产品；反之，喷射阀不动，说明检验的

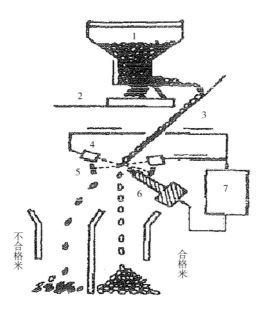

图 2－11　色选原理
1—进料斗　2—振动喂料器　3—通道
4—光电探测器　5—基准色板
6—气流喷射阀　7—放大器

物料是合格产品，沿另一出口排出。

目前，国内使用的大米色选机，国产设备有 MMS 型和 ASM 型两种，进口设备有 EM 型（佐竹）、9400 型（Sortex）等。

（二）副产品整理

副产品的整理主要是分离米糠中的碎米、米秕，以及有时因米筛破损而漏入米糠中的少量整米。所以，副产品整理实质上是米糠整理。

副产品整理的要求如下。

（1）米糠中不得含有完整的米粒和相似整米长度 1/3 以上的米粒，米秕含量不超过 0.5%。

（2）米秕内不得含有完整米粒和相似整米长度 1/3 以上的米粒。

米糠整理一般采用风选和筛选。常用的筛选设备有振动筛、圆筛、跳筛、平面回转筛等。风选设备有木风车、吸式风选器、糠秕分离器等。

第四节　大米的精加工

　　大米精加工一般是指对常规稻谷加工工艺所生产出的普通大米进行再处理的整个生产过程。加工的产品通常是系列化的精制产品，通常对普通大米的精深加工，可以不同程度地提高大米的蒸煮和食用品质、营养和生理功能以及商品价值，可以满足人们对主食大米所追求的营养、可口、卫生、方便之需求。

　　精加工米的种类很多，大致可分为营养型（蒸谷米、留胚米、强化米）、方便型（免淘洗米、易熟米）、功能型（低变应原米、低蛋白质米）、混合型（配制米）、原料型（酿酒用米）等。生产特种米不仅可以促进碾米厂生产技术的进步，而且给企业带来明显的经济效益。

　　以下主要简单介绍免淘洗米、配制米、留胚米、营养强化米、蒸谷米的生产加工。

一、免淘洗米加工

　　免淘洗米是一种蒸煮前不需淘洗、符合卫生要求的大米。这种大米不仅可以避免淘洗过程中干物质和营养成分的大量流失，而且可以简化做饭的工序，减少做饭的时间，同时还可以节省淘米用水和防止淘米水污染环境。目前一些发达国家多数生产和食用免淘洗米，并在此基础上进一步对大米进行氨基酸和维生素的营养强化，以提高大米的营养价值。我国在免淘洗米的研究和生产方面取得了较大的发展，尤其白米上光技术和一些设备达到了国际先进水平。

加工免淘洗米的技术关键在于除杂、除糠粉以及保持米粒表面洁净和白米精选，需要有相应清理工艺和设备、精良的碾米技术和装备及白米精选设备，其中精选分级、抛光、色选等是免淘洗米加工的重要环节。

（一）糙米的精选去杂

根据我国和世界各国大米加工的实践经验，要在稻谷清理过程中完全除去各种杂质是困难的，因为稻谷在加工成白米的各道工序中，会不断产生新的杂质，如稻壳、稻灰、糙碎、瘪谷等。为此必须在良好的稻谷清理去杂的基础上，进一步增设糙米除杂的新工艺，包括筛选分级、除去整理、除稗除灰和厚度精选等，使进入碾米机的糙米保证纯洁、干净。这是保证免淘洗米质量的重要环节。此外，还必须将糙米中的不完善粒、未成熟粒和糙碎进一步除去，以提高免淘洗米的质量和商品价值。糙米精选除杂以后，还可以进行大小分级，提高籽粒的整齐度，提高碾米的工艺效果，最终提高免淘洗米成品的质量。必须根据原料情况和免淘洗米要求经济合理地组合糙米精选去杂工艺。

（二）多机轻碾和分层碾磨

免淘洗米的精度相当于我国现行大米的精度标准，即糙米的皮层要基本去净。糙米的皮层（糠层）含有很多的营养物质，其中含有蛋白质（干基）11.5%～17.2%，脂肪12.8%～22.6%，无氮溶提物33.5%～53.5%。还含有不宜食用的聚戊糖、木质素、半纤维及纤维素6.2%～19.9%，灰分8.0%～17.7%。糙米中的二氧化硅含量大于白米的17～19倍，其中还含有大量植酸，它能阻碍人体对钙元素和镁元素的有效吸收。糙米中所含脂酶存在于种皮之中，而所含的油脂主要存在于糊粉层、亚糊粉层与胚内，未经碾磨的糙米，其脂酶与油脂呈隔离状，一经碾磨过程的破坏作用，使脂酶水解油脂成为可能，即易使油脂发生酸败。大多数粮粒的皮层内存在着原生性与次生性微生物的菌丝体。鉴于以上原因，要生产具有良好食用品质和贮藏性能的免淘洗米，应将米粒的皮层全部碾磨干净。但是，这在当前普遍采用一机碾白或二机碾白的情况下，由于去皮作用较为剧烈，不可避免地会使米粒某些部位的胚乳受到损失，首先是亚糊粉层的损失。而亚糊粉层中的蛋白质是米粒中含量最高的部位，此外还含有大量的脂肪、维生素和矿物质。为了既能制备高质量耐贮藏与可口的免淘洗米，又能回收皮层中不同营养成分的碾下物，就必须进行多机轻碾与分层碾磨。

我国以前是以生产标二米为主，根据标二米的去皮要求，一般采用一机碾白。显然一机碾白的碾米方式，不能适应加工免淘洗米的要求。据研究和生产实践证明，糙米碾制成免淘洗米的碾米工艺最少经过三道碾磨，即三机碾白的碾米工艺。第一道碾去糙米质量的4.5%～5.0%，第二道碾去4.5%左右，两道共碾去糙米质量的9%左右。糙米各部分质量百分含量为果皮1%～2%，种皮、珠心层、糊粉层4%～6%，胚芽2%～3%，胚乳89%～94%。第一道和第二道碾下物（9%左右）相当于糙米的全部皮层，所以第三道碾下物基本上属于含有营养物质的亚糊粉层，完全可食用。当然，由于碾米是籽粒群体的碾磨作用，必然在第二道碾下物中含有少量的胚乳，第三道碾下物中也必然含有少量皮层。但是可以肯定，多机碾白与分层碾磨，不仅能提高成品的碾磨质量，而且可为碾下物的充分利用提供条件，从而大大提高生产免淘洗米的经济效益。

（三）白米上光和成品管理

白米上光是生产免淘洗米的关键工段，它能使米粒晶莹透明，在米粒表面形成一层极薄的凝胶膜，产生珍珠光泽，外观晶莹如玉，煮食爽口细腻。由于大米表面上光后有一层蜡质保护层，不仅可防止大米在生产、贮藏、运输、销售各环节米糠的黏附或米粉脱落，保证大米清洁卫生，食用前不用淘洗，而且可以提高大米贮藏性能，保持大米口味新鲜度，提高大米的食用品质。

白米上光在发达国家极为普遍。如日本、美国和意大利等国在加工上等白米时，成品都经过上光工序。上光米洁白漂亮，富于营养，不仅可延长贮藏时间，而且可以提高大米的食用品质和商品价值。加工方法一般是将大米与具有一定温度的上光溶剂均匀搅拌，然后在上光机内翻滚摩擦，使米粒表面光洁发亮，再经上光米筛筛选分级，便得到上光大米。

目前，所使用的上光剂有糖类、蛋白质类、脂类3种。糖类上光剂使用较多的是葡萄糖、白砂糖、麦芽糖和糊精等。这种上光剂与温水配成一定浓度的水溶液，用导管滴加到抛光机的抛光室内，增加米粒与抛光辊之间的摩擦阻力，除尽米粒表面的糠粉，同时使部分上光液涂在米粒表面，加快表面淀粉糊化而形成保护层，增加米粒光泽度。

蛋白质类上光剂一般采用可溶性蛋白质，如大豆蛋白、明胶等，使用方法同糖类上光。蛋白质类上光剂的独特之处在于具有较好的涂膜性，使米粒表面形成的保护层呈现蜡状或珍珠状光泽。此外，这种保护层保持时间长，耐摩擦及温湿度变化，贮藏1年以上米粒依然晶莹发亮。

脂类上光剂采用的是不易酸败的高级植物油，它能使大米表面产生油量光泽并能推迟米粒陈化，降低水分蒸发速度，且有一定的防虫作用，可长期保持大米的滋味和新鲜状态。

近年来大米上光技术有了迅速发展，国外许多公司的大米抛光机，在我国许多厂得到应用。我国自行研制的大米抛光机，由于价格低，在米厂中使用更广，大米抛光机是生产免淘洗米的必备设备。

成品整理主要是将上光后的大米进行筛级分级，除去上光米中的少量碎米和上光粉料，按成品等级要求分出全整米和一般的免淘洗米。

（四）白米色选

白米色选是清除白米中的黄粒米和其他石子、玻璃碎渣等杂粒，保证免淘米的纯度的技术过程。白米色选是通过色选机实现的，色选机是集光、电、机、气为一体的光电设备，昂贵，但它是生产高质量免淘洗米的必备设备。近年来我国已研制出色选机，其色选效果基本达到进口设备水平，比较便宜，已有许多碾米厂使用。

二、 蒸谷米加工

清理后的净稻谷经过水热处理（浸泡、汽蒸、干燥与冷却），然后再进行砻谷、碾米所得到的成品米称为蒸谷米，也称为半煮米。全世界约有20%数量的稻谷，经水热处理后加工成蒸谷米。印度稻谷总产量的一半以上被加工成蒸谷米。目前，不仅亚洲一些国家生产蒸谷米，西欧、中美、南美等地区一些国家也进行蒸谷米加工。我国生产蒸谷米已有2000多年的历史，大规模的现代化加工始于20世纪60年代。

（一）蒸谷米的优点

1. 改善籽粒的结构

通过蒸煮处理使稻谷的颖壳松脆，碾制时容易脱除，可将砻谷机的生产率提高约40%，橡胶辊胶耗降低 50%，节约电耗 20%。同时使籽粒的结构变得紧密，更加结实，加工后米粒透明，光泽变好，碎米率大为下降，出米率可提高 1%～4%。

2. 提高成品米的营养价值

稻谷在水热处理过程中，稻米胚芽、皮层内所含的丰富 B 族维生素和无机盐等水溶性物质，大部分随水分渗透到胚乳内部。胚芽部分的维生素 B_1 有 50%～90% 进入胚乳部分，而且使 100g 白米中维生素 B_1 的含量能达 0.18～0.33mg，因而增加了其营养价值。蒸谷米中除了硫胺素和尼克酸含量提高了 1 倍多以外，钙、磷、铁的含量比同精度普通白米也有不同程度的提高。此外，根据人体消化吸收试验，蒸谷米的营养成分容易被人体吸收。蒸谷米蛋白质的人体消化吸收率高于普通白米 4.5% 左右。

3. 提高米糠出油率

因稻谷经水热处理后，破坏了籽粒内部酶的活力，减少了油的分解和酸败作用；同时由于蒸谷米糠在榨油前多经一次热处理，糠层中的蛋白质变性更为完全，使糠油容易析出，加上米糠中淀粉含量较少，故含油率较高。蒸谷米一般含油率 25%～30%，普通米糠含油率 15%～20%。

4. 增加米粒胀性，提高出饭率

稻谷经蒸煮后，改善了米粒在烧饭时的蒸煮特性，增加了出饭率，一般比普通大米出饭率提高 37%～76%，且饭粒松散，同时具有蒸谷米的特殊风味。

5. 减少虫害，延长贮藏期

由于稻谷在水热处理过程中，杀死了微生物和害虫，同时也使米粒丧失了发育能力，所以贮藏时可防止稻谷发芽和酶变，易于保存。

但应当指出，蒸谷米生产也存在一定的缺点。如稻谷经水热处理后，制得的蒸谷米的米色较深；常带有一种异味，对初食者不习惯；蒸谷米饭的黏性较差，不适宜煮稀饭；水热处理过的稻谷生命已被杀死，在贮藏过程中，一经微生物和害虫污染后就不易保管。此外，由于增加了加工工序，加工成本相应提高。

（二）蒸谷米生产方法

1. 工艺流程

蒸谷米的生产工艺，除精选后的净谷经过水处理外，其他加工工序和一般稻谷加工基本相同，蒸谷米生产工艺流程见图 2－12。

原料稻谷→ 清理精选 → 浸泡 → 汽蒸 → 干燥、冷却 → 砻谷及谷糙分离 → 碾米 → 成品整理 →蒸谷米

图 2－12　蒸谷米生产工艺流程

2. 操作要点

（1）清理　由于稻谷经水热处理后，籽粒结构变得细密、坚硬，因此，加工蒸谷米的稻谷最好选择组织结构疏松、质地较脆、出米率较低、粒形细长的稻谷，尤以籼稻为宜。

原粮稻谷中杂质的种类很多，浸泡时杂质分解发酵，污染水质，谷粒吸收污水会变味、变色，严重时甚至无法食用。虫蚀粒、病斑粒、损伤粒等不完善粒，汽蒸时将变黑，使蒸谷米质量下降。因此，在做好除杂、除稗、去石的同时，应尽量清除原粮中的不完善粒，可采用洗谷机进行湿法清理。稻谷表面上茸毛所引起的小气泡将使稻谷浮于水面。为此，水洗时把稻谷放

于水中使水翻腾，消除气泡，以保证清理效果。

要想获得质量良好的蒸谷米，最好在稻谷清理之后按粒度与密度不同进行分级，这是因为浸泡与汽蒸的时间是随稻谷的粒度变化的。如果采用相同的浸泡与汽蒸时间，则最小的籽粒已全部糊化，而较大的籽粒只有表层糊化。如增加浸泡和汽蒸时间并提高温度，较大的籽粒虽能全部糊化，但最小的籽粒又因过度糊化而变得更硬、更结实，米色加深，黏度降低，影响蒸谷米质量。分级可首先按厚度的不同，采用长方孔筛进行，然后再按长度和密度的不同，使用碟片精选机、密度分级机等进行分级。

（2）浸泡　浸泡的目的是使稻谷内部淀粉吸水达到在蒸谷过程中能全部糊化的水分。稻谷在浸泡过程中，充分吸收水分，为淀粉糊化创造了必要条件。因此，浸泡是稻谷水热处理必不可少的重要工序。

国内外蒸谷米生产多采用浸泡法和喷水法，以使稻谷充分吸收水分。其中，浸泡水可用常温水和高温热水。用常温水浸泡，由于温度低，谷粒吸水慢，则浸泡的时间长，促使酶的活力增强，谷粒和伴随谷粒的有机杂质随之发酵，浸泡水受到污染，致使产品质量不佳。东南亚的一部分现代化米厂和欧美的蒸谷米厂，以及国内的蒸谷米厂都是采用高温热水浸泡法，此法系将稻谷放入预先加热到 80 ~ 90℃ 的热水中，浸泡过程中使水温保持在 70 ~ 75℃，浸泡 2 ~ 3h 即可，发酵影响完全可以消除。经验表明，在水温低于淀粉糊化的温度时，稻谷吸收水分随水温而增加并加速。

稻谷浸泡后的含水量应不低于 30%，含水量过多或过少，浸泡水的温度高低、浸泡的时间长短等都会影响成品的品质。

浸泡设备的类型很多。东南亚和非洲一些国家至今仍有采用原始方法浸泡稻谷的，如巴基斯坦南部地区采用陶制小罐；印度及斯里兰卡采用水泥池作为浸泡稻谷的容器。国内外现代化蒸谷米厂的浸泡设备，主要有罐柱式浸泡器和平转式浸泡器。

（3）汽蒸　稻谷经过浸泡以后，胚乳内部吸收相当数量的水分，此时应将稻谷加热，使淀粉糊化。通常情况下，都是利用蒸汽进行加热，此即为汽蒸。汽蒸的目的在于提高出米率，改善贮藏特性和食用品质。汽蒸的方法有常压汽蒸与高压汽蒸两种。常压汽蒸是在开放式容器中通入蒸汽进行加热，采用 100℃ 的蒸汽就足以使淀粉糊化。此法的优点是设备结构简单，稻谷与蒸汽直接接触，汽凝水容易排出，操作管理方便；缺点是蒸汽难以分布均匀，蒸汽出口处周围的稻谷受到的蒸汽作用比别处的稻谷大，存在汽蒸程度不一的现象。高压汽蒸是在密闭容器中加压进行汽蒸。此法可随意调整蒸汽温度，热量分布均匀；容器内达到所需压力时，几乎所有谷粒都能得到相同的热量。其缺点是：设备结构比较复杂，投资费用比较高，需要增加气水分离装置，操作管理比较复杂。汽蒸使用的设备有蒸汽螺旋输送机、常压汽蒸筒、立式汽蒸器和卧式汽蒸器等。在汽蒸过程中，必须掌握好汽蒸温度和汽蒸时间，使淀粉能达到充分而又不过度糊化，并注意汽蒸的均一性。汽蒸温度不仅影响蒸谷米的质量，而且对稻谷中可溶性淀粉含量的变化也有明显的影响。当汽蒸温度达到 100℃ 时，可溶性淀粉质量明显增加，而且随汽蒸温度的升高不断增加。汽蒸时间的长短决定淀粉的糊化程度。汽蒸时间短，淀粉糊化不完全，米粒出现心白；汽蒸时间过长，会使淀粉糊化过度，米色加深。汽蒸温度主要取决于蒸汽压力，汽蒸时间取决于稻谷的数量。

（4）干燥与冷却　稻谷经过浸泡和蒸煮处理后，含水分很高，一般为 34% ~ 36%，并且粮温也很高，约 100℃。这种高水分和高温度的稻谷，既不能贮藏，也不能进行加工，必须经过干燥，除去水分，然后进行冷却，降低粮温。干燥和冷却的目的是使稻谷含水量降低到14%的安全水分，以便贮藏和加工。使碾米时能得到最大限度的整米率。

干燥的方法有自然干燥和强制干燥两种，而强制干燥又有高温快速干燥和低温慢速干燥之分，且都采用机械设备干燥。机械干燥比自然干燥（日晒）便于管理，容易获得品质均一的产品。

干燥的速度是控制碎米率的主要因素，干燥太快，谷粒表面和心部存在很陡的水分梯度，从而产生应力。在一定阶段上谷粒通过产生的爆腰释放应力，使碾制时产生碎米。当稻谷含水量在18%以上时，可以采用高温快速干燥，使稻谷不至于产生爆腰。第一次干燥将水分降到近20%，接着进行缓苏，然后进行第二次干燥，采用低温慢速进行干燥或冷却，使水分降到14%左右。

干燥和冷却设备的种类很多，国内常用的有沸腾床干燥机、喷动床干燥机、流化槽干燥机、滚筒干燥机和塔式干燥机以及冷却塔等。

（5）砻谷及砻下物分离　稻谷经水热处理以后，颖壳疏松、变脆，容易脱壳，使用胶辊砻谷机脱壳时，可适当降低辊间压力，提高产量，以降低胶耗、电耗。脱壳后，经稻壳分离、谷糙分离，得到的蒸谷糙米送入碾米机碾白。

（6）碾米及成品整理　蒸谷米糙米的碾白是比较困难的。在产品精度相同的情况下，蒸谷糙米所需的碾白时间是生谷（未经水热处理的稻谷）糙米的3~4倍。蒸谷糙米碾白困难的原因不仅在于皮层与胚乳结合紧密、籽粒变硬，而且皮层的脂肪含量高。碾白时，分离下来的米糠由于机械摩擦热而变成脂状，造成米筛筛孔堵塞，米粒碾白时容易打滑，致使碾白效率降低。为了防止这种现象发生，应采用以下措施：采用喷风碾米机，以便起到冷却和加速排糠的作用；碾米机转速比加工普通大米时提高10%；宜采用四机出白碾米工艺，即经三道砂辊碾米机、一道铁辊碾米机；碾米机排出的米糠采用气力输送，有利于降低碾米机内的摩擦热。

碾白后的擦米工序应加强，以清除米粒表面的糠粉。这是因为带有糠粉的蒸谷米，在贮藏过程中会使透明的米粒变成乳白色，影响产品质量。此外，还需按含碎要求，采用筛选设备进行分级。

三、 营养强化米加工

稻谷籽粒中的营养成分分布很不均衡，维生素、脂肪等大都分布在皮层和胚芽中。在碾米过程中，随着皮层与胚芽的碾脱，其所含营养成分也随之一起流失。大米精度越高，营养成分损失越多。所以高精度米虽然食味好，利于消化，但其营养价值要比一般低精度米要差。

强化米是在普通大米中添加某些缺少的营养素或特需的营养素而制成的成品米。目前，用于大米营养强化的强化剂有维生素、氨基酸及矿物盐。食用强化米时，有的产品按1：200或1：100比例与普通大米混合煮食，有的产品与普通米一样直接煮食。

生产强化米的方法很多，归纳起来可分为外加法与内持法。内持法是借助保存大米自身某一部分营养素达到强化的目的。蒸谷米就是以内持法生产的一种营养强化米。外加法是将各种营养强化剂配成溶液后，由米粒吸收或涂盖在米粒表面，具体又有浸吸法、涂膜法、强烈型强化法、挤压营养强化法等。

（一）浸吸法

1. 工艺流程

浸吸法是国外采用较多的强化米生产工艺，强化范围较广，可添加一种强化剂，也可添加多种强化剂。

浸吸法强化米生产工艺流程见图 2 – 13。

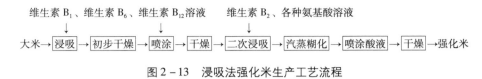

维生素 B$_1$、维生素 B$_6$、维生素 B$_{12}$溶液　　维生素 B$_2$、各种氨基酸溶液

大米→浸吸→初步干燥→喷涂→干燥→二次浸吸→汽蒸糊化→喷涂酸液→干燥→强化米

图 2 – 13　浸吸法强化米生产工艺流程

2. 操作要点

（1）浸吸　先将维生素 B$_1$、维生素 B$_6$、维生素 B$_{12}$称量后溶于 0.2% 重合磷酸盐的中性溶液中（重合磷酸盐可用多磷酸钾、多磷酸钠、焦磷酸钠或偏磷酸钠等），再将大米与上述溶液一同置于带有水蒸气保温夹层的滚筒中。滚筒轴上装置螺旋片，起搅拌作用。滚筒上方靠近米粒处装有 4 ~ 6 只喷嘴，也可将溶液洒在翻动的米粒上。此外，也可由滚筒另一端通入热空气，对滚筒内的米粒进行干燥。该滚筒一机多能，浸吸时间为 2 ~ 4h，溶液温度为 30 ~ 40℃，大米吸附的溶液量为其质量的 10%。浸吸后，鼓入 40℃热空气，转动滚筒，使米粒稍稍干燥，再将未吸尽的溶液由喷嘴喷洒在米粒上，使之全部吸收。最后再次鼓入热空气，使米粒干燥至正常水分。

（2）二次浸吸　将维生素 B$_2$和各种氨基酸称量后，溶于重合磷酸盐中性溶液，再投入上述滚筒中与米粒混合进行二次浸吸。溶液与米粒之间质量比、浸吸操作方法与一次浸吸相同，但最后不进行干燥。

（3）汽蒸糊化　取出二次浸吸后较为潮湿的米粒，置于连续式蒸煮器中进行汽蒸。连续蒸煮器为内有长条输送带的密闭式蒸柜。输送带低速运转，其下方装有两排蒸汽喷嘴。蒸柜上面两端各装有气罩，将废蒸汽通至蒸柜外。米粒通过进料斗以一定速度落至输送带上，在 100℃蒸汽下汽蒸 20min，使米粒表面糊化，这对防止米粒破碎及淘洗时营养素的损失均有好处。

（4）喷涂酸液及干燥　将汽蒸后的米粒仍置于上述滚筒中，边转动边喷入一定量的 5% 醋酸溶液，然后鼓入 40℃的低温热空气进行干燥，使米粒水分降至 13%，最终得到强化米产品。

（二）涂膜法

1. 工艺流程

涂膜法是在米粒表面涂上数层黏稠物质以生产强化米的方法。

涂膜法强化米生产工艺流程见图 2 – 14。

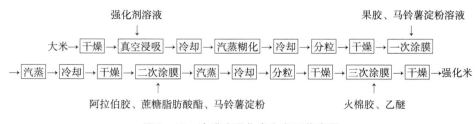

强化剂溶液　　　　　　　　　　　　　　　　　果胶、马铃薯淀粉溶液

大米→干燥→真空浸吸→冷却→汽蒸糊化→冷却→分粒→干燥→一次涂膜

→汽蒸→冷却→干燥→二次涂膜→汽蒸→冷却→分粒→干燥→三次涂膜→干燥→强化米

阿拉伯胶、蔗糖脂肪酸酯、马铃薯淀粉　　　　　　　火棉胶、乙醚

图 2 – 14　涂膜法强化米生产工艺流程

2. 操作要点

（1）真空浸吸　先将需强化的维生素、矿物盐、氨基酸按配方称量，溶于 40kg、20℃的热水中。大米预先干燥至水分为 7%。取 100kg 干燥后的大米置于真空罐中，同时注入强化剂溶

液，在 $8 \times 10^4 Pa$ 真空度下搅拌 10min，米粒中的空气被抽出后各种营养素即被吸入内部。

（2）汽蒸糊化与干燥　自真空罐中取出上述米粒，冷却后置于连续式蒸煮器中汽蒸 7min，再用冷空气冷却。使用分粒机将黏结在一起的米粒分散，然后送入热风干燥机中，将米粒干燥至水分含量为 15%。

（3）一次涂膜　将干燥后的米粒置于分粒机中，与一次涂液共同搅拌混合，使溶液涂覆在米粒表面。一次涂液的配方：果胶 1.2kg、马铃薯淀粉 3kg，溶于 10kg、50℃ 的热水中。一次涂膜后，将米粒自分粒机中取出，送入连续式蒸煮器中汽蒸 3min，通风冷却。接着在热风干燥机内进行干燥，先以 80℃ 热空气干燥 30min，然后降温至 60℃ 连续干燥 45min。

（4）二次涂膜　将一次涂膜并干燥后的米粒再次置于分粒机中进行二次涂膜。先用 1% 阿拉伯胶溶液将米粒湿润；再与含有 1.5kg 马铃薯淀粉及 1kg 蔗糖脂肪酸酯的溶液混合浸吸；然后与一次涂膜工序相同，进行汽蒸、冷却、分粒、干燥。蔗糖脂肪酸酯是将蔗糖和脂肪酸甲酯用碳酸钙作催化剂，以甲基甲酰胺作溶剂，减压下反应、浓缩，再用精制乙醇结晶而成。

（5）三次涂膜　二次涂膜并干燥后，接着便进行三次涂膜。将米粒置于干燥器中，喷入火棉乙醚溶液 10kg（火棉胶与乙醚各半），干燥后即得营养强化米。第一层涂膜可改善风味，并具有高黏稠性。第三次涂膜除也具有黏稠性外，更可防止老化，提高光泽度，延长保藏期，不易吸潮，可降低营养素损失。

（三）强烈型强化法

1. 工艺流程

强烈型强化法是国内研制的一种大米强化工艺，比浸吸法和涂膜法工艺简单，所需设备少，投资小，便于大多数碾米厂推广使用。

强烈型强化米生产工艺流程见图 2-15。

图 2-15　强烈型强化米生产工艺流程

2. 操作要点

加工时，免淘洗米进入强化机后，先以赖氨酸、维生素 B_1、维生素 B_2 进行第一次强化，然后，缓苏仓静置适当时间，使营养素向米粒内部渗入并使水分挥发。第二次强化钙、磷、铁，并在米粒表面喷涂一层食用胶，形成抗水保护膜，起防腐、防虫、防止营养损失的作用。第二次缓苏后经过筛理，去除碎米、小包装后即为强化米产品。

其强化米的效果较好，赖氨酸的强化率可达 90% 以上，维生素的强化率可达 60%~70%，矿物质强化率可达 80%。该强化工艺提高了营养剂的浓度，利用大米营养强化过程中由于强烈运动所产生的热量，使其维持在 50℃ 左右，不需要蒸汽保温和热空气干燥，节省了设备投资和能耗，该工艺具有工艺简单、不需要热源、投资小、便于推广应用等特点。

（四）挤压营养强化法

挤压营养强化法是一种与人造米生产工艺相结合的营养强化工艺。该法主要是以碎米为原料，微粉碎后与营养强化剂预混料充分混合，通入蒸汽和水进行调质后，进入挤压机重新制粒，干燥后与免淘洗米进行混配，即得到营养强化大米。因为该方法是将营养素与米粉混合后重新制成米粒，所以营养素的分布均一性较好，稳定性也较好，对于淘洗过程，损失也较小。

挤压营养强化米生产工艺流程见图2－16。

1. 工艺流程

乳化剂、维生素、矿物质、蛋白质
↓
碎米→微粉碎→混合→调质→挤压→预干燥→干燥→筛分→混配→包装

图2－16 挤压营养强化米生产工艺流程

2. 操作要点

（1）预处理 原料碎米经处理除杂，依原料等级不同，可配以筛选、风选、磁选、去石、色选等清理工艺，要求不含有大小杂质和异色粒及霉变粒，然后经过粉碎机进行粉碎筛分。所有设备主要包括清理设备、投料控制系统、粉碎机等。

（2）配料、调质与制粒 由计算机自动控制，通过微量添加系统与米粒按一定比例向调质器进行配料，然后进行预混合，在蒸汽和水的共同作用下，使淀粉糊化到一定程度后，进入挤压机通过挤压的剪切力作用后，重新制粒和成型。然后经气体输送系统，进入流化床干燥器和带式干燥器进行干燥，使其水分降至安全水分15%以下，再经振动分级筛进行分级，以便于后续与大米进一步配合。

（3）配米与混合 将挤压营养米与大米按预先设定的配比（1∶50或1∶100）由计算机自动控制配制与混合。该系统主要由微量差别配比秤、喂料器和混合机组成。

（4）包装 包装要求符合《食品卫生法》，并注意强化米在贮藏期间的营养素损失。包装材质应采用复合食用薄膜或复合铝薄膜，建议采用真空或充 N_2、CO_2 密室包装。采用小包装方式，将成品米包装成每袋5～10kg。

第五节 米 制 品

米是我国消费量最大的植物性原料，除米饭以外，还有许多食品是以米为主要原料加工而成的。

米中的成分对人体的健康至关重要，同时也影响了米的加工工艺特性。米中一般含有8%～9%的蛋白质，其中水溶性蛋白质占0.46%～0.50%，温度在70℃以上完全凝固；球蛋白占0.78%～0.95%，能溶于10%的氯化钠，温度在90℃时凝固；醇溶蛋白占0.22%～0.40%，能溶于70%～80%的乙醇溶液中；谷蛋白占5.27%，能溶于2%的氢氧化钠溶液中。但是米中不含有面筋蛋白质，所以它不能像小麦面粉那样形成面团。

就米的氨基酸组成来看，色氨酸、赖氨酸、苏氨酸、蛋氨酸都比动物性蛋白质的含量低，但是赖氨酸和含硫氨基酸的含量则比其他植物性蛋白质的含量高，所以米蛋白质在谷物类中是属于质量较好的蛋白质。

米中的油脂成分主要存在于米的胚芽中，米油的特点是其不饱和脂肪酸含量高，易于氧化，其中油酸的含量约占45%、亚油酸约占30%、棕榈酸约占20%。米类中糯米含油脂最多，约含3.2%；粳米次之，约含2.2%；籼米最少，约含2.1%。

米中含量最多的成分是碳水化合物，为76%～79%，其中90%以上是淀粉。

一、　米淀粉的工艺特性

米淀粉的颗粒较小，大多在3～8pm。米淀粉的颗粒大小、支链淀粉和直链淀粉的比例以及米淀粉在加热和冷却过程中的变化都将影响米淀粉的工艺特性。

（一）米淀粉的糊化与老化

米淀粉颗粒中的淀粉分子链部分是无序排列、杂乱无章的，部分是有序排列形成胶束。这种胶束的结构很致密，在温度较低的情况下，水分子也难以进入。如果将米淀粉与水一起加热时，由于在热的作用下，淀粉分子运动加剧，水即可进入米淀粉的胶束之间，如果温度足够高，则可使有序排列的分子链变得不规则，致密的胶束结构被破坏，淀粉颗粒膨润，在水分充足的情况下，体积可增大5倍，从而淀粉颗粒消失，这种状态的淀粉叫糊化淀粉，或称为α-淀粉，这个过程称为淀粉的糊化。能使淀粉开始糊化的温度称为糊化温度，米淀粉的糊化温度是70～75℃。淀粉糊化以后，黏度升高，持水能力和持气能力增强。

米粒淀粉的糊化需要较高的温度和较长的时间，在70℃时需要数小时，90℃时需要2～3h，要使胶束完全消失必须在100℃温度下加热20min以上。这是因为要使淀粉颗粒完全糊化，其水分含量需要在30%以上，而米粒内部的水分少，水和热进入内部需要时间。因此，米粒中水分含量越多、水浸泡时间越长，就越容易糊化。

淀粉颗粒中有序排列呈胶束状态的生淀粉也称为β-淀粉，这是相对于α-淀粉而言。淀粉有这样的特性，即α-淀粉在水分含量比较高及常温条件下静置，则会恢复成β-淀粉，这种现象称为淀粉的老化或β-化。α-淀粉在水分30%～60%、温度0℃时最易发生老化。如果将α-淀粉在80℃以上进行迅速干燥或迅速冷却到0℃以下进行脱水，使其含水量降低到15%以下时，则淀粉分子难以重新实现有规则的排列，即不容易恢复到原来的状态，这样可以防止淀粉的老化。米饼、方便米饭、膨化米就是利用这一原理加工和保存的。

（二）直链淀粉和支链淀粉

天然淀粉颗粒有两种结构，即直链淀粉和支链淀粉，直链淀粉是许多葡萄糖以α-1,4糖苷键结合而成，其相对分子质量为4000～150000；支链淀粉除了糖苷键以外，还有以α-1,6糖苷键结合的分枝结构，相对分子质量为500000。在一般的粮食中都含有20%～25%的直链淀粉，75%～80%的支链淀粉。糯米中的淀粉都是支链淀粉，粳米中的淀粉约20%是直链淀粉、80%是支链淀粉。

直链淀粉和支链淀粉在很多性质方面有很大的差异。直链淀粉遇碘呈蓝色，且是络合结构；支链淀粉遇碘呈现红紫色，不是络合结构，而是以吸附状态存在。支链淀粉易溶于水，形成稳定的溶液，且具有高黏度，淀粉糊的黏度主要是由支链淀粉产生的，直链淀粉溶液的黏度极低。直链淀粉易老化，支链淀粉不易老化，这是因为直链淀粉分子在溶液中容易取向，空间位阻小，容易互相靠拢并形成类似原来的有序结构，而支链淀粉分子呈树枝状结构，空间位阻大，不易互相缔合，不易老化，且能阻碍直链淀粉发生老化。直链淀粉和支链淀粉在性质上的这些差异极大地影响了淀粉的工艺特性，所以在食品加工中，除了产品要使淀粉彻底水解时使用直链淀粉的米以外，大多数产品都希望使用支链淀粉含量高的米。

二、米 饼

米饼是以米为原料的一种焙烤点心，因米的种类不同有糯米饼和粳米饼之分，又因味的差异有咸米饼和甜米饼之分。米饼的历史悠久，相传起源于我国的年糕，并于唐朝（约公元804年）时传到日本，近年来又在我国流行起来，是深受消费者喜欢的食品。

（一）米饼膨化原理

米饼坯在加热过程中发生的物性变化过程见图2-17。

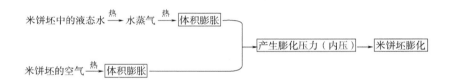

米饼坯 $\xrightarrow{\text{热}}$ 饼坯软化 $\xrightarrow{\text{热}}$ 饼坯伸展 $\xrightarrow{\text{热}}$ 饼坯膨化（外压）$\longrightarrow$ 干燥硬化 $\longrightarrow$ 米饼

膨化压力（内压）

图2-17 米饼坯在加热过程中发生的物性变化

此过程的前3步有以下特点：

（1）米饼坯 水分10%~20%；呈玻璃状；

（2）饼坯软化 有弹性；塑性增强；

（3）饼坯伸展 有弹性；塑性进一步增强。

米饼坯在加热过程中水分、空气的变化见图2-18。

米饼坯中的液态水 $\xrightarrow{\text{热}}$ 水蒸气 $\xrightarrow{\text{热}}$ 体积膨胀

产生膨化压力（内压）$\longrightarrow$ 米饼坯膨化

米饼坯的空气 $\xrightarrow{\text{热}}$ 体积膨胀

图2-18 米饼坯加热过程中水分、空气的变化

米饼坯在加热过程中，饼坯的物理性状发生了变化，即从淀粉的老化状态（玻璃状）逐步软化重新回复到糊化状态，成为具有一定弹性和塑性的饼坯；饼坯中的水分在加热过程中汽化，体积增大，以及饼坯中的空气受热体积增大而产生了膨化压力（内压），温度越高，空气和水蒸气形成的膨化压力越大。但是米饼坯与小麦面粉制成的面团不同，米饼坯在加热初期是玻璃状，不具备弹性和塑性，只具有脆性，所以无法形成有效的抗膨化压力（外压）。如果把米饼坯看成是一个密闭容器，则饼坯中的水分是处在这个密闭容器的封闭之中，即使由于加热使饼坯升温到100℃，如果饼坯的弹性强而形成较高的外部压力，使内部水的沸点相应提高，饼坯中的水分因产生过热现象而不能汽化。温度继续上升，米饼坯的弹性因坯体进一步软化而降低，当由于加热使饼坯中水分汽化和空气体积膨胀产生的膨化内压和饼坯弹性产生的膨化外压达到均衡时饼坯才会发生适度膨化。所以，可以认为饼坯中的水分蒸发、空气体积膨胀和饼坯的物性变化是影响饼坯膨化的主要因素，与此有关的是饼坯在焙烤时加热的温度和速度，饼坯中水分和空气含量，饼坯中各成分的组成，特别是直链淀粉和支链淀粉的比例，以及制饼坯时原料米粒度和捣捏的程度等。

米饼的外观、口感与饼坯膨化好坏与否有很大的关系，即与膨化压力（内压）和饼坯的物性有很大的关系。饼坯膨化的情形如同吹橡皮气球，橡皮的物性与吹入气体的气压之间的关系

造成气球膨胀、消瘪或因过于膨胀而破裂。饼坯的物性（外压）与膨化压力（内压）之间的关系对米饼的影响可简述如下：

　　饼坯的物性≥膨化压力（内压）：米饼形状正常或膨化不足；

　　饼坯的物性＝膨化压力（内压）：米饼形状正常；

　　饼坯的物性≤膨化压力（内压）：米饼膨化过度而破裂。

　　由此可见，维持饼坯的物性等于膨化压力（内压）是米饼制造中理想状态。米饼的膨化度一般控制在 $1:(2\sim3)$。

（二）糯米饼

糯米饼制备的基本工艺流程见图 2 – 19。

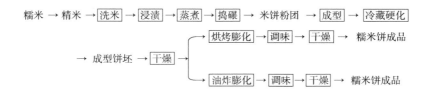

图 2 – 19　糯米饼制备的基本工艺流程

　　糯米饼制造是先将糙糯米碾成精白糯米，精白程度越高，糯米饼的质量越好。精白糯米放入洗米机中充分清洗，然后在浸米罐中浸渍。浸米条件：常温浸渍 12h 左右。浸渍结束后，沥干水分，用蒸饭机蒸煮 15~25min，蒸熟的糯米饭冷却 2~3min 后用捣饼机将糯米饭捣成米饼粉团。捣饼机的捣碾程度会影响糯米饼的质量，捣碾程度弱的饼坯所制成糯米饼会出现斑点、皱纹，成品率低。随捣碾程度的增强，成品率增高，但如果捣碾程度超过了一定的限度，则会再次出现成品率低的现象。所以，随着捣碾程度由弱而强，米饼会出现膨化不良向正常形态变化，进而会因膨化过度而造成产品变形。由此可见，饼坯与产品质量有密切的关系，所以不同的产品应有适度的米饭颗粒，一般当捣碾到米饭小粒状与米饭糊状为 1:1 时，可以得到最佳的饼坯。

　　米饼粉团捣成以后，用捏揉机捏揉并放到箱中，调整成棒状或板状，随后连箱一起迅速冷却到 2~5℃，再在 0~5℃ 的冷藏库中放置 2~3d，使其硬化。硬化后的棒状或板状饼坯用饼坯切削机切成各种各样的形状并整形，再放入通风干燥机中干燥到饼坯含水量为 18%~20%，糯米饼坯的干燥是在低温条件下进行的，初期的相对湿度定为 70% 左右。以后的相对湿度定为50% 左右。如果干燥时的温度和湿度过高，会使饼坯的表面失去光泽，制成的米饼表面会有粗糙的感觉，干燥时间控制在 24~36h。

　　干燥饼坯用焙烤炉进行焙烤膨化或用油炸膨化。焙烤膨化时，炉温一般控制在 200~260℃，饼坯的温度在 140~170℃，焙烤时间 60~90s。焙烤结束以后在米饼的表曲喷涂油或酱油等调味液，根据产品种类进行干燥制成产品。油炸膨化时，油温控制在 180~200℃，饼坯的温度在 150~170℃，油炸时间 50~80s，油炸结束以后的处理可以参照焙烤膨化法。

（三）粳米饼

粳米饼制备的基本工艺流程见图 2 – 20。

粳米→精米→ 水洗 → 沥干 → 制粉 → 蒸煮 → 捏揉 →米饼粉团→ 成型 → 干燥 → 焙烤 → 调味 → 干燥 →粳米饼成品

图 2-20　粳米饼制备的基本工艺流程

粳米饼的制造是先将糙粳米碾成精白粳米，精白程度越高，粳米饼的质量越好。精白粳米放入洗米机中充分清洗，然后沥干，待水分含量达 20%~30% 时进行制粉，制粉的粒度直接影响到饼坯的均一性，由于米的部位不同，在洗米过程中吸水的程度也各不相同，所以在洗米以后，水分在米中的分布情况也不同。吸水多的部分，质地比较软，在制粉时容易形成细粉；吸水少的部分质地比较硬，在制粉时容易形成粗粉，所以单纯依靠制粉来获得均匀粒度的米粉几乎是不可能的。

粒度越细，糊化开始的温度也随之降低，黏度增高，有利于提高产品的质量。而对于粗粒来说，即使温度升高到糊化温度，但因粗粒中缺乏足够的水分而不易糊化，所以粗粒会原封不动地残留在饼坯中，难以制成均一的饼坯。在粳米饼的制粉中，一般要求粉粒在 60 目以上。

粳米制成粉以后放入蒸揉机中，一边通入蒸汽一边揉粉团，此时粉团的温度在 90~92℃，揉制时间控制在 5~10min。待米淀粉完全糊化以后，放入捏揉机中进行捏揉，接着放入水中进行冷却，待冷却到 60~65℃时，再用捏揉机捏揉 3~5min，即形成成熟的米饼粉团。制成的米饼粉团用压延机压成片状，再用成型机成型，成型以后的米饼饼坯进入干燥。粳米饼饼坯的干燥一般分为两个阶段进行，第一次干燥是在温度 70~75℃ 的条件下进行热风干燥，待水分达 20% 左右时，终止干燥。第一次干燥结束后，米饼坯在室温条件下放置 10~20h，放置的目的是使米饼坯中的水分进行重新分配，以求达到坯中各处水分含量均匀一致，放置操作也称为熟成。熟成结束后的饼坯进入第二次干燥阶段，第二次干燥方法同第一次干燥一样，都要在温度 70~75℃ 的条件下进行热风干燥，在饼坯水分含量达到 10%~15% 时，终止干燥，进入焙烤。饼坯在干燥时的温度控制很重要，如果温度偏低，则饼坯表面会发生干燥，随着干燥速度减慢，饼坯中的水分转移速度与饼坯表面的水分蒸发速度不相协调，造成饼坯的水分分布不均匀，在焙烤中，饼坯表面伸展不足而造成碗状米饼成品。

粳米饼的膨化一般在焙烤炉中进行，烤炉的炉温通常控制在 200~260℃。饼坯的温度控制在 140~170℃。由实验得到：饼坯的软化点约在品温 140℃ 开始，饼坯的焦化点约在品温 180℃ 开始。焙烤结束后，进行理饼、精加工（如挂糖浆）等，制得粳米米饼产品。

比较粳米米饼和糯米米饼制备工艺可知：两者的区别在于制粉和冷藏工序方面，粳米米饼制备工艺有制粉工序，而无冷藏工序；糯米米饼制备工艺与此相反，无制粉工序，而有冷藏工序。近年来已有两者互相借鉴、互相通用的工艺面世。

三、甜酒酿

酒酿是流传甚广、特别是在我国江南一带常见的传统食品，它是以糯米为原料，经根霉等微生物发酵，风味以甜味为主、兼有酸味和适量酒精的发酵食品。酒酿除了直接食用以外，还常向酒酿中添加其他呈味物质制成调味品，用于生产糟制食品或用于佐餐调味。

酒酿的制备由原料处理、酒药制备和保温发酵三大部分组成。酒酿的制备工艺流程见图 2-21。

酒药
↓
糯米→ 洗米、浸米 → 蒸煮 → 淋水冷却 → 入容器 → 保温发酵 →酒酿

图 2 - 21　酒酿的制备工艺流程

（一）原料处理

甜酒酿成品是以醪液的形式进入流通领域的，是带饭的液体。用于甜酒酿制造的米常为糯米，因为糯米的支链淀粉多，并含有适量的蛋白质、无机盐等，微生物发酵完毕以后仍具有饭的粒形，这些都为甜酒酿的风味提供了有利的前提条件。

在甜酒酿制备的原料处理中，主要内容是糯米的处理，它包含精米、洗米、浸米、蒸煮、冷却等。

在糙糯米的外侧含有许多蛋白质、脂肪、灰分、维生素等。这些成分的过量存在，使米不易吸水、蒸煮及糖化，使霉菌、酵母的生长和发酵易急进，并影响到成品甜酒酿的质量，所以应通过精米工序除精米过程中，除碳水化合物随米的精白度提高而递增外，水分和对酿造不利的成分总含量都相应下降。如精米率达 75% 时，水分减少 1%～2%；蛋白质中清蛋白及球蛋白含量减少，但醇溶蛋白及谷蛋白比率相应有所增加；脂质中的粗脂肪含量减少，而结合脂质几乎不变；灰分中的金属含量急剧减少；另外，游离氨基酸含量也略有减少。

洗米主要是除去附着在精白米上的糠、尘土及夹杂物。在洗米过程中，除糠、尘土、微生物被洗去以外，白米中的淀粉、钾、磷酸、维生素等部分流失，米的含水量增加。

浸米主要是使米粒中的淀粉颗粒吸水膨胀、结构疏松，以及提高蒸煮时的热效率。糯米的吸水速度与糯米的品种、精米率、水温有关，一般采用室温下浸米 18～24h。浸米过程中，米中的钾、磷最易溶出，钠、镁、糖分、淀粉、蛋白质、脂质以及维生素等也有不同程度的溶出。与此相反，水中的钙及铁却能被米粒吸附。

蒸煮是将糯米中的生淀粉经加热变成糊化淀粉，以使霉菌易于生长，酶易于作用，同时也对米粒进行杀菌。蒸饭的前期是水蒸气通过米层，在米粒的表面凝结成露水，后期是露水在热力的作用下向米粒的内部渗透，并使淀粉糊化及蛋白质变性等。所以在蒸饭的前半阶段，蒸饭的具体时间因米层厚度、蒸汽量、米温等的不同而异；蒸饭的后半阶段所需时间随糯米淀粉的糊化性、氮成分溶出等的不同而异。在糊化温度下，使米粒淀粉糊化的最短时间约为 15min，所以蒸饭常采用常压蒸煮 30min，或加压（105Pa）蒸煮 15min。

甜酒酿制备对米饭的外观质量要求是达到外硬内软、无夹生、均匀一致。

蒸煮结束的米饭应即用冷水淋冷。淋水冷却可增加米饭的含水量和洗去米饭表面的黏结物，使米饭的表面光滑，有利于霉菌的生长繁殖，再者可利用淋水的温度来调节米饭的温度，便于下道工序的操作，用于冷却的淋水，其游离氯含量应为零。

（二）酒药制备

制备酒药的原料及配方如下：

籼米粉 100kg（当年的新米，0.8mm 左右），辣蓼草粉 0.75kg（野生辣蓼草，洗净，当日晒干），优良酒药 3kg，水 49～50kg。

酒药制备的工艺流程见图 2 - 22。

酒药制备的主要操作是成型和保温培养。

成型操作是将以上的配料拌和均匀并揉捣，以增强黏性和可塑性。揉捣后取出放入适当大

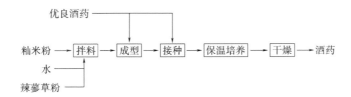

图 2 - 22　酒药的工艺流程

小的容器中成型，再切成方形的小块或搓成球状，然后再在表面洒上若干剩余的酒药。

用于甜酒酿制造的酒药过去常用自然微生物，但是其中以根霉为主，现在常用纯种根霉等。根霉是严格好氧的丝状菌，适合于表面生长，发育温度为 30～35℃。最适温度在 37℃左右，有较强的淀粉酶活力及微弱的酒化酶活力，还能产生芳香的酯类物质。所以在保温培养中，要注意通风，品温一般控制在 32～37℃，不高于 40℃，培养时间为 3～5d。培养结束以后，用热风吹干或自然风干。

成品酒药要求表面白色，质地松脆，并有良好的香气。

（三）保温发酵

将淋冷后的米饭沥去水分，米饭的温度一般控制在 27～30℃。向米饭中分两次拌入酒药后，放入陶器或瓷器的容器中，搭成倒喇叭形状的疏松凹圆窝，在表面抖撒上一些酒药粉末。搭窝的目的在于增加米饭与空气的接触面积，有利于好氧性根霉等丝状微生物的生长繁殖，并且可根据窝中的糖液多少来判断甜酒酿的糖化发酵情况。保温发酵的关键是掌握品温和时间，一般保温发酵的品温控制在 32℃左右，发酵时间为 1～2d。

发酵结束以后，如糖度太高，可以适当添加饮用水稀释。

四、方 便 米 饭

方便米饭是米制品的一个重要品种，近年来作了大量的研究。在方便米饭制备工艺的研究中首先要解决的是使米淀粉保持在糊化状态，其次是消除米饭粒之间的黏结。

方便米饭制备的基本工艺流程见图 2 - 23。

米→淘洗→浸米→沥下→蒸煮→淋饭→脱水干燥→方便米饭成品

图 2 - 23　方便米饭制备的基本工艺流程

方便米饭是利用淀粉的糊化和老化特性而制备的。用于制备方便米饭的原料米应该具备易糊化而难以老化的特性，所以原料米应选择支链程度高的糯米或粳米。原料米经洗米以后，用水或稀醋液浸米，待米的水分含量达到 30%～35% 时，就可以进入蒸煮工序。米饭蒸熟以后迅速用水淋去米饭表面的黏稠物，这是消除米饭粒之间黏结的重要手段。淋饭后在 75℃左右的温度下进行常压或真空干燥，干燥至米饭的水分含量在 5% 以下时即为方便米饭成品。

保持方便米饭处在淀粉糊化状态的关键问题是迅速脱水和在脱水时的品温控制，低温缓慢脱水只能制成糊化程度低的干燥米，而高温迅速脱水能制成糊化程度高的方便米饭。

🔍 思考题

1. 稻谷清理都有哪些方法？
2. 砻谷的基本方法有哪些？原理各是什么？
3. 谷糙分离的基本原理是什么？
4. 糙米擦离碾白和碾削碾白的原理和碾米效果有什么不同？
5. 米饼的生产工艺要点是什么？
6. 米酒生产的原理是什么？

CHAPTER

3

第三章

小麦面粉及其制品加工

小麦面粉加工成的各种面制食品是人类的主要食品。小麦面粉是原料小麦经清理、水分调节、碾磨、筛选、分级等工序制备的,是粮食加工的重要组成部分。在欧洲、美洲以及我国北方,面粉是构成当地人们一日三餐的主要原料。在西餐中它可做成各种各样的面包和西式糕点,在中餐的主食中它可做成馒头、面条、饼和带馅食品等,其次也是点心、饼干等各种食品的主要原料。小麦面粉中特有的面筋蛋白,赋予小麦面粉独特的加工性能,加水能形成具有延伸性、弹性的面团,因而小麦面粉在构成食品的所有基础原料中,它所构成的食品花样最多,技术复杂,品质反应也非常敏感。

第一节 小 麦 制 粉

小麦制粉的一般过程是,首先根据小麦的粒度、形状、密度及其在气流中的行为进行清理,以除去尘土、杂草种子、石子、麦壳、铁屑等杂质。然后进行润水调质处理,以便使麦粒内的水分分布处于对以后将胚乳和麸皮分离的加工最有利状态。通过粉碎与筛分的连续操作过程完成胚乳与麸皮的分离。这一过程通常由一系列辊式磨粉机和各种规格筛组合完成。

一、 小麦的分类、 籽粒结构和化学组成

(一) 小麦的分类

通常对小麦按以下 3 种方式进行分类。

1. 冬小麦和春小麦

小麦按播种季节分为冬小麦和春小麦两种。冬小麦秋末冬初播种,第二年夏初收获,生长期较长,品质较好;春小麦春季播种,当年秋季收获。

2. 白麦和红麦

小麦按麦粒的皮色分为白皮小麦和红皮小麦两种,简称为白麦和红麦。白麦的皮层呈白色、乳白色或黄白色,红麦的皮层呈深红色或红褐色。

3. 硬麦和软麦

小麦按麦粒胚乳结构分为硬质小麦和软质小麦两种，简称为硬麦和软麦。麦粒的胚乳结构呈角质（玻璃质）和粉质两种状态。角质胚乳的结构紧密，呈半透明状；而粉质胚乳的结构疏松，呈石膏状。角质占麦粒横截面 1/2 以上的籽粒为角质粒；而角质不足麦粒横截面 1/2（包括 1/2）的籽粒为粉质粒。我国规定：一批小麦中含角质粒 70% 以上为硬质小麦；而含粉质粒70% 以上为软质小麦。

（二）小麦的籽粒结构

小麦籽粒由皮层、糊粉层、胚乳和胚 4 部分组成。麦粒顶端生有茸毛（称麦毛），下端为麦胚。在有胚的一面称为麦粒的背面，与之相对的一面称为腹面。麦粒的背面隆起，腹面凹陷，有一沟槽称为腹沟，其深度随小麦品种及生长条件不同而异。腹沟的两侧部分称为颊，两颊不对称。腹沟是小麦籽粒结构的一大特点，使小麦的清理和去皮变得困难，增加了制粉的难度。

小麦经过加工以后，小麦的皮层成为麸皮，胚乳成为面粉，胚芽成为单独的产品或也混入为麸皮。

1. 皮层

小麦表皮由果皮、种皮、珠心层组成，占籽粒质量的 18.5%～20.8%。皮层又称为麦皮，按其组织结构分为 5 层，由外向内依次是表皮、外果皮、内果皮、种皮、珠心层，统称为外皮层，果皮容易吸水膨胀使与内层的结合力减弱，稍加摩擦就会脱落。种皮围绕着胚在内的整个籽粒，含有麸皮的色素物质。珠心层是一层非常薄的、相当透明的均匀细胞。这几层主要含较多粗纤维和色素，它的厚薄影响小麦出粉率，口感粗糙，人体难以消化吸收，因此，生产优质粉时，应尽量避免将其磨入面粉中。

2. 糊粉层

糊粉层是皮层最内的一层，是一组整齐的大型厚壁细胞，糊粉层又称内皮层或外胚乳，其质量约占皮层的 40%～50%。糊粉层具有较丰富的营养，粗纤维含量较外皮层少，富含蛋白质、维生素和矿物质，灰分高，因此在生产低等级面粉时，可将糊粉层磨入面粉中，以提高出粉率。

3. 麦胚

胚的含量约占麦粒质量的 2.5% 左右。胚是小麦的再生组织，通过上皮细胞和胚乳相连，打击时容易脱落。胚也是麦粒中生命活动最强的部分，完整的胚有利于小麦的水分调节。胚内不含淀粉，但含有大量的蛋白质、脂肪及酶类，韧性大，混入面粉后，会影响面粉的色泽，容易酸败，不耐贮藏，对面团烘焙性能有很大影响。因此，在生产高等级面粉时不宜将胚磨入粉中。麦胚具有极高的营养价值，可在生产过程中将其提取加以综合利用。

4. 胚乳

胚乳由比较大的、内部蓄有淀粉和能构成面筋蛋白质的无色薄膜细胞组成。在正常麦粒中，胚乳约占全粒质量的 81%，主要成分是淀粉（约 78%），还有约 12% 的蛋白质。据测定，蛋白质的质量（表现为面筋质量）以内层（中心层）较好。这对提取等级粉的概念也很重要。胚乳含纤维极少，灰分低，易为人体消化吸收，是麦粒中生产高等级面粉的主要部分。根据胚乳组织紧密程度，小麦分为硬质、软质两种，硬质小麦的胚乳结构紧密，蛋白质含量和面筋蛋白质高于软质小麦。

（三）小麦的化学构成

麦粒的化学成分主要有水分、蛋白质、糖类、脂类、维生素、矿物质等，其中对小麦粉品质影响最大的是蛋白质。

麦粒各组成部分化学成分的含量相差很大，分布不平衡。表3-1所列为麦粒各组成部分的化学成分分布情况。

表3-1 　　　　　　　　　麦粒各组成部分的化学成分　　　　　单位:%

麦粒部分	含量	占比					
		蛋白质	淀粉	碳水化合物	纤维素	脂肪	灰分
整粒	100	16.06	63.07	12.42	2.76	2.24	1.91
胚乳	81.6	12.91	78.92	6.26	0.15	0.68	0.45
胚	3.24	37.63	—	34.86	2.46	15.04	6.32
糊粉层	6.54	53.16	—	22.26	6.41	8.16	13.93
外层	8.93	10.56	—	54.02	23.73	7.46	4.78

1. 水分

按水分存在的状态，小麦中的水分可分为游离水和结合水。

小麦加工前未进行水分调节时，水分在麦粒各部分中的分布是不均匀的，一般皮层的水分低于胚乳，通过水分调节可使皮层的水分增加。

从小麦加工的角度来讲，小麦含水量过高或过低都不利于加工。水分过高，小麦及其再制品不易流动，筛理时易堵塞筛孔；胚乳与皮层不易分离，导致出粉率降低，动力消耗增加，生产能力下降；生产的面粉水分过高，不易贮藏保管。水分过低，小麦皮层韧性变小，在研磨时易被磨碎混入面粉中，影响面粉质量；胚乳硬度大，不易破碎，使动力消耗增加或生产出的面粉粒度较粗。

2. 淀粉

淀粉是小麦的主要化学成分，是面制食品中能量的主要来源。淀粉全部集中在胚乳中，也是面粉的主要成分。

按质量计小麦胚乳中有3/4是淀粉，其状态与性质对面粉有较大的影响。近年来发现，小麦淀粉对面制食品特别是对面条等东方传统食品的品质影响极大，面条的口感、柔软度和光滑度都与淀粉有很大的关系。

在研磨过程中，小麦淀粉颗粒会受到一定程度的损伤，这就是破损淀粉。面粉越细，破损淀粉越多。损伤后的淀粉粒，其物理化学性质都发生了变化，其吸水量比未损伤前大2倍左右，所以破损淀粉含量高的面粉可以得到更多的面团、制造出更多的产品。

3. 蛋白质与面筋

小麦中的蛋白质主要有清蛋白、球蛋白、麦胶蛋白和麦谷蛋白4种，其中清蛋白和球蛋白主要集中在糊粉层和胚中，胚乳中含量较低，麦胶蛋白和麦谷蛋白基本上只存在于小麦的胚乳中。

面筋的主要成分为麦胶蛋白和麦谷蛋白，所以面筋基本上仅存在于小麦胚乳中，其分布不均匀。在胚乳中心部分的面筋量少而质优，在胚乳外缘部分的面筋量多而质差，这是选择粉流进行配混生产专用粉技术的理论依据。利用粉质仪可测定面粉的吸水量、稳定时间等参数，运用这些参数对面团特性进行定量分析，是检测专用小麦粉质量的重要依据。

4. 纤维素

纤维素不能被人体消化吸收，混入面粉中将影响其食用品质和色泽，它主要分布在小麦外皮层中。因此面粉中的纤维素含量越低，面粉的精度就越高。

5. 脂肪

小麦中的脂肪多为不饱和脂肪酸，主要存在于胚和糊粉层中，胚中脂肪含量最高，占14%左右，易被氧化而酸败。

6. 灰分

灰分在小麦皮层中含量最高，胚乳中含量最低。灰分是衡量面粉加工精度的重要指标，面粉的精度越高，其灰分就越低。

二、 小麦的清理与润麦

（一）小麦的清理流程

小麦清理流程主要包括初清、毛麦处理、水分调节、润麦、净麦处理等，一般清理流程见图3-1。

毛麦筛选 → 去石 → 精选 → 磁选 → 打麦（轻打）→ 筛选 → 着水 → 润麦 → 磁选 → 打麦（重打）→ 筛选 → 磁选 → 净麦

图3-1 小麦一般清理流程

清理流程中各工序的目的与设备见表3-2。

表3-2　　　　　　　　　　　清理流程中各工序的目的与设备

清理工序	目的	设备
筛选	清理大杂和小杂，以尽量减少灰尘对车间的污染，保证各种设备的正常运转，防止设备和管道堵塞	初清筛、自衡振动筛、平面回转筛
去石	去除混杂的石子，避免对设备的磨损和可能发生的火花，影响安全生产	去石洗麦机、比重去石机和重力分级机
精选	分离荞麦、大麦、燕麦等杂粮粒	滚筒精选机、碟片精选机
磁选	避免金属杂质对设备损坏，尤其在高速旋转的设备内受打击摩擦而产生火花，引起火灾	永磁滚筒、电磁滚筒、磁铁
打麦	清除麦粒表面和腹沟内的泥污和灰尘，去麦毛，打碎土块、虫蚀麦粒	打麦机
着水润麦	调节小麦水分，增加麦皮韧性，降低麦皮与胚乳间连接，利于碾磨制粉。润麦时间为20~30h，润麦后小麦水分控制在14%~15%	去石洗麦机、螺旋着水机、强力着水机

入磨净麦含杂标准：尘芥杂质不超过0.3%，其中沙石不超过0.02%，粮谷杂质（异品种粮粒以及小麦的干瘪粒、虫蚀粒、发芽粒、霉坏粒等）不超过0.5%。小麦经过清理后，灰分降低不少于0.06%。

（二）着水润麦

经过清理的净麦，在碾磨之前需进行着水润麦。着水润麦就是向小麦中加水，吸水后的小麦在润麦仓中放置一段时间。润麦的目的主要有两个：一个是使皮层增加韧性，在碾磨时以免碎裂的太碎，较大块的皮层容易筛分出去，同时润得合适的小麦，皮层容易和胚乳分开；另一个是软化胚乳，使碾磨高效省力。润麦时间和加水量取决于小麦质地、水分和环境气候。通常软麦加水到含水量为 14.0% ~ 15.0%，润麦 16 ~ 20h；硬麦加水到含水量为 15.5% ~ 17.5%，润麦 24 ~ 30h。润麦质量影响小麦的出粉率。

着水机有着水混合机、强力着水机、喷雾着水机等类型。

小麦着水后，需要有一定的时间让水分向小麦内部渗透，以使小麦各部分的水分重新调整，这个过程在麦仓中进行，这种麦仓称作润麦仓。

润麦仓一般采用钢筋凝泥土、钢板或木板制成。润麦仓的截面大部分是方形的，一般润麦仓的截面尺寸为 2.5m × 2.5m 或 3.0m × 3.0m。仓的内壁要求光滑，仓的四角应做成 15 ~ 20cm 的斜棱，以减少麦粒膨胀结块的机会。由于湿麦的流动性差，仓底要做成漏斗形，斗壁与水平夹角一般为 55° ~ 65°。润麦仓的出口有单出口和多出口两种。

三、小麦的碾磨、筛分与面粉处理

（一）小麦的碾磨与筛分

1. 制粉工艺流程

制粉工艺流程的任务，即破碎麦粒；刮下麸口皮上的胚乳，分出大小麸皮；将胚乳碾磨到一定的粗细度；按不同的要求混合搭配成一种或几种等级面粉。因此，碾磨是多层次的，相应的筛分也是多层次的。在这多层次的过程中必定出现几种过渡的物料，也称在制品。

（1）麸片　碾磨小麦经筛理后，分离出的带有不同程度胚乳的麦皮。

（2）麦渣　带有麦皮的较大的胚乳颗粒。

（3）粗麦心　混有麦皮的较小的胚乳颗粒。

（4）细麦心　混有麦皮的更小的胚乳颗粒。

（5）粗粉　加工特质粉时的制品，较纯的粉粒。

针对上述物料，小麦制粉过程所用的磨可分为皮磨、心磨和渣磨，并配套有不同粗细度筛网的筛。

2. 小麦制粉主要设备与作用

（1）磨粉机　目前我国面粉企业所用磨粉机基本上为复式磨粉机，即一台磨粉机有两对以上的磨辊，称为辊式磨粉机。

辊式磨粉机主要由磨辊、机身、喂料机构、控制系统（轧距调节机构）、传动机构、吸风装置、磨辊清理机构和出料系统组成。

按照控制机构的控制方式，一般可分为液压控制（液压磨）和气压控制（气压磨）两种。由于液压磨存在漏油等现象，容易污染生产环境，大多数面粉厂使用的是气压磨粉机。气压磨粉机一般结构见图 3 - 2。

①磨辊：目前，辊式磨机中的磨辊分为光辊和齿辊两种。光辊为表面经糙化处理的平辊，表面碾磨粗糙度多为 1.5 ~ 2.5μm，转速比为 1.25 : 1。光辊通常用于心磨，碾磨从皮磨分出的去皮粗胚乳颗粒。齿辊就是铁辊表面刻有两面不对称的锯齿形的螺纹凹槽，齿辊表面技术参数

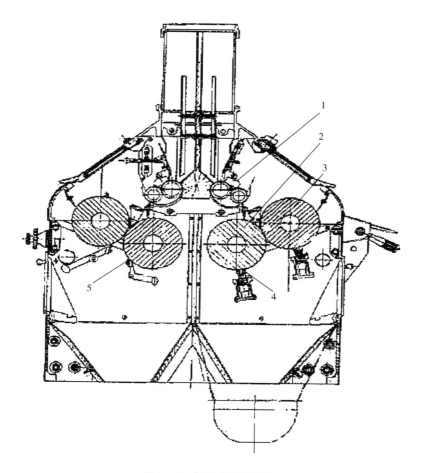

图3-2　气压磨粉机结构

1—喂料机构　2—慢速磨辊　3—快速磨辊　4—清理齿轮的刷子　5—清理光辊的刀片

包括齿数、齿角、斜度、齿顶宽和磨齿排列，如图3-3所示。齿角为锋角与钝角之和，锋角（图3-3中 α 角）取值范围一般为25°~50°，钝角（图3-3中 β 角）取值范围一般为60°~70°。齿顶宽是非常重要的，对于小麦粉灰分和皮磨粉的产量都有决定性的、直接的影响，齿顶宽随着齿数加密逐渐减小。齿磨根据不同的作用目的——破碎、磨渣、麦皮切割等，选择不同

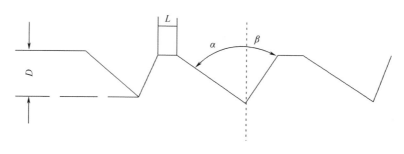

图3-3　齿形参数

α、β—夹角　L—齿顶宽　D—齿深

的齿形参数。齿辊上下辊的转速比为2∶1。两辊上的螺线同向转动，因而产生类似于剪刀的剪切作用。

②喂料机构：采用双辊喂料。

靠近进料斗的喂料辊称为定量辊，转速较低，主要起拨料和散料的作用；靠近磨辊的喂料辊称为分流辊，转速较高，主要起进一步加速和均匀料速的作用。在定量辊的上方有喂料活门与油压机构相连，进料增多时，活门可自动开大；反之，则自动关小。两喂料辊的传动也由油压机构来控制，若有物料进入机内，喂料箱即可自动运转。

③乳距调节机构：磨辊的松合闸装置与气压系统相连，当物料进入磨粉机，气压系统的活塞向左移动，慢辊靠拢快辊；反之，当物料停止进入机器，活塞向右复位，慢辊离开快辊。在操作时，如对轧距进行小量的紧密调节，可转动调节手轮。

（2）粉筛　在碾磨过程中，利用各种设备将物料按颗粒大小分级的工序称为筛理。经过筛理而分离的大小物料，分别送往不同的辊磨进一步加工处理，筛分出的面料则单独收集一起。制粉厂通常使用的筛理设备为平筛和振动圆筛。振动圆筛一般只用于筛理黏性较大的吸风粉和打麸粉。目前，常用的平筛有高方平筛、双仓平筛。双仓平筛筛格层数少，筛面积较小，分级种类较少，因而多用于小型机组或充当面粉检查筛。目前，面粉厂使用的筛理设备绝大多数为高方平筛（图3-4），高方平筛结构包括筛体、横梁、进料装置、筛格、筛面清理机构等。

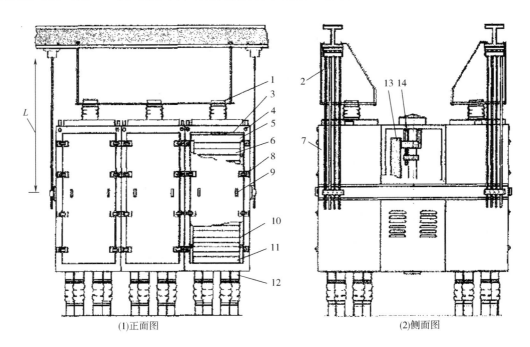

(1)正面图　　　　　　　　　　　　　(2)侧面图

图3-4　高方平筛的总体结构

1—进料筒　2—吊杆　3—筛仓　4—顶格压紧机构　5—顶格　6—筛格　7—筛箱
8—仓门压紧张装置　9—仓门　10—筛格水平压条　11—筛底格
12—物料出口　13—偏重块　14—电机

①筛体：筛体是一个呈长方形的箱体。它以角钢作架，四周以薄钢板覆盖表面。
②横梁：横梁上装有吊挂下座，通过钢缆及吊挂下座装置把筛体吊挂在大梁下面。

③进料装置：进料装置由进料筒、绒线套筒和分料盘组成。绒布套筒上方与进料筒连接，其下方与筛顶格的分料盘相衔接。物料由进料筒经绒布套筒到筛顶格的粉料盘，即进入筛格筛理。

④筛格：筛格由有固定筛网的筛面组成。

⑤筛面清理机构：筛面上有橡皮球或帆布块。当平面运转时，橡皮球或帆布块在金属网上跳动，撞击筛面，将堵塞在筛孔中的颗粒振动下来，保证筛孔畅通。

（3）清粉机 在生产高等级面粉时，为了减少面粉中麸皮的含量，提高面粉质量，可在碾磨和筛理过程中安排清粉工序。清粉是在物料进入心磨磨制面粉前，将碎麸皮、连粉麸与麦心借吸风与筛理分开，得到纯净麦心进入心磨磨制粉。

清粉设备主要由筛格和吸风装置组成，筛格配以不同规格的筛绢（图3－5）。工作时，筛格振动，分离物料并抖松筛上物，增加吸风清理效率。气流从筛绢下部向上，将物料中的细小麸皮及连粉麸吹起，进入不同的收集器。

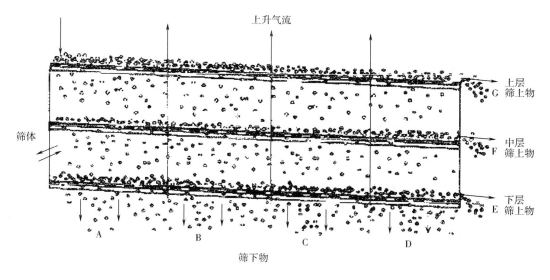

图3－5 清粉机多层筛面工作原理

（4）松粉机 在生产等级粉时，心磨系统一般采用光辊。由于光辊碾磨以挤压为主，很容易将物料挤压成片状，若直接送往筛理，则影响筛理效果和实际取粉率。因此，光辊的磨下物在筛理之前，需经松粉机处理，击碎粉片。松粉机有撞击松粉机和打板松粉机两种。

撞击松粉机是利用高速旋转的转子撞击物料，使之粉碎。撞击松粉机松粉作用强烈，适用于处理前路心磨磨下物。

打板松粉机的打击机构为打板叶轮，该机松粉作用缓和，体积小，动耗低，安装灵活，可用来处理渣磨和中、后路心磨碾磨后的物料。

（5）刷麸机和打麸机 刷麸、打麸是利用旋转的扫帚或打板，把黏附在皮上的粉粒分离下来，并使其穿过筛孔成为筛出物而麸皮则留在筛内。刷麸、打麸工序设在皮磨系统尾部处理麸皮的最后一道工序。

刷麸机是一个立式的圆筒，圆筒里而装有快速旋转的刷帚，当物料自进口落在刷帚上盖上时，受离心力的作用，物料被抛向刷帚与筛筒的间隙中，在刷帚快速旋转的作用下，麸皮上的胚乳即被刷出筛孔外,落入粉槽。刷后的麸皮留在筛筒内,由内部的出口输出。

打麸机是在高速旋转的打板打击下;使黏附在鼓片上的粉粒被打下,穿过筛筒,经出粉口排出机外,而麸片则被打板送往出麸口排出。

3. 粉路

将磨粉、筛理、清粉、刷麸等工序组合起来,对净麦按一定的产品等级标准进行加工生产的工艺过程,称为粉路。根据面粉精度要求的不同,磨粉所需粉路的配制和工艺的长短也不同。面粉加工精度越高,磨粉系统越长,工艺组成越复杂。按系统配制,目前磨粉粉路可分为4种。

(1)连续出粉粉路 小麦在磨粉机中破碎、碾磨,然后筛出面粉后其余物料继续进行碾磨、筛分,反复进行,每次碾磨均筛出部分面粉,直到麦渣中面粉出完。此工艺简单,设备少,但面粉中麸屑含量高,面粉精度差;同时,麸皮中胚乳残留多,影响出粉率。此种设备多适用于农村,单机操作。

(2)皮、心分磨制粉粉路 整个制粉由皮磨、心磨两个系统组成。皮磨碾磨小麦和麸片(带皮胚乳),向心磨提供麦心,出少量面粉;心磨碾磨麦心,出大量面粉。此工艺可提高面粉生产效率、出粉率和面粉质量,但对带皮胚乳(麦渣)没有单独分离,在一定程度上影响面粉精度。此粉路多为对面粉质量要求不高的中、小型面粉厂所用。

(3)皮、渣、心分磨制粉粉路 整个制粉粉路由皮磨、渣磨、心磨三个系统组成,小麦经皮磨粗破碎,被筛分为麸片、麦渣、麦心,分别送入下级皮磨、渣磨和心磨。麦渣在渣磨中进行磨粉和提取麦心。此粉路是生产标准粉和等级粉的方法之一。

(4)皮、渣、心、尾分磨辅以清粉的制粉粉路 整个制粉粉路由皮磨、渣磨、清粉、心磨及尾磨等系统组成。小麦经皮磨碾磨后,被筛分为粗麸皮、细麸皮、麦渣、粗麦心、细麦心等物料,分别送入粗细皮磨、清粉机、渣磨及心磨,分类碾磨。为处理细麸屑还专门设置尾磨系统。此粉路可对磨粉制品进行精细分级处理,极大地提高了面粉品质和出粉率,并且可根据各系统出粉的质量分类收集,为生产专用粉提供分类原料。

根据我国关于小麦粉的国家标准(《GB/T 1355—2005 小麦粉》),小麦粉分为强筋小麦粉、强中筋小麦粉、中筋小麦粉和弱筋小麦粉4个等级。

(二)小麦面粉处理

1. 杀虫

现代化面粉厂均配备面粉撞击杀虫机,利用对面粉的撞击,来杀死小麦粉中各个虫期的害虫,延长安全贮藏期。

2. 熟化和混合

小麦胚乳含有叶黄素、类胡萝卜素等黄色素。所以,新制小麦粉略黄,经过2~3周贮藏后,由于缓慢的空气氧化作用使色素破坏,面粉变白,同时筋力也因氧化而有所增强,这就是面粉氧化。现代化面粉厂常以人工方法加速面粉熟化,并调整面粉,使之作为各种面食原料。根据面粉中某些营养素含量状况,也可加入维生素 B_1、维生素 B_2、叶酸和铁等人体需要的物质加以强化。强化时采用面粉混合机,将多种不同质量的面粉以及添加的微量物质混合均匀。卧式混合机因其混合效率高、卸料迅速,在制粉厂得到广泛应用。常用的卧式混合机有卧式环带混合机和双轴桨叶混合机。

3. 空气分级

面粉是由大小不同的粉粒组成的,小的在 $1\mu m$ 以下,大的约 $200\mu m$。最小的粉粒主要是蛋白质碎片，所以面粉中细小微粒多则蛋白质含量高；再大一些的粉粒主要是游离的淀粉粒，主体由这样粒子组成的面则蛋白质含量低；而最大的粉粒则是胚乳碎块了，保持着原有的淀粉粒镶嵌在蛋白质间的结构，由这样的粒子为主体构成的面粉，其蛋白质含量与原小麦粉相同，介于上述两者之间。这样得到的高蛋白质含量的面粉适于加工面包；而低蛋白质含量的面粉，适于加工糕点和饼干。

4. 配粉

现代化制粉业针对粮食食品多样化及其各对面粉不同性质的要求，利用选择原麦与配麦、面粉空气分级和不同规格的面粉混合配制等手段，生产出专供某种食品使用的小麦粉，即各种专用粉。所谓专用小麦粉，就是专门用于某种食品的小麦粉，简称专用粉。按其用途，可分为面包粉、饼干粉、蛋糕粉、饺子粉、面条粉等。

（三）小麦分层碾磨制粉

由于传统的小麦制粉，一般是先把麦粒破碎，再从皮层上剥刮面粉。这样，要想获得高质量的面粉，粉路就比较长，操作也有较大难度。因此，面粉行业推出小麦分层碾磨新工艺，即剥皮制粉工艺。剥皮制粉工艺是将经过基本清理程序的小麦利用特制的砂辊碾麦机，轻碾、磨削麦粒皮层，去皮幅度较大，基本上保留糊粉层，但仍没完全去除腹沟部分的皮层。碾除部分皮层的小麦再适当着水，润麦后进入磨粉系统碾磨制粉。该工艺为简化粉路和生产高等级面粉、提高出粉率打下了很好的工艺基础。特别适合乡镇企业小型粉厂生产等级粉。

另外，在收获前后曾经发芽的小麦，按常规制成的小麦粉筋力大减，制成熟食后发黏发黑，这种小麦可采用我国研究成功的降黏制粉技术。小麦发芽时先在糊粉层中产生大量的淀粉酶。所以，先用沙辊剥碾除掉占净麦质量 5%~10% 的皮层（包括糊粉层），再经过加水 1% 润麦 5min 的处理，最后轧磨制粉。所得小麦粉的 α-淀粉酶活力削弱 70%，面团吸水率和筋力明显改善。熟食制品黏性基本消除，色泽变白。

第二节　传统中式主食面点加工

一、　馒头加工及过程控制技术

馒头是我国的传统面食，把面粉加水、酵母，发酵后蒸熟而成的食品，成品外形为半球形或长条。味道可口松软，营养丰富，是中华民族最亲切的食物之一。在江南地区，一般在制作时加入肉、菜、豆蓉等馅料的馒头称作包子，而普通的馒头称作白馒头。我国幅员辽阔，民族众多，口味不同，做法各异，由此发展出了各式各样的馒头，如白面馒头，玉米面馒头、菜馒头、肉馒头、生煎馒头、油炸馒头，称呼也不尽相同，如蒸饼、炊饼、饽饽、馍馍、大馍等。

有馅馒头在南方被称为"馒头"，肉馅的称作"肉馒头"，在北方称作"包子"，在半圆顶部捏合处褶皱不加红印，菜馅的称作"菜馒头"通常有肉馅、豆沙馅、油菜、白菜、粉条、萝卜丝、南瓜、韭菜鸡蛋等各式各样。

主食馒头以小麦面粉为主要原料，是中国主要的日常主食之一。根据风味、口感不同可分为以下几种：

（1）北方硬面馒头　是中国北方的一些地区，如山东、山西、河北等地百姓喜爱的日常主食。依形状不同又有刀切形馒头、机制圆馒头、手揉长形杠子馒头、挺立饱满的高桩馒头等。

（2）软性北方馒头　在我国中原地带，如河南、陕西、安徽、江苏等地百姓以此类馒头为日常主食。其形状有手工制作的圆馒头、方馒头和机制圆馒头等。

（3）南方软面馒头　是我国南方人习惯的馒头类型。多数南方人以大米为日常主食，而以馒头和面条为辅助主食，南方软面馒头颜色较北方馒头白，而且大多带有添加的风味，如甜味、奶味、肉味等。有手揉圆馒头、刀切方馒头、体积非常小的麻将形馒头等品种。

随着生活水平的提高，人们开始重视主食的保健性能。强化和保健馒头多以天然原料添加为主。常见的有玉米面、高粱面、红薯面、小米面、荞麦面等为主要原料或在小麦粉中添加一定比例的此类杂粮生产的馒头产品。营养强化馒头主要有强化蛋白质、氨基酸、维生素、纤维素、矿物质等。

点心馒头以特制小麦面粉为主要原料，比如雪花粉、强筋粉、糕点粉等，适当添加辅料，生产出组织柔软、风味独特的馒头。比如奶油馒头、巧克力馒头、开花馒头、水果馒头等。该类馒头一般个体较小，其风味和口感可以与烘焙发酵面食相媲美，作为点心而消费量较少，是很受儿童欢迎的品种，也是宴席面点品种。

（一）工艺流程

馒头生产工艺流程见图3-6。

原料准备处理 → 和面 → 压面 → 成型 → 装盘 → 醒发 → 蒸制 → 成品

图3-6　馒头生产工艺流程

（二）配方

1. 配方一

面粉25kg；酵母0.25kg；食盐0.75kg；面包改良剂0.1kg；水12.5kg。

2. 配方二

面粉25kg；玉米淀粉1.5kg；鲜鸡蛋3kg；白砂糖3kg；酵母0.34kg；面包改良剂0.1kg；泡打粉0.25kg；水12.2kg。

（三）和面

和面又称调粉、打面，通过搅拌和面形成面团，它是影响馒头质量的决定性因素之一。

1. 和面的目的

（1）各种原辅料均匀地混合在一起，形成质量均一的整体。

（2）加速面粉吸水、胀润形成面筋的速度，缩短面团形成时间。

（3）扩展面筋，使面团具有良好的弹性和延伸性，改善面团的加工性能。

2. 和面的六个阶段

（1）原料混合阶段　小麦粉等原料被水调湿，似泥状，并未形成一体，且不均匀，水化作用仅在表面发生一部分，面筋没有形成，用手捏面团，甚硬，无弹性和延伸性，很黏。

（2）面筋形成阶段　此阶段水分被小麦粉全部吸收，面团成为一个整体，已不黏附搅拌机壁和钩子，此时水化作用大致结束，一部分蛋白质形成了面筋，用手捏面团，仍有黏性，手拉面团时无良好的延伸性，易断裂，缺少弹性，表面湿润。

（3）面筋扩展阶段　随着面筋形成，面团表面逐渐趋于干燥，较光滑和较有光泽，出现弹性，较柔软，用手拉面团，具有了延伸性，但仍易断裂。

（4）和面完成阶段　此时，面筋已完全形成，外观干燥，柔软而具有良好的延伸性，用手拉取面团具有良好的延伸性和弹性，面团非常柔软，此阶段为最佳程度，应立即停止搅拌。

（5）搅拌过度阶段　如完成阶段不停止，继续搅拌，面筋超过了搅拌的耐受程度，开始断裂，面筋中吸收的水又溢出，面团表面再次出现水的光泽，出现黏性，流动性增强，失去了良好的弹性，用手拉面团时，面团粘手而柔软，面团到这一阶段的明显特征是面团还软。

（6）破坏阶段　若继续搅拌，则面团变成半透明并带有流动性，黏性非常明显，面筋完全被破坏，从面团中洗不出面筋，用手拉面团时，手掌中有一丝丝的线状透明胶质。

3. 面团形成原理

（1）面粉中含有大量的面筋蛋白质，具有特殊的组成和结构，在一定条件下能够形成面筋，成为面团的骨架。

（2）面筋吸水　首先，面筋蛋白质表面亲水基水合，同时水分向面筋蛋白质中心扩散，与面筋蛋白质中心含有的小分子可溶物形成高浓度的溶液，使面筋蛋白质分子内外存在浓度差，形成渗透压，促进面筋蛋白质内部大量吸水、膨胀、扩展，形成开放式外观结构，利于相互结合。

（3）搅拌的作用

①面粉是由小的面粉颗粒构成，面粉遇水时，面粉颗粒表面面筋蛋白质首先吸水。同时水分向颗粒中心扩散，由于颗粒组成的紧密性，扩散速度很慢，这时搅拌起到了极大的促进作用，它使面粉颗粒与搅拌桨、器壁及相互之间碰撞摩擦，失去水合表面，暴露新的表面进一步与水结合，直至面粉颗粒消失，面筋蛋白质完全水合。

②吸水、涨润的面筋蛋白质在搅拌的作用下，相互靠近并以氢键、二硫键结合，形成面筋网络，并在搅拌的进一步扩展作用下，提高面筋网络的弹性和延伸性，从而形成面团，具有良好的弹性和延伸性。

4. 影响面团形成的因素

（1）面粉是影响面筋性质的决定因素。

（2）加水量一般为 45% ~ 65%，过硬不利于面团形成，过软不利于操作。

（3）温度一般为 280 ~ 300℃，过低不利于面团形成，过高易引起蛋白质变性，破坏面筋。

（4）搅拌的合适时间为 10 ~ 30min。

（5）其他因素

①糖：由于糖的反水化作用，增加糖的量，则延缓了水化作用，至面筋形成所需的时间长，从而延长了整个搅拌时间。

②油脂：一般认为，添加油脂不会引起搅拌时间和搅拌耐力的变化。但是添加油脂后，面团韧性增强，增强了面筋的持气能力。

③鲜蛋液：添加鸡蛋可以增强面筋，但要注意减少加水量。

④乳粉：添加乳粉使面团的吸水率增加，水化作用延缓，搅拌时间延长。

⑤添加剂：氧化剂增强面团的硬度，延迟面团的形成，延长搅拌时间。还原剂使面筋变软，缩短搅拌时间。酶制剂，淀粉酶的液化作用能使面团软化，搅拌时间缩短，并且使面团的

黏性增大，给操作带来困难；蛋白酶能分解蛋白质，使搅拌的机械耐力减小，面团被软化，进而也影响到面团的发酵耐力。因此，蛋白酶使用量应严格控制。乳化剂，它与淀粉和蛋白质相互作用，不仅具有乳化作用，而且还具有面团改良作用。它可使面团韧性增强，提高面团搅拌耐力，从而使搅拌时间延长。乳化剂还促进油脂在面团中分散，与油脂一起在面团中起到面筋网络润滑剂作用，有利于面团起发膨胀。

⑥食盐：食盐使面筋韧性增强，水化作用显著延缓，从而使面团形成时间延缓。总之，盐量越多，搅拌时间越长。

5. 面团搅拌工艺

（1）原辅料准备　根据配方要求准备材料，根据一次和面量称量材料。

（2）和面操作　将面粉、酵母、泡打粉等粉状物料倒入卧式和面机开机搅拌 1~2min。糖水一次性倒入和面机，加入乳化剂，搅拌（20±1）min。面团达到手捏有弹性，双手搓成细条后，表面平滑光洁，双手迅速用力扯断，断声清脆，即为打好面团。

（3）面团温度的控制　适宜的面团温度是面团良好形成的基础，又是面团发酵时所要求的必要条件。因此应根据加工车间情况和季节的变化来适当调整面团的温度，达到面团温度在28~30℃。影响面团温度的因素有：面粉和主要辅料的温度、室温、水温、搅拌时增加的温度。搅拌时因磨擦引起面团增加的温度，根据经验一般第一次和面增加 4~6℃，第二次和面增加8~10℃。在食品厂的生产实践中，室温和粉温比较稳定不易调节，一般用水温来调节面团温度，水温的计算公式如下：

第一次搅拌时的水温 t_1 = 面团理想温度 × 3 −（室温 + 粉温 + 搅拌新增加的温度）

例：已知室温24℃，粉温23℃，搅拌时增加6℃，调出面团理想温度28℃，求水温。

$$t_1 = 28 × 3 −（24 + 23 + 6）= 84 − 53 = 31℃$$

第二次搅拌时的水温 t_2 = 面团理想温度 × 4 −（室温 + 粉温 + 搅拌新增加的温度 + 第一次发酵后面团的温度）

例：已知室温25℃，粉温24℃，第一次发酵后面团的温度30℃，搅拌时增加了9℃，要求调出面团的温度为28℃，求所用水的温度。

$$t_2 = 28 × 4 −（25 + 24 + 30 + 9）= 24℃$$

（4）搅拌时间的控制　搅拌时间应根据搅拌机的种类、原料性质、面团温度等因素灵活掌握来确定。一般选用卧式和面机，一般需要 10~20min。搅拌不足，面筋未达到充分扩展，面筋的延伸性和弹性平衡差，不能保持发酵时产生的二氧化碳气体，馒头体积小，易收缩变形，内部组织粗糙，结构不均匀。搅拌过度，面团表面过于湿黏，面团过于软化，弹性差，延伸性差，极不利于面团整形操作，成形时面团易变形，持气性差，馒头体积小，内部组织粗糙，品质差。

（四）压面

压面是提高馒头质量，改善馒头纹理结构的重要手段。压面的主要目的是把面团中原来的不均匀大气泡排除掉，保证馒头成品内部组织均匀，无大气孔。压面一般采用压面机。压面时，面团在压辊间辊压，同时用手工拉、抻。这样既加快了压面速度，又改善了面片的加工性能。但不能拉、抻过度。每压一次，需折叠一次，如此反复，直至面片光滑、细腻为止。压面时可根据面团软硬度适量撒浮面粉，防止粘辊。压出的面片应该规格整齐，不能长短不齐，厚薄不均。否则不易成型。

每包粉（25kg）和出的面团要分 3 块以上压面，压制时，用连续面机压（15±3）次后，再用高速压面机压制（3±2）次左右。压好后面厚为 2~3cm。压好的面团，平摊在工作台上用刀切成宽为（15±2）cm 的面块、厚为 3~5cm 的面片，送至馒头成型机。

（五）成型

成型是把面团块做成产品所需要的形状，使馒头外观一致，式样整齐。馒头成型的方式分手工成型、机械成型、手工与机械相结合成型等。手工操作是将面团用手反复揉捏，然后按照规定的标准用刀切割成大小均匀的面团。馒头成型机有半自动和全自动两种；半自动的就是一部分分割工具结合一部分手工操作的半手工、半机械分割方法。通常使用的有直条面团分割器、方形面团分割器及圆形面团分割器等几种。

全自动馒头成型机是将压好的面皮送上调试好的馒头自动成形机上制出符合要求的生胚再均匀上盘。带孔蒸盘清洗干净后，将干净的油纸或专用垫布铺在上面待用。以 4×6 等均匀方式排布于蒸盘内，然后转上干净的蒸车。每台车自装上第一盘生坯后计时，在成型阶段停放不能超过 10min（冬春两季不超过 15min），到时间不论车上有多少盘都必须立即送入醒发间。

（六）发酵

1. 发酵的作用

（1）使酵母大量繁殖，产生二氧化碳气体，促进面团体积膨胀。

（2）改善面团的加工性能，使之具有良好的延伸性，使面团的组织结构均匀细密、多孔柔软。

（3）使馒头具有诱人的芳香风味。

（4）提高馒头的营养价值。

2. 酵母

（1）酵母的形态结构　酵母属单细胞微生物，其形态、大小随酵母菌种不同而有差异。环境条件的变更，也会导致细胞形态的变异。常见的酵母形态有圆形、椭圆形等。其大小短径多在 4~8μm，长径多在 6.5~11.5μm。每 1g 鲜酵母中含有 50 亿~100 亿个酵母芽孢。

（2）酵母的繁殖　酵母的繁殖多为出芽繁殖，当母细胞成熟时，先由细胞的局部边缘生出乳头状的突起物——芽细胞，当芽细胞长大后，细胞质及内含物就移入芽孢内，同时细胞核分裂，分裂的核除一部分在母细胞内，其他部分即移入芽孢内，当芽孢长大后，子细胞与细胞交接处形成新膜，使子细胞与母细胞分离。子细胞形成独立细胞体后，便又继续进行芽殖，这样便一代代地繁殖下去，酵母繁殖的速度受营养物质和温度等环境条件的影响。

酵母繁殖所必需的营养物质有碳、氮、无机盐类和生长素等。酵母的碳源大多来源于糖类。首先被利用的是单糖，双糖经水解成单糖后才能被利用。有机酸盐类、甘油和酒精也是酵母所需的碳源。铵盐与蛋白质的水解产物如肽、氨基酸等为酵母的氮源，尿素及酰胺等也易被酵母所利用。

无机物如镁、磷、钾、硫、钙、氯等，常以盐类的形态被酵母所利用。其中常被利用的有磷酸钾、硫酸镁、硫酸钙及氯化钙等。生长素是促进酵母生长的微量有机物质，如硫胺素、核黄素、泛酸、吡哆醇等。

面包酵母的适宜繁殖温度在 27~32℃，最适温度为 27~28℃。在这个最适宜温度和适宜营养条件下，每 2~2.5h 其芽孢就可增殖 1 倍，酵母的活力随温度增高而旺盛，以增至 38℃ 为极限；但随温度升高，它的衰老期也来得快，在 10℃ 以下，其活力几乎完全停止。

面包酵母的最适 pH 在 5~8.5，pH 低于 2 或高于 8.5，其活力受到严重的抑制。

酵母是兼性厌氧微生物，在生长过程中，需要利用大量的氧气以进行呼吸作用，供氧充足有利于酵母对营养物质的利用；反之，在缺氧条件下则进行发酵，产气效率低。因此，在面团发酵中，供应足够的氧气，可促进面团的发酵。

（3）酵母的种类

①活性干酵母：活性干酵母是经低温干燥而制成的颗粒酵母。它具有以下特点：使用方便、活性稳定，发酵力高达 1300mL、易贮存，常温下可贮存一年左右、使用前需用温水活化。

②即发活性干酵母：即发活性干酵母是近些年来发展起来的一种发酵速度很快的高活性新型干酵母。具有以下特点：活性特别高，高达 1300~1400mL、活性特别稳定，可贮存 3~5 年、发酵速度快，能大大缩短发酵时间、使用时不需活化。

3. 发酵原理

（1）发酵是酵母在面团中的生长繁殖。酵母是一种有生命力的兼性厌氧微生物，需要有适当的营养物来维持它的生命及繁殖生长。因此，要使酵母在面团发酵过程中充分发挥作用，就必须创造有利于酵母繁殖生长的环境条件和营养条件。如足够的水分、适宜的温度、适当的 pH、必需的氮和矿物质等

（2）从面团搅拌开始，酵母就利用面粉中含有的低分子单糖和低氮化合物而迅速繁殖，生成大量新芽孢。随着酵母生命活动的进行，产生大量的二氧化碳，面团发酵膨胀的体积也达到了最大即完成了发酵，如果继续发酵，过度发酵，酵母进入了衰亡期。

（3）酵母在发酵过程中生长繁殖所需的能量，主要依靠分解糖所产生的热量，酵母利用葡萄糖在有氧的情况下进行呼吸作用生成二氧化碳和水及能量，在无氧的情况下进行发酵作用生成乙醇、二氧化碳和水及能量。葡萄糖来源于面粉中含有、直接添加、淀粉分解产生、蔗糖分解产生等。如果面团中缺少可供酵母直接利用的糖类，面团发酵便不能正常进行。因此，在面团发酵过程中往往加入葡萄糖，就是为了使酵母可以直接利用。

（4）酵母在生长和繁殖过程中都需要氮源，以合成本身细胞所需的蛋白质。一般有两种来源，一种是面团内各种成分所具有的有机氮，如氨基酸；另一种是无机氮，如各种铵盐。

（5）酵母在面团发酵过程中的繁殖增长率，与面团中的含水量有很大的关系。在搅拌面团时，吸水率高，加水量多，酵母细胞增殖也快。反之则慢。

4. 影响发酵的因素

（1）酵母的数量　一般地说，面团中加入酵母数量越多，发酵力越大，发酵时间就越短，但用量过多，超过一定限度，引起发酵力的减弱。使用酵母发酵，其活力和用量比较容易控制和掌握。但是如果使用面肥发酵，由于面肥老嫩差异很大，即面肥中所含酵母数量不等，同时还受到气候、水温、发酵时间等因素的影响。

（2）发酵温度　酵母菌在 30℃ 左右最为活跃，发酵最快，15℃ 以下繁殖缓慢，0℃ 以下失掉活动能力，60℃ 以上死亡。如果条件许可，馒头面团发酵应该在控制的温度下进行，这样便于控制发酵程度。如果条件不允许，那应该结合自然条件，运用不同水温调节，如夏季用冷水，春秋季用温水，冬季用温热水等，但不能用 60℃ 以上的热水。

（3）软硬程度　在发酵过程中，面团软硬程度也影响发酵。一般说来，软的面团（掺水量较多）发酵快，也容易被发酵中所产生的二氧化碳所膨胀，但是气体容易散失；硬面团（掺水量较少）发酵慢，是因为这种回团的面筋网络紧密，抑制二氧化碳气体的产生，但也防止气体

散失。因此调制发酵面团，要根据面团用途具体掌握，调节软硬。一般地说，作为发酵的面个宜太硬，稍软一点较好，同时还要根据天气冷暖以及馒头面粉质量等情况全面考虑。

（4）时间　发酵时间对面团质量影响极大，时间过长，发酵过头，面团质量差，酸味强烈，熟制时软塌。时间过短，发酵不足，胀发不足，也影响成品质量。准确掌握发酵时间是十分重要的。但发酵时间又受酵母多少、质量好差、温度高低等条件所制约。馒头制作行业掌握发酵时间的方法，大都先看所用发酵剂质量和数量，再视所采用的发酵温度来定发酵时间。

（5）馒头专用面粉　在前文已提到馒头专用面粉的质量好坏对持气能力所起的决定性作用，从而可影响发酵效果的好坏。

以上 5 种因素并不是孤立的，而是相互影响、相互制约的。如酵母多，发酵时间短，反之时间就长；温度适宜，发酵就快，反之发酵就慢；硬面发酵慢。因此要取得良好的发酵效果，要从多方面考虑，做到恰到好处。不过发酵快慢主要还是取决于时间的控制和调节。如酵母少，天气较冷，面团较硬，发酵时间就可以长一些；酵母多，天气热，面团又软，发酵时间就短一些。

5. 发酵成熟的判断

当发酵得恰到好处时，面团膨松、软硬适当、具有弹性、酸气正常，用手抚摸，质地柔软光滑；用手按面，按下的坑能慢慢鼓起，俗称不起"窝子"；用手抻拉，带有伸缩性，揪断连丝，俗称"筋丝"；用手拍敲，"嘭嘭"作响；切开面团，内有很多小而匀的孔洞，俗称"蜂窝眼"；用鼻子嗅闻，酸味不呛，有酒香气味；用肉眼观察色泽白净滋润。发得不足时，即面团没有发起，既不胀发，也不松软，用手抚摸，发死、发板、没有弹性；用手按面，坑不能鼓起。用这种面团是不能制作成品的，要延长时间继续发酵。发得过度时，即面团发酵大了，一般称作"老了"，这种面团非常软塌，严重者成为糊状，按时不鼓起，抓无筋丝，即无筋骨劲，严重的像豆腐渣那样散；酸味强烈，这种面不但不能用来制作成品，也不能作面肥用，必须加面重新揉和，重新发酵。

6. 发酵操作

（1）发酵间预先调好温度（37±3）℃，相对湿度（80±10）%，对产品进行发酵，发酵时间为（55±10）min。

（2）当产品发酵到表面微有湿润，手捏有黏手感（最好仅用目测方法），并觉得是蓬松而不是硬实感时，才可送入蒸柜；同时注意避免发酵过度，即发酵好的生坯要及时进行蒸制。

（七）蒸制

1. 蒸制成熟的原理

简单地说，当面团生坯上屉后，屉中的蒸汽温度（热量）主要是通过传导的方式（传导热）把热量传给生坯。生坯受热后，淀粉和蛋白质就发生了变化，淀粉受热开始膨胀糊化，在糊化过程中，吸收水分变为黏稠胶体。下屉后温度下降，就冷凝为凝胶体，使制品具有光滑的表面。蛋白质受热开始了热变性凝固（即成熟）。由于在发酵过程中，酵母产生大量气体，也就使生坯中的面筋网络形成了大量的气泡，充填于在和面时已形成的多孔结构中，使成品成为富有弹性的海绵膨松状态，这就是蒸制成熟的基本原理。蒸制成熟是由蒸锅内的蒸汽温度所决定，但蒸锅的温度和湿度与火力大小及气压高低有关，一般说来，蒸汽的温度大都在 100℃ 以上。蒸锅的湿度，特别是盖紧笼盖后，可达饱和状态，所以蒸是温度较高、湿度较大的加热入法，具有适应性广和使制品形态完整、馅心鲜嫩、口感松软、易被人体消化吸收等特点。

2. 蒸制操作

蒸制馒头、包子和卷类都需要合适的蒸汽量，做到蒸熟蒸透，但是需要的蒸制时间不同。蒸制馒头和卷类的时间要长一些，如蒸 3~5 屉，一般用 5~20min，而蒸制包子，一般要 10~16min，蒸制时间过长对品质会带来不利影响，特别是卷类和包子，一些辅料如葱花和蔬菜等会变黄，失去香味，对表观光滑度也有一定的影响。检验馒头是否已熟制的最简单办法是用食指按一下，看按下的窝是否弹回，如果弹回，表明已熟，如果不能复原，则表示未热，仍需蒸制一段时间。

把生坯送入蒸柜关紧柜门，调整蒸汽压力，对生坯蒸汽压力为 0.15~0.4MPa，蒸制420~540s，当其中心温度达86℃以上并保持1min，蒸熟蒸透，才可拉出蒸柜。

（八）质量控制要求

质量控制包括以下几点要求：

（1）每包粉自打好后计时，夏秋两季在10min以内完成，冬春两季在20min以内完成。

（2）在压面过程中，发现面皮容易风干要立即盖上湿布。

（3）在成型过程中，发现面皮过软或过硬时要把面皮还给和面间处理。

（4）成型阶段要把生胚均匀放于蒸盘上，不能放歪。

（5）蒸制时必须保证蒸汽压力和蒸制时间、蒸制温度。

二、 包子加工及过程控制技术

包子是含馅食品，其最主要的优点是家庭或餐厅再加工简单，消费者食用非常方便。包子的分类也有很多种：按口味性质可分为肉包、菜包、甜包；按外形特征可分小笼包、叉烧包、水晶包、玉兔包、寿桃包、鸳鸯包等；按馅料不同可分为鸡肉包、鲜肉包、豆沙包、奶黄包、香芋包等；还有的根据地域传统分为天津狗不理、广州酒家、开封小笼包、上海南翔小笼包等；按照成型方法分为机器加工包子和手工包制包子。人们对包子的要求比较高，要求皮薄馅多，皮质有弹性，馅料有水分，外形美观，味道好又有特色，耐蒸、耐咬，颜色白又不能添加增白剂，还要求营养丰富。机器生产的包子外观一致，大小均匀，但馅料较干，不耐蒸、不耐咬，皮质较差，而手工做的包子皮薄馅多且馅料有汤汁，耐蒸、耐咬，但大小相差较大，外观也比较粗糙，卫生条件也较差，因此现在市场上机器包子和手工包子都占有一定的市场。随着经济的发展，生活节奏的加快，卫生观念的提高，工业化生产的包子将逐渐成为包子的主流。

（一）工艺流程

包子生产工艺流程见图 3-7。

图 3-7 包子生产工艺流程

（二）操作要点

1. 制馅、制皮

包子在制馅方面与水饺基本相同，区别是包子馅对蔬菜和肉的颗粒尺寸比饺子馅要大些，各种调味料的调制顺序同饺子馅的要求一样。将包子馅调好后，还要加工成包子，蒸制后，经过有关人员品尝，合格后方可将包子馅投放生产线。

包子制皮所使用的面粉与水饺不同，主要区别在面筋的含量，包子要求面筋含量为26%～28%，蛋白质含量在11.5%～13%，一般使用中筋面粉。包子皮料的搅拌也有别于水饺皮：首先在和面机的选择上有区别，因为包子皮放有酵母，特别是在温度较高的天气条件下，皮料容易发酵，因此要求和面机的转速要快，不会发热；其次皮料的配料上也有很大区别，除了酵母外，包子皮多添加有白糖和猪油，添加猪油的作用是提高包子表面的光泽度，另外添加了猪油的包子在冷却时表面不易发干发裂；包子皮在搅拌时下料顺序也要引起重视，酵母首先要和面粉先行搅拌，使酵母充分均匀地分布于面粉中，盐和白糖要先溶解于水或冰水中再加入，在包子皮的搅拌已基本完成的时候才能添加猪油，搅拌的最后检验标准与水饺皮相似。

压延工序对包子皮来说非常重要，如果没有压延或压延时间不够，包子皮中的空气没有驱赶干净，留有空气的包子皮经醒发蒸制后表皮有明显的气泡，冷却后气泡皱缩形成疤纹，严重影响外观。一个简单的检验压延时间是否合适的办法就是听声音，如果皮料在压延时没有气泡破裂的声音，说明已基本驱赶净面皮中的空气。

2. 成型

包类的成型采用有手工和机制两种方式。机制成型要求馅料较干，面皮略硬，因此与手工包子相比，不耐蒸、不耐咬，皮质较差等特点。手工包子皮薄馅多有汤汁，耐蒸、耐咬，但个体大小差异大，外观较粗糙，卫生条件也不容易控制，手工包子对环境的卫生条件及工人的熟练程度要求严格，因此手工包子与机制包子都有一定的市场份额。近年来机制包子成型设备发展很快，品质迅速提高，已非常接近手工制作水平。并且效率高，品质控制容易，成为市场主流。

3. 醒发

醒发是包子生产过程中最重要和最难以控制的工序。接种一定量活性干酵母的包子面皮在较大温度范围内都可以发酵，一般是温度越高发酵越快，同样面团的发酵过程也受到相对湿度的影响，湿度高，表面水分太多，会造成表层糊化、起泡，甚至塌陷；湿度太小，发酵过程会出现干裂，蒸制后，裂口较多，增加次品率。实践证明40℃的温度和70%的相对湿度较为理想，但在实际生产过程还要根据天气情况和成型速度对发酵时间作适当的调整，一般为30～40min，包子的发酵是一种有生命运动的过程，一个因素没有控制好，就可能造成发酵的失败。

在发酵操作这道工序应注意以下几个问题：首先是温度和湿度的控制，温度和湿度存在统一和对立，它们之间并不是可以随机组合，基本上呈反比关系，温度越高湿度会相对较低，特别在气温较低、空气又很干燥的条件下，一方面要求温度要高，另一方面又要求湿度要大，两者的矛盾相对就比较突出，发酵箱往往没有办法调节到所需要的对应关系量，此时常常需要采用往蒸箱地面泼热水的方法来提高温度和湿度。其次是发酵终点的判断，因为发酵是酵母在一定条件下的生长繁殖，受到环境因素的影响较大，因此根据具体情况作出一些判断也很重要，判断的方法可以用触压法。快到发酵终点时，用手去轻压，如果有以下两个特点说明发酵效果就好：一个是表皮会粘手，手压下去拉回来时会有拉丝的感觉；另一个是手压下去放手后，表皮的凹口会自动弹起，并恢复原状。此外是发酵过程的稳定性，包子皮在发酵的过程中不能对其作大的振动，特别是发酵后期，一旦振动了，发酵当时看不出有什么异样，但蒸制后就会出现"死包"，即表皮皱缩变硬，个体缩小，不能食用。

醒发是在醒发间里完成的，因此好的醒发间很关键，醒发设备显示的温度和相对湿度要和箱体中心实际数据一致。

4. 蒸制

蒸制就是对已发酵好的包子进行蒸熟的过程。蒸制的时间和包子的大小、进箱的蒸汽压力、蒸箱的密闭性都有关系。一般包类的蒸制压力不宜太大，以 0.04 ~ 0.06MPa 的压力蒸制 10 ~ 15min 即可。但如果生产叉烧包则例外，叉烧包要求裂口呈四瓣花状，因此在蒸制叉烧包时，进箱的蒸汽压力要达到 0.1MPa 以上。在蒸制包子时经常会出现几个问题：一是表面起泡，出现表面起泡的原因有几个方面，可能由于面皮没有压延好使皮内留有空气，蒸箱内水汽太多也会使蒸出的包子表面起泡。此外如果发酵过度也会使表面出现不光滑甚至起泡；二是塌陷问题，特别是个体较大的包子如果没有控制好有关条件很容易出现塌陷现象，其原因可能是进箱气压太大，在蒸制的瞬间就出现塌陷，还有发酵过度也会出现塌陷的可能；三是死包问题，或者说是烫伤，其现象是包类蒸制后出现皱缩，颜色发黑、发暗，个体变硬，不能食用。出现这类问题的原因主要有两个：一个是蒸箱和架车或放包子的盆子积有较多的水珠，蒸制时受热的水珠滴到下层的包子表面使其被烫伤；另一个是面粉的筋性不好，面筋不够强，易断，蒸制时在一定压力下出现断裂而使整个包类皱缩。

第三节　挂面与方便面生产

一、挂　面　生　产

面条是一种世界性的、历史悠久的食品，目前仍是遍及亚洲的大众食品。在亚洲，多达 40% 的小麦是以面条形式消费的。世界上的面条种类繁多，以主要原料来划分，可以分为两大类：一类是以硬粒小麦生产的通心面，俗称"意大利面条"，这类面条在欧美较为流行；另一类是以普通小麦为主要原料制成的面条，这类面条在亚洲各国较为流行。

挂面是面条工业化生产的主要形式，又称干面，以其干燥耐保存而得名，挂面遍及我国城乡各地，是我国传统食品。挂面品种繁多，按食用功能不同可分为普通挂面和花色挂面，普通挂面主要有精粉挂面、精制挂面、龙须挂面等。花色挂面主要有菌藻类、魔芋类、杂粮类、果蔬类、强化类、特型类等。

（一）挂面原辅料工艺性能要求

1. 面粉

面粉的化学组成及工艺性能，已如前所述。制作挂面要求面粉中蛋白质含量为 8% ~ 10%，湿面筋含量为 28% ~ 32%，灰分含量为 0.4% ~ 0.65%，才具有好的延伸性、弹性和可塑性，制出优质挂面。

2. 水

水是制作挂面不可少的重要条件，在制面过程中必加水和面，其用量常为面粉总量的 1/3 左右，其主要作用如下：

（1）使面粉中面筋性蛋白质吸水膨润，相互黏连形成面筋。

（2）使面粉中淀粉吸水膨胀，从没有可塑性转变为有可塑性。

（3）调整面团湿度，便于辊轧面片。

（4）溶解盐、碱等辅料，便于和面均匀。

和面用水必须是软水（硬度 0 ~ 1.43mmol/L）。水的硬度过大，硬水中的金属离子与面筋中蛋白质、淀粉结合，会降低面筋的延伸性和弹性、淀粉的可塑性，从而削弱面团的黏度和工艺性能（表 3 - 3）。

表 3 - 3 　　　　　　　　　　　　水的硬度与面团黏度关系

水的硬度/（mmol/L）	强力黏粉度（C.P.S）	弱力黏粉度（CP.S）	淀粉黏度（C.P.S）
0	4100	3560	620
1.78	3350	2050	460
3.57	2250	1820	445

3. 食盐

食盐是挂面生产常用的辅料之一，不仅具有一定的调味作用，还是挂面形成面筋的强化剂与面团改良剂。因此，日本挂面生产及我国引进的挂面自动生产线以及手工拉面、方便面生产都用盐水和面。食盐在制面中的作用表现如下。

（1）吸湿性强，分布在面筋性蛋白质周围，能起固定水分作用，有利于形成充分吸水膨胀、互相连接更加紧密的湿面筋网络结构。增强面筋质的弹性和延伸性，从而提高面团的内在质量，减少挂面的湿断条。

（2）使和面时面粉吸水快而均匀，缩短和面时间，提高面团质量。

（3）在一定程度上抑制某些杂菌生长和抑制酶的活力，能防止面团在热天很快变酸。

（4）具有一定的调味作用。

食盐的添加有一个适量范围，过多使用食盐，会使面筋蛋白变质，降低湿面筋的数量和质量，使面团的弹性和延伸性同时降低。在挂面生产中其添加量为 2% ~ 3%。食盐用软水溶化制成盐水进行和面，能提高面团工艺性能。加盐量一般机制挂面为面粉质量的 2% ~ 4%，手拉线面为 6% ~ 10%。多加盐虽更能提高面团工艺性能，但影响口感，过多（超过 13%）会降低面团韧性（图 3 -8）。加盐率夏季宜多加，冬季宜少加；高蛋白面粉宜多加，低蛋白面粉宜少加；密封包装宜多加，简易包装宜少加。

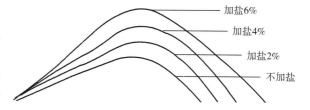

加盐6%

加盐4%

加盐2%

不加盐

图 3 - 8　加盐与不加盐对面团弹性和延伸性的影响

4. 食用碱

（1）食用碱在制面中的作用　食用碱在制面中对制面工艺有以下主要作用：对面筋质有食盐的相似作用，能收敛面筋质，使面团具有独特的韧性、弹性和滑爽性。但其延伸性比盐水面团差；碱性作用能使面条呈淡黄色，起着色作用，使色泽明亮；能使面条产生一种特有的碱性风味，吃时爽口不黏，煮时汤水不浑；能使挂面不易酸败变质，便于贮藏。

（2）加碱方法和加入量　食用碱的加入量一般为面粉的 0.1%~0.2%，一般与食盐一起溶于和面用水之中后再均匀加入和面机中。

5. 其他辅料

常用作挂面添加剂的还有魔芋精粉、鸡蛋等，不仅能提高面团弹性和延伸性，制得优质面团，而且具有较高的营养价值。荞麦粉、菜浆添加入面粉中制成的挂面，称绿色挂面。

（二）挂面生产工艺

1. 工艺流程

挂面生产工艺流程见图 3-9。

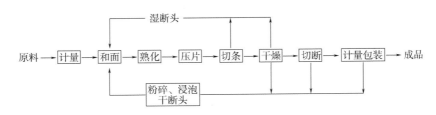

图 3-9　挂面生产工艺流程

2. 操作要点

（1）和面、熟化　和面、熟化是制面工艺中最重要的工序之一，对面条质量影响最大。当面粉与水和其他物料混合时，经足够时间和适当搅拌，面粉中淀粉粒充分吸水膨胀；面筋性蛋白质吸水膨胀为极细微的纤维状聚合物，互相结合成结实的面筋网，称湿面筋。这些网状结构，把膨胀的淀粉粒包围起来，在适当搅拌条件下，又将其他不溶性物质和可溶性物质揉和到面筋网络结构中去，从而形成具有弹性、延伸性和可塑性良好的优质面团。用这种面团轧制成面条，烹调性很好，煮熟时虽然吸水糊化，但不易从面筋网络结构的包围中解脱出来，因而能够使面条耐煮、不烂、不糊、不浑汤，熟面条柔软光滑而有嚼劲，口感很好。

影响面团质量的因素主要有 3 个方面。

①加水量：优质面团的获得，首先决定于面粉的吸水率，面筋性蛋白质只有充分吸水；才能形成优质面筋网络结构。湿面筋的含水量为 65%~70%，理论上，和面的加水率应达到 60%~65%。

②水温：在和面时，面粉中面筋性蛋白质的吸水速度和吸水量与水的温度有关。水温30℃时吸水量可达 150%~200%，而吸水速度随水温升高而递增，当水温达 50℃以上时，蛋白质受热变性而影响湿面筋的形成。因此，和面温度应控制在 30~40℃为宜。目前，我国在夏季、春季和秋季，一般采用自来水和面，平均水温在 20~30℃。如冬末及春初、秋末，气温在 20℃以下，最好用温水和面，水温应控制在 40~45℃，不宜超过 50℃。

③和面、熟化时间和搅拌强度：和面、熟化时间长短，对面筋形成关系极大，如时间短，面筋性蛋白质还未充分吸水，湿面筋形成不好，面团的工艺性能差；反之，时间太长，则和面、熟化设备容量必大或生产效率低。和面合理时间，以湿面筋形成及与脂质结合的结合率达 10% 左右为依据，一般为 15~20min。熟化是使蛋白质充分吸收水分形成的面筋质与脂质等充分结合，面团达到优化的工艺性能。

和面、熟化搅拌促使各物料充分混合，形成的湿面筋网络结构与淀粉粒、脂质等物质充分包围、揉和与结合。但搅拌程度必须适当。和面搅拌机以 70～110r/min 转速为宜，转速过高，搅拌强度过于剧烈，容易打碎面团中逐步形成的湿面筋质，破坏网络结构。

（2）复合压延　复合压延就是将熟化后的面团通过多道辊轧，使之形成符合要求的面片。经和面、熟化的面团，仅初步形成湿面筋网络结构，虽互相交联，但疏松，吸水膨胀的淀粉粒也是松散的。经过辊轧，向面团施加压力，促进疏散的面筋网络组织进一步紧密，促使面团中的湿面筋进一步形成细密的网络结构，并在面片中分布均匀。为切条成型创造条件，显示出良好的弹性、延伸性、可塑性与烹调性。要求压出的面片厚薄均匀，平整光滑，无破边洞孔，色泽均匀，并有一定的韧性和强度。

（3）切条　把经过若干道辊轧成型的薄面片纵向切成一定形状的过程称为切条，其作用是将轧片后的面片切成一定长度和宽度的湿面条，以备悬挂烘干。切条的要求是切出的湿面条表面光滑，长短一致，无毛边、无并条现象，断条要少。

（4）干燥

①挂面干燥机理：由于湿面条具有外扩散快于内扩散的特点，表面干得快，内部干得慢。如果在干燥初期，过早的升温和排潮，使烘道前段的相对湿度过早降低，更加快了外扩散，湿面条内部水分不能及时扩散到表面，表面便产生收缩结膜，封闭了水分转移的通道。与此同时，由于外扩散大于内扩散，表皮收缩大于内部收缩，而且在湿面条内外长宽各部位收缩不一，在不同收缩力的作用下产生大小方向不等的应力，从而削弱了面条本身的强度。在此情况下继续加热，热量继续传导到面条内部，内部的水分汽化产生大的压力，冲破表面结膜，再加上不均等的收缩力的作用，便在面条内部发生轻微的不规则的裂纹，破坏了面筋网络结构。已产生裂纹的湿面条干燥后，在包装存过程中，若在空气湿度相对高的环境中又易吸湿，水分子从细微裂纹中进入面条填充，产生轻微膨胀，使原有的细微裂纹扩大，用手一捏，易断成 3～4cm 的短面条，煮食时会全部变成短面条糊，这种挂面称"酥面"或"酥条"。由此可知，要防止酥面产生，在干燥过程中，必须防止湿面条表面结膜。要防止表面结膜，必须在干燥期保持较低温度与较高相对湿度，使面条缓缓地进行蒸发，保持外扩散与内扩散的速度基本平衡，也就是湿面条干燥必须采用"保湿干燥"的理论依据。

②干燥方法：

a. 低温慢速干燥。一般指主干燥的最高温度低于 40℃，干燥时间为 6～8h，其中包括引进的和国产的索道式烘干室。这种方法的优点是模仿自然干燥，生产稳定，产品质量可靠；缺点是投资大，干燥成本高，维修麻烦等。该法适于一些大中型厂使用。

b. 中温中速干燥。一般指主干燥区的最高温度低于 45℃，干燥时间为 3～5h。在隧道式高温快速干燥的基础上适当延长烘道和干燥时间，适当降低干燥温度，使干燥温度与干燥时间介于高温干燥和低温干燥之间。该法具有投资较少、耗能低、生产效率高、产品质量好的优点，适于多排直行和单排回行烘干房使用。

c. 高温快速干燥。一般指主干燥区的最高温度高于 45℃，但不超过 50℃，干燥时间小于 3h。这种方法投资小，干燥快，但温、湿度难以控制，产品质量不稳定，容易产干酥面等。已逐渐被其他方法取代。

挂面干燥室分定点式烘房和移行式烘房两种：定点式烘房结构较简单，是一种间歇烘干装置，适用于小型制面厂，在一能保温的房间内，安装扩散风扇、散热排管、排潮风扇（口）及悬挂面架等，湿面条悬挂在面架上固定，经热空气吹干；移行式烘房是一种连续烘干装置，在一隧道式烘房中，干燥装置由鼓风机、散热器、热风管道、扩散风扇、排湿风机等组成，移行装置由机架、链条、链轮、传动轴、减速器、电动机等组成，面条在烘房内由传递装置缓缓移行，而达到干燥要求。

③挂面干燥过程：机制挂面干燥过程一般可分为 4 个阶段：冷风定条、保潮出汗、升温排潮和降温散热。

a. 冷风定条。冷风定条是挂面干燥的预备阶段。所谓冷风定条，就是只进行通风，不加热，少排潮，以自然蒸发为主来降低湿挂面的表面水分，使湿挂面尽快失水收缩，初步固定挂面的形状，防止因自重拉伸而断条。

在这个阶段，干燥室内温度一般低于车间温度 1~5℃，相对湿度为 85%~95%，时间占干燥总时间的 10%~20%。根据引起面条断条的界限含水率为 27%~28%，湿挂面的水分应降低在 28% 以内。但具体应根据各地不同的气候条件和各生产部门不同的烘干室情况灵活掌握，原则是要求悬挂在隧道里的湿挂面停止伸长。

b. 保潮出汗。在这个阶段应逐步加温，不排或少排潮，保持较高的相对湿度，使湿面条在热、潮、闷的环境小发汗，使内部水分畅快地向外扩散。

这个阶段的温度一般控制在 35~40℃，相对湿度以 80%~90% 为宜，干燥时间占干燥总时间的 10%~15%，湿挂面的水分应该从 28% 以内降低到 25% 以内。

c. 升温排潮。升温排潮是挂面干燥的主要阶段。在此阶段，进一步提高干燥室内的温度，同时大量地排潮，适当降低相对湿度，使挂面在高温低湿的热通风中，迅速蒸发水分。一般在这个阶段，温度为 40~45℃，相对湿度由 85% 逐步降低到 65% 左右，干燥时间占总时间的 30%~35%。湿挂面的水分从 25% 降低到 16% 左右，挂面已经基本干燥。

d. 降温散热。是挂面干燥的最后阶段。在这一阶段，可以继续不断地通风，缓慢降低温度，逐渐达到或略高于室温，同时继续蒸发掉一部分水分，达到产品质量标准所规定的水分低于 14.5%。在这一阶段，温度一般降至高于室温 2~10℃，相对湿度为 60%~70%，时间占干燥总时间的 20%~30%。

④切断包装：出房干挂面，送包装房冷至 15~25℃；切成长 180~260mm 段。称量后用复合薄膜密封包装，防止吸湿软化甚至霉变，特别在梅雨季节，加盐挂面，不宜用纸卷简易包装。

包装剩下的面头，加面粉中进行和面再加工。

二、 方便面生产

方便面又称"速煮面""即席面"，食用方便，用沸水浸泡几分钟即可食用，也可干食。包装完美，携带方便，且耐保存，营养丰富，安全卫生，是适应现代人们主食生活社会化需要而生产的一种新型食品，我国 1980 年以后各地开始大量生产。

（一）方便面种类和特征

按工艺分为油炸方便面与热风干燥方便面。油炸面干燥快（约 70s），α 化度高（80% 以上），面条有微孔，复水性好，沸水浸泡 3min 即可食用，也就是方便性较高。而热风干燥面，干燥慢（1h 左右），α 化度较低，复水性较差，沸水浸泡时间长，也就是方便性较差。油炸面含油量 20% 左右，容易酸败变质，成本也较高，热风干燥面不易酸败变质，保存时间较长，成本较低。

方便面有很多品种，但各种方便面主要指标都必须达到要求（表3-4），仅调味汤料风味不同而已。

表3-4 方便面主要指标

项目	夹杂物	水分含量/%	酸值（以脂肪酸含量计）	过氧化值（以脂肪含量计）	α化度/%	盐分含量/%	含油量/%	复水时间/min
油炸面	无	10.0以下	1.8以下	≤0.25	80以上	2	20~22	3
热风干燥面	无	12.5			75以上	2~3		3~5

方便面生产与挂面的不同点是，将成型（波纹型）的生面条放置在不锈钢网状输送带上，通过温度为95~100℃隧道式连续蒸面机蒸60~90s，使生面条充分糊化（α化），然后用油炸或热风干燥的方法迅速脱水干燥，把糊化淀粉的排列结构固定，使其不易"回生"，便于保存，复水性能好，食用方便。

（二）方便面原辅料要求

1. 面粉

面粉分为强力粉、准强力粉、中力粉、薄力粉4种，每种又分5个等级。制面工业可根据面制品对面粉品质的要求而选用不同等级的面粉。油炸面需用准强力粉，热风干燥面则用中力粉，主要区分是湿面筋含量的高低（表3-5）。我国面粉质量标准分特制粉、标准粉和普通粉3种，对湿面筋质只规定了特制粉不低于26%，标准粉不低于24%，普通粉不低于22%，因而方便面的质量难以保证。

表3-5 方便面原料粉规格标准 单位:%

成分	油炸面	热风干燥面
水分	14.0~14.5	14.0~14.5
灰分	0.4~0.65	0.1~0.65
湿面筋	32~36	28~32
蛋白质	10.5~12.0	8~10.0

2. 水

要求使用软水（硬度在3.57mmol/L以下）。如用硬水，则硬水中的金属离子如钙、镁、铁、锰等与蛋白质结合降低面筋的延伸性，与淀粉结合影响正常的糊化、膨润，会使制品变褐色，特别是热风干燥面更易出现这种现象。

3. 食盐

面制品在和面时都加一定量食盐溶液，除调味外，可使面粉吸水快而均匀，容易使面团成熟，增强面筋质的弹性和延伸性，防止发酵，抑制酶活力等。方便面的加盐量以1.5%~2.0%为宜，若用量过多，会降低而团的黏合力，使面条脆弱，特别对低蛋白的小麦粉在冬季时还需适当减少。食盐以精制盐为宜，其他盐杂质较重，特别是钙、镁离子重的盐不宜使用。

4. 碱水

碱水是制造中国风味方便面不可缺少的。它能增强面团的韧性、弹性和滑性，使味觉良好。碱作用于面粉中的蛋白质和淀粉，能使面条不糊汤，并使面的色泽发黄，增进外观。但对面粉中维生素类活性基质有影响。

常用的碱为碳酸钠和碳酸钾。碳酸钠能使面条增强延伸性和柔软性，而碳酸钾使面条在蒸熟、干燥高温处理时不易变褐，面条的透明性较好，也较脆。其他碱如磷酸盐类，加量少时可起碳酸盐的助剂作用。各厂对碱的配比不一样，现举一例：无水碳酸钠57%，无水碳酸钾30%，无水正磷酸钠7%，无水焦磷酸钠4%，次磷酸钠2%。

碱的使用量，油炸面一般为面粉的0.1%~0.3%，热风干燥面为0.3%~0.5%。

（三）方便面生产

1. 生产工艺

方便面生产工艺流程见图3-10。

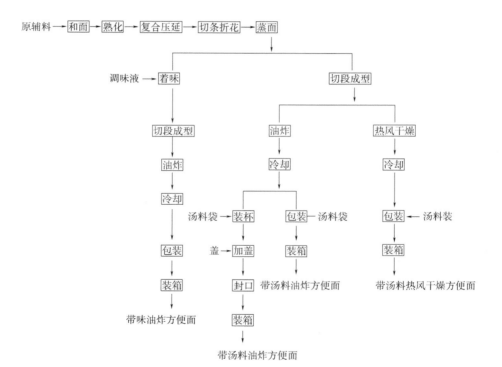

图3-10 方便面生产工艺流程

2. 操作要点

（1）配料比 方便面配料比见表3-6。

（2）和面、熟化、复合、压延 其操作与挂面同。

（3）切条折花 压延的面带，通过切条折花，使面条具有波浪形花纹，波峰竖起，前后波峰紧靠，形状美观，脱水快，切断时碎面条少，食用时复水时间短。

切条折花装置如图3-11所示。在切条机面刀下方，装有一个精密设计的波浪形成型导箱。待切面条进入导箱后与导箱的前后壁发生碰撞所遇到的抵抗阻力，以及导箱下部波形传送带的线速度低于面条的线速度相互作用，形成了阻力面，因而使面条在阻力下弯曲折叠成细小的波浪形花纹，连续移动阻力面（波形传送带）就连续形成花纹。

表 3 - 6　　　　　　　　　　　　　　原辅料配比

名称	质量/kg	配比/%（添加物占面粉百分比）
面粉	25.00	100
精制盐	0.35	1.4
碱水（换算为固体）	0.035	0.14
增稠剂*	0.05	0.2
水	8.25	33.0

＊增稠剂可加可不加，常用羧甲基纤维素钠，应根据国家规定执行。

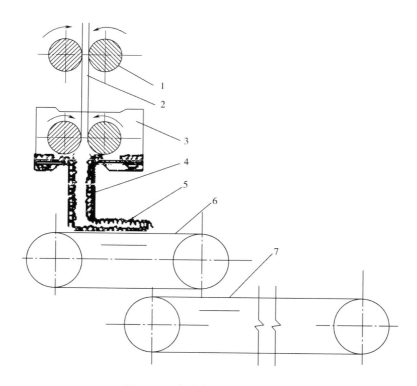

图 3 - 11　切条折花自动成型装置

1—完成轧辊　2—未切条的面带　3—切条器（面刀）　4—面条折叠成型导箱
5—已折叠成波纹的面块　6—成型传送带　7—连续蒸面机传送带

（4）蒸面　将形成波纹的生面条通过连续蒸面机（图 3 - 12）。

热处理一定时间，使面条中淀粉糊化（α 化）蛋白质产生热变性。这是制造方便面的重要环节。

生面条中的淀粉以放射状的微晶束结构存在。生淀粉不易接受淀粉酶的作用，因此不易消化吸收。生淀粉在有水存在下经加热达到糊化温度时才大量吸水，微晶束结构解体，变成了熟淀粉，易受淀粉酶解成糖。小麦淀粉的糊化温度为 65 ~ 67.5℃，因此蒸面的控制温度必须在

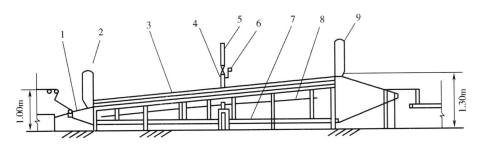

图 3 - 12　连续式蒸面机结构

1—输送　2—排气筒　3—上盖　4—蒸汽流量计　5—阀门
6—压力表　7—底架　8—蒸汽管道　9—排气筒

70℃以上。

淀粉的 α 化度随加水率不同而异。加水率越多，α 化度也越高（表 3 - 7）。

表 3 - 7　　　　　　　　　　　　　加水率与 α 化度的关系

加水率/%	25	30	35	40	45
α 化度/%	64	73	80	91	94

注：表中数据是在蒸汽压力为 0.15MPa、蒸面时间为 40s 的条件下取得的。

为了使 α 化度高一些，在不影响复合压延切条折花的前提下，在和面时加水率尽可能高一些，另外在蒸面过程中，设法尽可能让面条多吸收一些水分，为此，经研究设计一种倾斜连续蒸面机。该机的斜度为长度的 1/30，进口端低，出口端高。其工作原理是利用热空气向上升的性质，当在隧道式蒸面机通过多孔的蒸汽喷管向底槽喷入直接蒸汽时，蒸汽沿着倾斜面从低向高在蒸面机中分布，因而低的一端蒸汽量较小，进入蒸面机的面条温度较低，一遇蒸汽便冷凝，湿度增加，可以吸收蒸汽中的较多水分，有利于面条的 α 化。高的一端蒸汽量较多，温度较高，湿度较低。这种倾斜式连续蒸面机内部的温度从低到高，湿度从高到低，符合淀粉 α 化的规律，面条易蒸熟，蒸汽的利用率也较高。

蒸面时间与 α 化度成正比。在蒸面机压力为 0.15 ~ 0.20MPa、温度为 96 ~ 98℃条件下，蒸面时间与 α 化度的关系如表 3 - 8 所示。

表 3 - 8　　　　　　　　　　　　　蒸面时间与 α 化度的关系

蒸面时间/s	5	10	15	20	25	30	35	40	45	50	55	60	70	80
α 化度/%	51	72	74	76	80	81	82	82	82	83	83	90	94	97

按标准，油炸面的 α 化度在 80% 以上，热风干燥面的 α 化度在 75% 以上，实际生产中，在 0.15 ~ 0.20MPa 的条件下，蒸面的时间以 60 ~ 90s 为佳。因面条厚度影响热穿透，若蒸不透，还可延长时间，但过度 α 化的面条韧性反而不好。

（5）定量切断　将蒸熟的面条按一定长度切断，以长度计质量。面条长度不变，而质量受面条花纹的紧密和疏松影响而变动，花纹密则重，稀则轻。因此，若波纹的状态不规则，切断后会给计量带来困难。

对热风干燥面，用回转式切刀切成矩形，其长度按定量而定，一般为120mm×110mm，厚度为3～4mm。油炸面除按定量用回转式切刀切断，再对折成大小相同的两层。定量切断二折装置如图3－13所示。

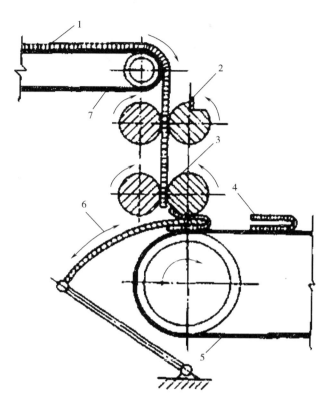

图3－13　定量切断二折装置示意

1—波形蒸煮面带　2—回转式切断刀　3—引导定位滚筒　4—切断二折成型的面块

5—排列传送带　6—往复式折叠板　7—连续蒸面机输送带

（6）干燥　干燥的目的是除去水分，使组织形状固定，便于保存。但更重要的作用是通过快速脱水干燥，固定α化，防止"回生"。因蒸熟α化的淀粉，若不迅速干燥、缓缓冷却，会产生"回生"，复水性差。

油炸面干燥是在连续式油炸机（图3－14）中完成的；属于高温短时干燥，组织蓬松，微孔多，复水性好。该机由型模传送链、模盖传送链、油槽及油槽燃烧管等组成。该机有袋装面与杯（碗）装面两种。波纹面条由分配器自动定时装入型模，同步将模盖盖好，以确保整个油炸过程中装入型模的面条不会因油的浮力而溢出型模外。型模与盖均有小孔，油自由进出，使面条与油良好接触，等装有面条的型模离开油面时，模盖自动脱离型模，经油炸的面条自动倾出。

油炸面常用精制棕榈油和猪油按1：1配制的混合油。袋装面油炸时的油温一般为150℃左右，油炸时间为70s左右，杯（碗）装面的油温为180℃左右，使膨化程度高一些。按标准，油炸面的酸值在1.8以下，因此炸油要经常更新，控制过氧化值在允许范围内。

热风干燥是将定量切断的面条，放入干燥机链条上的匣子里，在热风隧道中自下而上往复

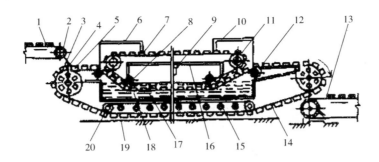

图 3-14 连续式方便面油炸机结构

1—输送带　2—带轮　3—面盒　4—滑轮　5、11、12、14、20—链轮　6—前护罩
7—面盒盖　8—链轮　9—排烟道　10—后护罩　13—输面带　15—重油燃烧孔
16—排烟罩　17—食油　18—面条　19—支架

循环，达到干燥要求。

在热风干燥过程中，干燥时间随面块大小、厚薄而异，一般为 35～45min，干燥温度为 70～90℃，干燥后的含水量为 12.5% 左右。

热风干燥面与油炸面比，因其干燥温度较低，时间较长，因而干燥后的面条没有膨化现象，没有微孔，沸水浸泡的复原性较差，需要较长时间浸泡。

热风干燥面与挂面比，在干燥时要求较高的温度与低的湿度，以提高干燥速度，不需"保湿干燥"防止"酥条"。

（7）冷却、包装　油炸、热风干燥面置于干燥低温条件下，迅速冷却接近室温后包装。包装容器分袋和杯（碗）两种。袋用玻璃纸、聚乙烯薄膜制，或用聚酯/聚丙烯复合薄膜制，为延长保质期则用铝箔/聚乙烯复合薄膜等袋包装，附加汤料包，一袋一份。杯（碗）用聚丙烯塑料制，内附塑叉和汤料包，包装后密封。袋、杯装的包装材料印有彩色商标、使用说明及生产日期。

第四节　焙烤食品

以面粉为基础原料与糖、油、蛋等辅料配合，采取焙烤工艺而制成的饼干、面包、夹馅心饼等统称为焙烤食品。焙烤食品有以下特点：所有焙烤食品都是固态、熟食，不经调理可直接食用的方便食品；质地疏松，色香味佳，水分活动低，较耐保存；成熟和定性都在焙烤工艺中完成。

同一类焙烤食品，由于配料与工艺间的差异又可分为若干花色，它们之间既有共性，又有各自的特殊性。本节仅阐述面包、饼干的加工工艺。

一、原辅料工艺性能

（一）面粉

小麦面粉是制作面包、饼干的基础原料。面粉理化性质在很大程度上决定着面包、饼干的工艺性能和品质。面粉的理化性质又取决于小麦的品种、质量和制粉方法。

1. 面粉化学组成及工艺性能

面粉主要化学成分有水分、糖类、蛋白质、脂肪、矿物质、纤维素和酶等，其含量随小麦品种及制粉方法和面粉等级而异。

（1）水分 小麦粉中的水分以游离水和结合水两种状态存在。正常情况下，小麦粉含水量应为12%～14%。含水量，特别是游离水含量过高时，易引起酶活力增强和微生物污染，导致小麦粉发热变酸。面粉含水量是调制面团加水量的依据。

（2）糖类 在面粉中占比例最大，占干物质量的80%以上，包括淀粉、可溶性糖及纤维素。

在小麦粉所含的糖类中，淀粉约占98%，其中直链淀粉占24%、支链淀粉占76%。小麦淀粉当与水共存时，受热到50℃以上时，水分渗入颗粒内部，大量吸水，使淀粉粒膨大，其体积可增大近百倍，颗粒与颗粒之间互相结合产生黏性，可使颗粒的黏度增高。当温度升高至65℃以上时，淀粉开始糊化，黏度更大，吸水量也达最高点。因此在调制面包面团和酥性面团时，面团温度仅保持30℃左右，此时淀粉吸水量仅约30%。而在调制韧性面团时，为了防止面包老化，常采用热糖浆调面。淀粉在调制面团过程中要能起调节面筋胀润度的作用。在饼干生产中，对面筋弹性过大或面筋含量过高的面粉，可适量添加其他淀粉（玉米淀粉）5%～10%，以降低韧性面团弹性或酥性面团的面筋含量，都能产生良好效果，但生产面包时则不宜添加其他淀粉。

小麦粉中的可溶性糖主要有葡萄糖、麦芽糖、蔗糖和果糖等，占糖类总量10%以下。其中还原糖的含量为0.1%～0.5%（以干物质计），蔗糖为1.67%～3.67%。可溶性糖可直接作为酵母的碳源，也有利于产品色、香、味的形成。

纤维素来源于麸皮，麸皮的存在会影响面团的结合力，使面团持气能力降低，特别是发酵制品，体积较小，不松软，缺乏层次，同时会影响制品的外观和口感。因此，在面粉选择上应注意面粉中麸星含量。但纤维素对人体有助肠胃蠕动，促进对其他营养成分的消化吸收。

（3）蛋白质 小麦面粉中蛋白质主要有面筋性蛋白质（麦胶蛋白和麦谷蛋白）和非面筋蛋白质（清蛋白、球蛋白和糖类蛋白质与核蛋白质）。前者占面粉中蛋白质总量约85%，对面团形成有极重要意义，后者则关系不大。蛋白质是高分子亲水化合物，调制面团时面粉遇水，麦胶蛋白和麦谷蛋白迅速吸水膨胀形成坚实的面筋网。在面筋网中还包括淀粉粒及其他非溶性物质。这种网状结构称为湿面筋，含水量为65%～70%，和其他胶体物质一样，具有特殊的黏性、延展性等。正是由于小麦面粉的蛋白质这种特性，形成了面包、饼干工艺中各种重要的、独特的理化性质及其制品的品质。

湿面筋经脱水干燥即为干面筋。干面筋的化学成分见3-9。

表3-9　　　　　　　　　　　　　　　干面筋化学成分

成分	麦胶蛋白	麦谷蛋白	其他蛋白	淀粉	糖类	脂肪
含量/%	43.02	39.01	4.41	6.45	2.13	2.80

小麦面粉的面筋含量与小麦品种有关，春小麦的面筋含量较冬小麦高，硬质麦又较软质麦高。面筋产出率又与调制面团时的洗水温度、酸度以及面团静置时间有关。不同焙烤食品对面筋工艺性能要求不同；面筋工艺性能与面筋含量是两个不同的概念。面筋含量高的其工艺性能

并不一定就好，反之亦然。

衡量面筋工艺性能的指标有延伸性、韧性、弹性和比延伸性：延伸性指面筋被拉长而不断裂的能力；韧性指面筋被拉长时所表现的抵抗力；弹性指面筋被压缩后恢复到原状的能力；比延伸性指面筋每分钟被拉长的长度，以厘米计。

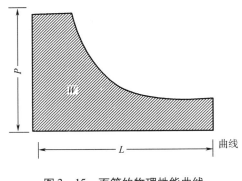

图 3 - 15　面筋的物理性能曲线

生产中常用面团吹泡示功器来测定面筋的延伸阻力 P、延伸性 L 和筋力 W。其测定方法：先将面团做成一定厚度的薄片，用压缩空气吹成气泡，使气泡逐渐变大，直至破裂，用仪器绘出如图 3 - 15 所示曲线。

延伸性表示面团气泡的最大容积，与发酵面团的体积相适应，反映面筋延伸性的大小。

延伸阻力表示面团薄片在吹泡时的最大延伸阻力，用厘米水柱表示，并按图中纵坐标的平均最大值计量。也可按小麦粉能吸收的最大水分来确定。它反映面筋弹性和韧性的大小。

通常用 P/L 对小麦粉进行综合评定。$P/L=0.15\sim0.7$ 表明面团的弹性差，而延伸性好；$P/L=0.8\sim1.4$ 表明面团的弹性和延伸性均好；$P/L=1.6\sim5.0$ 表明面团的弹性好，而延伸性差，面团易断裂或散碎。

筋力表示单位质量（1g）的面团变成厚度最小的薄片所耗费的功（J）。可由吹泡示功能图的面积（cm^2）乘以变形面团薄片的平均质量（7.5g）求得。W 值越大，表明面筋力越强。

按照面筋的工艺性能，可分为 3 类：优良面筋的弹性好，延伸件长或中等；中等面筋的弹性好，延伸性短或弹性中等，比延伸性小；劣质面筋的弹性脆弱，延伸时下垂面断裂，或完全没有弹性的流散的面筋。

面粉中蛋白质含量与面包品质没有绝对相关性。只有在面筋工艺性能相同的情况下，蛋白质含量越高；面包品质才越好。因此生产上须测知面粉的工艺性能（弹性、延伸性和筋力），作为评定该面粉的工艺品质和焙烤品质的科学依据。一般强力粉与中力粉适于制面包、椒盐饼干；中下力粉适宜制挂面；弱力粉适宜制饼干及糕点。

2. 面粉粒度及工艺特性

饼干生产中，颗粒粗的面粉在调制面团时与水接触面积较小，水分的渗透速度也较低，面筋膨润缓慢，胶体结合水的比例不高，附着在蛋白质分子表面的附着水和充塞在分子间的游离水较多，但在面团辊轧及成型过程中，其附着水和游离水继续渗透，面筋持续胀润（后胀），就会使面团变得干燥发硬，造成面团发黏，弹性降低，难以成型。但对面包生产的影响不如饼干那样直接密切。

3. 面粉温度的工艺特性

温度对蛋白质的吸水关系甚大。调制酥性面团的面粉温度以 $15\sim18℃$ 为宜。夏天若面粉的温度过高，会使酥性面团中面筋形成量加大，从而失去可塑性，弹性增大，造成韧缩，使产品变形，花纹不清，质地僵硬；对高油脂面团的油脂流散性增大，造成面团表面走油，面带在成型机上极易断裂，甚至无法操作。冬天如果使用温度太低的面团，会使面团黏性显著增大，生产时易粘辊筒、帆布、印模等。

面团温度控制不好，会影响酵母和面团组织膨松。温度过高，易产酸、裂口、塌架；温度过低，面包体积质量大，不轻软。

4. 面粉脂肪及工艺特性

小麦粉中的脂肪主要来自小麦的胚和糊粉层。因此，其含量取决于小麦粉加工的精度。小麦粉中的脂肪多由不饱和程度较高的脂肪酸构成，这些脂肪酸在小麦粉贮藏过程中易被氧化酸败，使小麦粉产生哈喇味，从这一点看，小麦粉中脂肪含量越少越好。通常用测定小麦粉的酸度或碘值来判别小麦粉的新鲜程度。但脂肪在改变小麦粉筋力方面有着重要作用，即脂肪在脂肪酶的作用下分解产生不饱和脂肪酸，可使面筋的弹性增强，延伸性和流散性变小，其结果可使弱力粉变成中力粉，使中力粉变成强力粉。所以，新粉不宜用来生产面包，必须经过后熟处理。

（二）糖

糖是面包、饼干的主要辅料。常用的糖为白砂糖，其纯度高，味纯正，固体，可直接使用，也可调制成糖浆使用。淀粉糖浆、饴糖或果脯糖浆甜味温和，易为人体直接吸收，在国外广泛应用于饼干生产。但浆体黏稠，不易在面团中调混均匀。

糖在面包、饼干中的作用除甜味外，工艺性能还包括以下方面：

（1）可增进饼干的色、香、味、形　饼干在烘烤时，少量糖分解产生焦糖，使制品呈金黄色或黄褐色，并有良好的风味，冷却后可以保持外形，口感酥脆，若过分焦化，色泽变坏并具有苦味，口感焦硬。

（2）对面团的改良作用　当调制面团时，糖首先要吸水，渗透压力大，从而限制了面筋的形成，在酥性面团中，一般用糖来调节面筋的胀润度，达到既使面团有可塑性，又防止制品收缩变形的目的。

（3）具有抗氧化剂的功能　淀粉糖浆、果葡糖浆及砂糖变成转化糖的还原性，能够形成饼干中油脂稳定性的保护因素，使制品的保质期延长。

（4）作为酵母的营养物质在生产面包及苏打饼干时，加入少量的糖，有助于酵母的繁殖和生长。

（三）油脂

油脂是焙烤食品的另一主要辅料，有的焙烤食品（糕点）用油量高达30%以上。当调制面团时，油脂具有疏水特性，分布在面团中蛋白质或淀粉粒的周围而形成油膜，因而限制了面团的吸水性，又隔离已形成的面筋微粒不彼此黏合在一起而形成大块面筋，从而降低面团的弹性和韧性，增加面团的可塑性，使面团容易定型，印模花纹清楚；油脂分散成球状存在于面团中，球状油脂中含有空气，面团搅拌搓揉越充分，空气含量就越高。当成型的面团被加热烘烤时，油脂遇热流散，气体膨胀向两相界面移动，兼之由疏松剂的气体和面团中的水汽也向油脂流散的界面聚结，使制品形成片状或椭圆形的多孔结构，产品体积膨大，质地疏松，品质优良。具有良好起酥性的油脂有猪板油、氢化猪油、掺和型猪油起酥油、人造奶油、氢化棉籽油、奶油等。豆油、菜籽油的起酥性差。

面制品选用油脂种类更应该注意油脂的稳定性。油脂如果发生酸败，不堪食用。油脂酸败主要是不饱和脂肪酸自动氧化，其次是微生物酶的氧化或水解。具有在保质期中稳定性好的油脂有猪板油、猪膘油、色拉油、精炼氢化油、掺和型油、麻油等。豆油、玉米胚芽油、棉籽油、菜籽油的稳定性差。各种油脂的焙烤物理性能见表3-10。

表 3 - 10　　　　　　　　　　各种油脂的焙烤物理性能

类型	熔点/℃	乳油性	稳定性	起酥性	性质	适用范围
猪板油	36~42	尚可	尚好	很好	较可塑性	面包、苏打饼干
氢化猪油	39~46	相当好	好	好	可塑性	面包、各种饼干
人造奶油	35~38	相当好	好	相当好	易碎	甜、咸饼干
椰子油	24	劣	优	劣	液状易发硬	夹心饼干
硬化油	35~40	尚可	优	劣	很硬、易碎	夹心饼干
起酥油	43~49	优	不定	好	不定	高油脂糕点

生产韧性饼干时，用油量较少（一般为面粉的 10%~14%），而且要求油的香味浓，以奶油、人造奶油、优良猪板油为宜；它们的起酥性及稳定性中等；酥性与甜酥性饼干用油量较多，要求使用稳定性优、起酥性良好、熔点高的油脂，以人造奶油、植物性起酥油、氢化猪油较好；苏打饼干的酥松度和层次结构好，用糖量也少，要求起酥性和稳定性均优的油脂，此种油脂不易取得，可以用植物性起酥油或椰子油与猪板油掺和使用互补不足；生产面包首先考虑的是油脂风味及起酥性，稳定性次之，以猪油、奶油、人造奶油、全氢化起酥油为宜。

（四）乳制品

所有高档的面包、饼干均需不同程度地添加乳制品，以赋予产品优良风味及营养价值。奶油面包、乳白面包、各种饼干（蛋黄饼干除外）均需添加乳制品。在饼干生产中选用的乳制品有鲜奶、全脂奶粉、脱脂奶粉、奶油（黄油）及炼乳等。目前国外多用人造奶油，因其属植物性脂肪较受欢迎。假如乳制品太多，则会给饼干生产操作带来困难（粘辊、粘模及烤盘）；过量加用，乳中酪酸化合物分解后，会使饼干产生异臭，不能食用。

（五）蛋品

在面包及部分饼干配料时加蛋品，赋予产品营养价值，增大面包体积和柔软性，对饼干也能增加稳定性。在焙烤食品表面上涂蛋液，经烘烤后呈光亮的红褐色。蛋品主要有鲜蛋、冰蛋、全蛋粉、蛋黄粉及蛋白粉等，以鲜鸡蛋的风味和功效最好，但处理较难，蛋黄粉、蛋白粉的蛋白质变性程度高，不能提高制品的酥松度。

（六）疏松剂

面包、饼干组织蓬松，是靠加疏松剂所释放出 CO_2 形成的。常用的疏松剂可分为两大类：化学疏松剂与生物疏松剂。一般甜饼干使用化学疏松剂，面包、苏打饼干使用生物疏松剂。

1. 化学疏松剂

当饼干坯烘烤时，化学疏松剂受热分解，产生大量气体，使饼干坯起发，在饼干内部结构中形成均匀致密的多孔性组织，从而使产品具有蓬松酥脆的特点。对化学疏松剂要求：以最小的使用量能产生最多的 CO_2 气体；在冷的面团中较稳定，入炉烘烤，能迅速而均匀地产生大量气体；烘烤后成品中所残留的物质，必须无毒、无味、无臭和无色；价格低廉，使用方便。常用化学疏松剂有以下两种。

（1）小苏打（碳酸氢钠）　　白色粉末，分解温度 60~150℃，产生气体量约为 $261cm^3/g$。由于反应生成物是碳酸钠，残留过多使制品呈碱性，口味变劣，内部呈暗黄色。因此不宜单独使用。

（2）碳酸铵或碳酸氢铵　白色结晶，分解温度为 $30 \sim 60℃$，产生气体量约为 $700cm^3/g$，在常温下易分解产生剧臭，其膨松力较小苏打大 $2 \sim 3$ 倍，分解产物 NH_3 绝大部分逸散而不致影响口味，但由于分解温度过低，在烘烤初期即分解殆尽，不能在饼坯凝固定型之前持续产气，因此不能单独使用。

上述两种疏松剂各有优缺点，为弥补不足，常将小苏打与碳酸氢铵合用。也可将有机酸（柠檬酸、酒石酸、乳酸及琥珀酸）或有机酸盐（酒石酸氢钾、钾明矾、磷酸二氢钾、焦磷酸钠等）与小苏打合用，以减少小苏打的残留量，降低碱度，改善口感。

2. 生物疏松剂

酵母呼吸和发酵作用时排出大量的 CO_2，使面团起发，体积增大，经烘烤后面包组织蓬松成蜂窝状并有弹性。生产面包常用的酵母常是以啤酒酵母（Saccharoomyces cerevisiae）经扩大培养生产的压榨酵母（鲜酵母）或活性干酵母。要求酵母具有以下特点：在通风条件下有旺盛的繁殖力，菌体产率高；有良好的发酵力；对温度和酸度有较强的稳定性。其中发酵力强弱最重要，但贮存温度、时间等因素，常使酵母发酵力不一致，使用前必须对其进行活力测定。

鲜酵母含水量高，在 70% 以上，应在 $0 \sim 4℃$ 的低温下保存，若温度过高，酵母易自溶腐败变质。活性干酵母含水量低，在 10% 以下，宜存放在干燥室内，防止吸潮，吸潮后也易腐败变质。

（七）面团改良剂

面团改良剂的种类按化学成分分为无机改良剂（不合酶的无机化合物）、有机改良剂（主要以酶发生作用的制剂）、混合型改良剂（有机和无机化合物混合的制剂），按所起作用可分为酵母营养剂、发酵促进剂、面筋调节剂等，按用途还可以分为面包面团改良剂和饼干类面团收良剂等（表 3 – 11）。

表 3 – 11　　　　　　　　　　　　　　主要面团改良剂

	材料名称		主要效果	100g 面包用量/g
面包质改良剂	钙盐	碳酸钙、磷酸钙、磷酸氢钙	改善水质，调整 pH，使加工稳定、品质均一	0.0182
	铵盐	氯化铵、硫酸铵、磷酸铵	酵母营养，促进发酵，增大面包面积	0.0109
	酶制剂	淀粉酶、蛋白酶	分解淀粉和蛋白，为酵母提供碳源和氮源，提高面包风味和色泽，抑制老化	0.0078
	述原剂	失活干酵母，L – 盐酸胱氨酸	改善面团性质，缩短调粉发酵时间，增强面团伸展性	0.0036
	氧化剂	L – 抗坏血酸	改善面粉性质，增大面包体积，使面包组织良好	0.0007

续表

材料名称		主要效果	100g 面包用量/g
饼干品质改良	亚硫酸盐	亚硫酸氢钠、亚硫酸氢钙、焦亚硫酸钠和亚硫酸	使面团筋力减小、弹性减小、塑性增大，使产品的形态平整、表面光泽好，还可使搅拌时间缩短	<0.038，成品中残留量<0.002（以 SO_2 计）
	酶制剂	胃蛋白酶、胰蛋白酶	分解蛋白质来破坏面筋结构，改善面团性质，易于上色	0.015~0.02
		淀粉酶	促进淀粉糖化，烘给酵母发酵的营养物质，促进发酵进行，用于苏打饼干	0.0050
	乳化剂	卵磷脂	油脂乳化，解决面团发黏，改善面筋状态，增强抗氧化	1

二、 饼干生产工艺

饼干是以面粉、糖、油及牛奶、蛋黄、疏松剂等原辅料经调粉制面团、辊轧、成型、焙烤而成，配料讲究，营养价值高。其风味有奶香、蜜香、可可香等，其形状有长、方、圆及动物、玩具等的单块或夹心。

（一）饼干分类

饼干的花色品种繁多，按油糖用量和原配比不同，可将饼干分为 5 大类，见表 3 - 12。

表 3 - 12　　　　　　　　　　按原料的配比分类

种类	油糖比	油糖与面粉比	品种
粗饼干类	0:10	1:5	发酵硬饼干、硬饼干
韧性饼干类	1:2.5	1:2.5	低档甜饼干，如动物饼干、什锦饼干、玩具饼干等
酥性饼干类	1:2	1:2	一般甜饼干，如椰子饼干、橘子饼干、乳脂饼干等
甜酥性饼干类	1:1.35	1:1.35	高档酥饼类甜饼干，如桃酥、椰蓉酥、奶油酥等
发酵饼干类	10:0	1:5	中、高档苏打饼干等

我国行业标准中把饼干按产品分为甜饼干、发酵饼干、夹心饼干和花色饼干 4 类，见表 3 - 13。

（二）甜饼干生产

甜饼干可分为韧性饼干、酥性饼干两大类。韧性饼干大部分为凹纹，外观光滑，表面平整有针眼，印文清晰，断面结构有层次，口感松脆有耐嚼力；酥性饼干大部分是凸纹，表面花纹明显，断面结构细，孔洞较显著，糖油量较韧性饼干高，口感酥脆。近年来国际上较受欢迎的品种；已由甜酥性转变为韧性，冲压成型改为挤花成型。韧性饼干及酥性饼干配方见表 3 - 14 及表 3 - 15。

表 3 – 13 饼干分类（按产品分）

饼干类型		产品特性
甜饼干	韧性饼干	凹花印模，外观平滑，有针孔，口感松脆，断面有层次
	酥性饼干	凸花印模，断面多孔无层次，口感酥松
	甜酥性饼干	造型方式多样，断面孔隙清晰，口感酥滑
发酵饼干	咸味梳打	外观光滑，有针孔，断面层次结构清晰，口感疏松，有发酵香味
	甜味梳打	
夹心饼干		在饼干间有风味馅料层，口味多样
花色饼干	威化饼干	由面坯多层夹心组成，面坯极其松脆，而且入口即化
	蛋元饼干	由含蛋面浆焙烤而成，结构疏松，口感松脆
	蛋卷	由含蛋面浆制成的多孔薄片卷制而成的多层筒形产品，口感酥脆

表 3 – 14 韧性饼干配方

原辅料用量	韧性饼干品种				
	动物	玩具	大众	玫瑰	钙质
标准粉/kg	50	50	50	50	50
白砂糖/kg	10.5	13	13	12	9.5
淀粉糖浆/kg	2.0	0.5		1.5	5.0
植物油/kg	3.8	7.0	2.5	7.0	3.5
猪板油/kg	0.65				2.0
蛋品/kg	1.0		2	2	2
磷脂/kg	0.25	0.5	0.5	0.5	0.75
奶粉/kg				1.5	1.5
精盐/kg	0.25	0.2	0.25	0.25	6.25
小苏打/kg	0.40	0.4	0.3	0.35	0.4
碳酸氢铵/kg	0.25	0.25	0.2	0.15	0.2
香精油/mL	香蕉 88	橘子 69	菠萝 106		樱桃 106
磷酸氢钙/kg					0.5
桂花/kg				0.7	

表 3 – 15   酥性饼干配方

原辅料用量	酥性饼干品种					
	甜酥	橘蓉	巧克力	椰蓉	奶油	葵花
标准粉/kg	50	50	50			
特制粉/kg				50	50	50
淀粉/kg			2.5		3.25	2.3
砂糖/kg	20	18	16.5	17	17.5	18.5
淀粉糖浆/kg		2	1.5	1.5	1.5	
植物油/kg	5	5.5	8.35	椰子油 10		
奶粉/kg			1.5		2.5	1.5
猪油/kg					11.5	11
蛋粉/kg						0.4
磷脂/kg	0.5	0.5	0.5	0.8		
精盐/kg	0.15	0.3	0.25	0.3	0.5	0.15
小苏打/kg	0.3	0.3	0.3	0.3	0.3	0.25
碳酸氢铵/kg	0.2	0.2	0.2	0.15	0.15	0.15
香精油/mL		橘子 80		椰子 25	黄油 35	椰子油 9
香兰素/g	8		38			28
抗氧化剂/g			1.6	2	2.3	2.2
柠檬酸/g			0.8	1	1.15	1.1
可可粉/kg			5			
焦糖/kg			1.5			

1. 甜饼干生产工艺流程

（1）冲印韧性饼干工艺　冲印韧性饼干工艺流程见图 3 – 16。

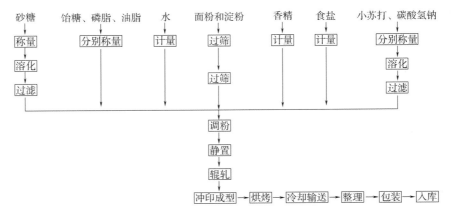

图 3 – 16　冲印韧性饼干的工艺流程

（2）辊印甜酥性饼干工艺　辊印甜酥性饼干工艺流程见图3－17。

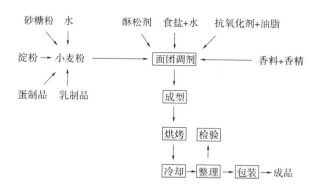

图3－17　辊印甜酥性饼干工艺流程

2. 甜饼干生产操作

（1）面团调制基本理论　将各种原辅料在和面机中调制成既保证产品质量要求，又适合机械运转的面团。调制的面团应稍有延伸性，有良好的塑性，黏性很小，没有弹性，软硬适度。若面团延伸性很大，弹性强，制品便会收缩变形；面团延伸性过小，会在后续工序中断片，造成生产上的困难，面团过软，黏性增大，饼坯会弯曲，辊轧和成型时粘网带或模具；面团过硬，又易断片，成品坚实不疏松等，只有调制出可塑性良好的面团，才能保证产品质量。良好面团的物理性能，目前尚无十分精确的面团物理性质测定方法，经验仍是主要的。

面粉中蛋白质和淀粉的吸水性能决定面团的物理性质。在调粉中，蛋白质的吸水性很强，面筋性蛋白质吸水后的胀润度也增大并随温度升高而增加，当达到30℃时（面筋性蛋白质的最大胀润温度）吸水量可达150%～200%，超过此温度，则胀润度下降。淀粉的吸水性能弱，在30℃时吸水量仅为30%。

面粉中蛋白质含量、面筋质强弱以及粉粒大小影响着面团的物理性质。用高面筋或强面筋的面粉调出的面团，易使饼干收缩变形，对这样的面粉，可加入部分淀粉改善其工艺性质。粗粒面粉，在调粉开始时，由于蛋白质吸水缓慢，水分子主要分布在粗粒表面，面团变软，过一段时间水分子向蛋白质胶粒渗透，会使面团过硬，在辊轧时易断裂，对这样的面粉适当多加一部分水。面团调制好后，静置一段时间，使面团逐渐变硬黏性降低，再进行辊轧成型。

配料中的糖、油脂、蛋等也影响着面团的物理性质。糖是吸水剂，当糖浆达到一定浓度时具有较高的渗透压，不仅能吸收面团中的游离水，还能夺取面筋与淀粉胶体的结合水，因此能降低面团的吸水率，湿面筋的形成率低，同理，油脂的疏水性表现为以颗粒状吸附在蛋白质胶体粒表面，使表面形成一层不透性薄膜，妨碍水分渗入，面筋得不到充分胀润，面团弹性降低，黏性减弱。

对上述理论的了解，将有助于分析生产中出现的各种现象，得到合理操作的理论依据。

（2）面团调制工艺

①韧性面团调制：韧性面团俗称热粉，因其在调制过程中要求的温度较高，要求它有较好的延伸性、适当的弹性、柔软而光滑，有一定程度的可塑性。

调粉时加水量较多，面筋能很快胀润，加入改良剂（磷酸氢钙）以改善面团的物理性能，并借助调粉浆的揉捻拉伸作用，使面筋呈松弛状态，显示所要求的工艺性能。韧性饼干胀润率较酥性饼干大，因此它的体积质量小，口感松脆，但不如酥性饼干酥。

在调制韧性面团时，应注意的工艺要素如下：

a. 掌握加水量。这种面团糖、油用量少，蛋白质易吸水形成面筋，要求比较柔软的面团，其含水量可控制在18%～21%。柔软面团可缩短调粉时间，延伸性增大，弹性减弱，成品松脆度提高，面片光洁度好，不易断裂。若含水量过低，虽可限制面筋的形成，但使调粉困难，面团连接力小，在辊轧时断条，且使制成品僵硬不松，表面粗糙。

b. 控制面团温度及投料顺序。韧性面团温度常控制在38～40℃。一般先将油、糖、奶、蛋等辅料加热水或热糖浆（冬天可使用85℃以上热糖浆）在和面机中搅匀，再将面粉投入进行调制，这样在调粉过程中就会使部分面筋变性凝固，从而降低面筋形成量，改善面团的工艺性能。如使用改良剂，则应在面团初步形成时（约调制10min后）加入，最后再将香精、疏松剂加入，继续调制，前后约40min，即可制成韧性面团。若调制不足，面团的弹性大，成型后饼干易变形；反之调粉过度，面团的延伸性和表面光洁度受破坏，成品表面不平，没有光泽。

c. 静置措施。由于面团在长时间调粉浆的揉捻拉伸运转中，常会产生一定强度的张力，静置后，其张力降低，黏性也下降，达到工艺要求。这对于用弱力面粉调制成熟的面团，一般调制结束后就可立即投入下一工序，但用强力面粉时，或因其他因素发生面团弹性过大时，必须静置15～20min乃至30min静置措施；使弹性降低。

②酥性面团调制：酥性面团俗称冷粉，以其要求在较低温度下调制。要求面团有较大的可塑性，略有弹性和黏性，少有结合力，不粘辊。因此调制酥性面团的工艺要素如下：

a. 投料顺序。先将糖、油、乳、蛋、疏松剂等辅料与适量的水送入和面机，搅拌成乳浊状，再将面粉、淀粉及香精投入，继续搅拌6～12min，限制面筋形成。夏季气温高，可缩短搅拌时间2～3min。

b. 加水量与软硬度。酥性面团要求含水量为13%～18%，因此加水量较少。软面团容易起筋，要缩短调粉时间；较硬面团要延长调粉时间，否则会形成散沙状。一般糖油少的面团可塑性通过加水量来限制面筋的胀润度，防止弹性增大而变形。辊印成型要求硬面团，冲印成型要求软面团。

c. 面团温度。酥性面团温度以26～30℃为宜，甜酥性面团温度以19～25℃为宜。面团温度低会造成黏性增大，结合力差而无法操作；温度高会增加面筋弹性，造成收缩变形，花纹不清，表面不光，甜酥面团会"走油"，结合力减弱，面团松散，给压辊成型带来困难。

（3）面团辊轧　调制成熟的面团经过辊轧，可得到厚薄一致、形态平整、表面光洁、层次结构清晰、质地细腻、弹性低、结合力好、塑性大的面片，有利于成型机成型。

辊轧是在辊轧机内完成。在辊轧过程中，经滚筒的机械作用，使面团受到剪力和压力的变形，便产生一定的纵向和横向张力。辊轧时，将面带折叠、旋转90°角再辊轧，使面带受到的纵横张力平衡分布，可避免因张力不均而引起成型后的面坯收缩变形。若始终在同一方向折叠来回辊轧，则压延后的面带纵向张力大于横向张力；若面带进入成型机时仍未改变方向，就会使冲印成型的饼干坯收缩变形。每辊轧一次可使湿面筋量增加，使零碎的面筋水化粒子组成整齐的网络结构，且不断折叠又可使面带产生层次，制品有较好的胀发度和酥脆性，表面光洁，形态完整，花纹明显清晰。

在冲压成型工艺中，总会产生一部分面头子，此面头子必须返回加入面团一同辊轧，以保持生产的连续性。

　　在续面头子时应注意的问题：新鲜面团与面头子比例最多不得超过 3:1，若面头子加量太多，与可塑性良好的面团掺混关系不太大，与弹性大的面团掺和必将影响成品品质；面头子与新鲜面团的品温差不得超过 6℃，温差越小越好，否则两不相容，易粘滚筒和模型，面带易断裂；已经收缩和走油的面头子不可夹入新鲜面团混用，可将这部分面头子返入和面机与新鲜面团一起混合均匀。

　　续面头子的方法：将面头子均匀铺在面带表面，经过压片，使头子与面带粘连，然后两面翻折，使面头子夹在中间，再逐步压薄，则面带的结构和色泽均好。

　　面团辊轧操作时，常撒少量面粉以使层次黏合不明显，若撒得过多或不均匀，会降低上下层的结合力，烘烤时有起泡现象。

　　目前，酥性面团都不经辊轧，直接进入成型机成型，因其是软性或半软性面团，弹性极小，塑性大，若经辊轧会增加面团的机械强度，使制品的酥松度下降。但若面团的黏性强烈，成型面片易断裂，面头子分离困难时，也可辊轧弥补之。酥性面团辊轧的压延比不能超过 1:4，一般以 3~7 次单向往复辊轧即可，不宜进行 90°转向。

　　韧性面团一般都经辊轧，以保证产品质量。其压延比也不得超过 1:4，辊轧次数 9~13 次，并数次折叠，转 90°角。

　　（4）饼干成型　饼干成型设备随着配方和品种不同，有摆动式冲印成型机（图 3-18）、辊印成型机、辊切成型机、挤条成型机、挤浆成型机、挤花成型机及钢丝切割机等多种形式，各适应不同品种及花样的饼干生产。韧性饼干用冲印成型，制成各种动物、玩具饼干；酥性饼干特别是含油量高的饼干则用辊印辊切、挤花、挤条等成型机成型。

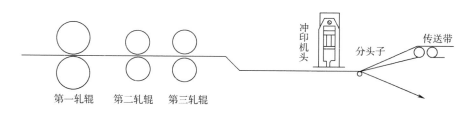

图 3-18　冲印成型机

　　辊印成型机（图 3-19）的加料斗在机器上方，加料斗的底部是一对直径相同的辊筒，一个是喂料槽辊，另一个为花纹辊，也就是型模辊。喂料槽辊表面是与轴线平行的槽纹，以增加与面团的摩擦力，花纹辊上是使面团成型的型模。两辊相对转动，面团在重力和两辊相对运动的压力下不断充填到花纹辊的型模中去，型模中的饼坯向下运动，在脱离料斗的同时，被紧贴住花纹辊的刮刀刮下去多余部分，即形成饼坯的底面。花纹辊的下面有一个包帆布的橡皮脱模辊与其相对滚动，当花纹辊中的饼坯底面贴住橡胶辊上的帆布时，就会在重力和帆布黏力的作用下，使饼坯脱模。脱了模的饼坯，由帆布输送带送到烤炉网带或钢带上进入烘烤。

　　辊切成型机（图 3-20）机身前半部分与冲印成型机相同，是多道压延辊，成型部分由一个扎针孔、压花纹的花纹芯子辊和一个截切饼坯的刀口辊组成。经压延后的面带如图 3-18 所示。先经花纹芯子辊轧出花纹（若是韧性，苏打饼干同时扎上针扎），再在前进中经刀口辊切出饼坯，然后由斜帆布输送带分离头子。在芯子辊和刀口辊的下方有一个直径较大的与两辊对转的橡胶辊，它的作用是压花和作为切断时的垫模。

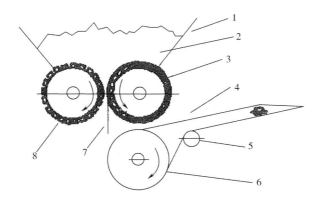

图 3 - 19 辊印成型机

1—料斗 2—面团 3—花纹辊 4—帆布带 5—张紧辊 6—脱模辊 7—刮力 8—槽辊

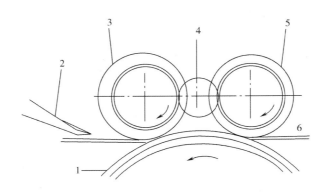

图 3 - 20 辊切成型机

1—橡胶辊 2—头子分离 3—切口切辊 4—调节器 5—花芯辊 6—帆布

（5）饼干焙烤 饼坯在焙烤炉内经过高温短时的热处理，便产生一系列化学、物理变化。由生变熟，成为疏松、多孔、海绵状结构的成品，并具有较生坯大得多的体积、较深的颜色和令人愉快的香味，以及稳定的形态，且耐贮运。

①焙烤基本理论：焙烤炉内温度一般控制在 230～270℃。当饼坯由传递带输入烤炉时，开始阶段由于饼坯表面温度低，仅为 30～40℃，使炉内最前面部分水蒸气冷凝成露滴，凝聚在饼坯表面，此一瞬间，饼坯表面不是失水而是增加水分，直到表面温度达 100℃时，表面层开始蒸发失水。在此瞬间饼坯表面结构中的淀粉粒在高温高湿下迅速膨胀糊化，使焙烤后的饼干表面产生光泽。据此，生产上常在炉内最前端喷蒸汽，加大炉膛的湿度，使表面层吸收更多的水分来扩大淀粉的糊化，从而获得更为光泽的表面。

当冷凝阶段过后，饼坯就很快进入膨胀、定型、脱水及上色阶段。

当饼坯表面层水分开始蒸发时，饼坯中心层水分高于表面，形成梯度，中心层水分逐渐向表层移动。厚度较薄的饼坯移动迅速。酥性饼干的油、糖量多，移动也较迅速。韧性饼干间的烘烤。

饼干进炉后受热，碳酸氢铵首先分解，随后小苏打也分解，产生大量二氧化碳，同时饼坯湿面筋所具有的对气体的抵抗力，在突然形成的强大的气体压力下，饼坯突然膨胀，厚度急剧增加。甜酥性饼坯焙烤 2.5min 时，厚度可增加 250% 左右，韧性饼坯焙烤 3.0min 其厚度也可增大 215% 左右。厚度的增加（胀发率）与面团的软硬、面积的抗胀力、疏松剂的膨胀力、焙烤温度、炉内湿热空气的对流速度等多种因素有关。随着焙烤进程的继续，疏松剂分解完毕。同时饼坯品温上升到 80℃ 时，蛋白质便凝固，失去其胶体特性，饼坯的中心层只需 1.5min 左右就能达到蛋白质凝固温度，即蛋白质变性定型阶段。一直到焙烤结束，厚度不再发生多大变化。

饼坯上色是由美拉德（Maillard）反应和焦糖化反应所形成。美拉德反应是饼坯中蛋白质的氨基与糖的羰基在焙烤的高温下发生了复杂的化学反应，生成了褐变物质，焙烤食品棕黄色反应的最适条件是 pH6.3，温度 150℃，水分 13% 左右。以蔗糖为主生成的棕黄色较以葡萄糖为主生成的棕黄色稳定，不易脱色。

蔗糖在 200℃ 时便开始发生焦糖化作用，碱性条件下比酸性条件下反应快些（pH8 时比 pH5.9 时快 10 倍），反应结果产生酱色焦糖和一些挥发性醛、酮类物质，不仅形成饼干外表的烤色，而且还形成了饼干的特有烤香和风味。过量的焦糖化，不仅色泽加深，并具苦味。

②焙烤工艺：饼坯焙烤温度及时间选择，取决于配料、饼坯厚薄、形状和抗胀力大小等因素。配料中油糖量多、块形小、饼坯薄和面团韧性小的饼坯，宜采用高温短时焙烤工艺；反之，则采用低温较长时间焙烤工艺。

甜酥性饼干油糖配料多，疏松剂用料少；调制时面筋形成量低，在入炉初期的膨胀定型阶段，需要用高的面火和底火迫使其凝固定型，以免发生"油摊"（表面呈不规则膨大，形态不好易破碎）。且这种饼干不需要膨胀过大，组织紧密一些也不失其疏松的特点。焙烤后期主要是脱水和上色，宜采用较低的炉温，有利于色泽稳定。因其调制时加水量少，脱水不多。而一般酥性饼干，需要依靠焙烤膨胀体积。因此，入炉初期需要较高的底火，面火需要上升的梯度，使其能在保证体积膨胀的同时，不致在表面形成硬壳。由于辅料少，参与美拉德反应基质不多，面火高也不致上色过度。

韧性饼干宜采用较低温度较长时间烘烤，有利于将调制时吸收大量的水脱掉。而其糖油配料较多接近低档的酥性饼干，则可采用酥性饼干焙烤工艺。饼干焙烤炉温与时间参数见表3-16。

表 3-16 几种饼干焙烤炉温与时间参数

品种	炉温/℃	焙烤时间/min	成品含水率/%
韧性饼干	240~260	3.5~5.0	2~4
酥性饼干	240~260	3.5~5.0	2~4
苏打饼干	200~270	4~5	2.5~5.5
粗饼干	200~210	7~10	2~5

（6）冷却包装　刚出炉饼干，温度很高，表层可达 180℃，中心层约 110℃。需冷却至 30~40℃ 才能进行包装。

在冷却过程中，饼干的水分发生剧烈变化。饼干刚出炉时水分分布是不均匀的，外部低，中心层高，内部向外部转移，发生再分配。同时依靠饼干本身热量，使转移到饼干表面的水分继续向空气中扩散，然后达到水分平衡，之后就进入吸湿阶段。

饼干冷却一般分两步进行。第一步在烤盘或网带载体上冷却，但时间不长，用刮刀将饼干从载体上刮落到冷却输送带后，就进入第二步冷却，时间可长些。饼干冷却适宜条件为相对湿度 70%~80%，温度 30~40℃。在冷却期间不能用强烈的冷风吹，否则饼干会发生龟裂。在气温特别低而又干燥的地区，往往在冷却输送带上加罩，以抑制水分散失速度。

包装选用不透水气的适于饼干包装材料，采用各种形式包装。适宜饼干贮存的场所是干燥、空气流通、环境清洁、避免日照、无鼠害的库房，库温应在 20℃ 左右，相对湿度为 70%~75%。

（三）苏打饼干生产

苏打饼干（又称梳打饼干），以小苏打与酵母做疏松剂，酵母繁殖发酵产生 CO_2，使饼干质地酥松，故属发酵型饼干。因采用发酵工艺，淀粉和蛋白质在发酵时部分分解成易被消化吸收的低分子营养物质，适于胃病及消化不良患者食用，对儿童、老年、体弱者亦颇适宜。口感酥松，不腻口，具咸味，可做主食。苏打饼干配方见表 3-17。

表 3-17　　　　　　　　　　苏打饼干配方

原辅料用量	普通苏打饼干		奶油苏打饼干	
	面团	油酥	面团	油酥
标准粉/kg	50	15.7		
特制粉/kg			50	15.7
精炼混合油/kg	6	4		4.38
猪板油/kg			6.0	
奶油/kg			4.0	
奶粉/kg			2.5	
淀粉糖聚/kg	1.5			
精盐/kg	0.25	0.94	0.13	0.94
鸡蛋/kg	2.6		2.0	
小苏打/kg	0.25		0.13	
香兰素/g	7.5		12.5	
鲜酵母/kg	0.25		0.38	
抗氧剂/g			3.0	
柠檬酸/g			1.5	

1. 工艺流程

苏打饼干生产工艺流程见图 3-21。

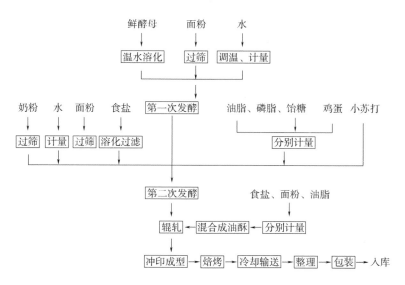

图3-21　苏打饼干生产工艺流程

2. 操作要点

苏打饼干面团分两次调制发酵。

（1）第一次发酵　将面粉总量40%~50%、全部酵母（用30℃温水溶匀）、水40%~45%（按面粉量计）在和面机中调制4min，冬季面团温度控制在28~32℃，夏季面团温度控制在25~28℃，静置发酵6~12h，使酵母大量繁殖，增进面团的发酵潜力，降低面团弹性。发酵终了pH为4.5~5.6。

（2）第二次发酵　将第一次发酵面团，与剩余的面粉、水、辅料等在和面机中调制5min，再将小苏打加入调匀，冬季面团温度控制在30~33℃，夏季面团温度控制在28~30℃，发酵3~4h。盐、油在辊轧时加入。

辊轧苏打饼干对辊乳要求比甜饼干高，一般来回辊轧11次，折叠4次，旋转3次。在辊轧时还要在面层中包进油酥两次，每次包入油酥两层。

焙烤苏打饼干由于糖分少，不易上色，焙烤温度较高，时间也稍长（表3-18）。

三、 面包生产基本理论及工艺

（一）面包种类

面包是焙烤食品中历史悠久、消费者多、品种繁多的一大类食品。面包是以小麦粉为基本材料，再添加其他辅助材料，加水调制成面团，再经过酵母发酵、整形、成型、焙烤等工序完成的。面包营养丰富，组织蓬松，面包酵母中含有大量易为人体吸收的蛋白质、B族维生素，营养价值高，易消化，并耐贮存，在欧美等许多国家面包是人们的主食。面包在我国虽被称作方便食品或属于糕点之类，但随着国民经济的发展，面包在人们的饮食生活中占有越来越重要的地位。面包的种类十分繁多，有的按产地分类，有的按形状、口味分类，目前世界上比较广泛采用的分类是按加工和配料特点分类，见图3-22。按面粉品种分白面包和黑面包；按加入糖、盐量不同分甜面包和咸面包；按配料不同分普通面包和高级面包，以及果子面包、夹馅面包、油炸面包和营养面包等。按形状有圆面包、枕形面包、梭形面包及各种花样面包等。

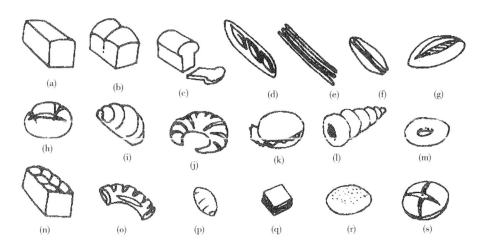

图 3 – 22　常见的几种面包样式

（a）方包　　（b）山形包　　（c）圆顶面包　　（d）法式长面包　　（e）棍式面包　　（f）香肠面包
（g）意大利面包　　（h）百里香巴黎面包　　（i）牛油面包　　（j）牛角酥　　（k）汉堡包
（l）奶油卷筒面包　　（m）油炸面包圈　　（n）美式起酥面包　　（o）巧克力开花面包
（p）主食小面包　　（q）三明治面包　　（r）夹馅圆面包　　（s）硬式面包

（二）面包配方

各国的食用习惯及原辅料资源不同，面包配方差别很大，即使同一国家不同地区的配方也有差别。现列举一些较常用的面包配方，供选用、参考，见表 3 – 18 和表 3 – 19。

表 3 – 18　　　　　　　　　　　　　主食面包配方

原辅料用量	一般主食面包	风味主食面包	风味主食甜面包	日本主食面包
特制粉/kg	100	100	100	100
酵母/kg	2	1.4	1.2	2
水/kg	60 左右	60 左右	60 左右	63 左右
食盐/kg	2	1.6	0.6	1.8 ~ 2
麦芽糖浆/kg	0.3	3	3	
植物油/kg		1	2	起酥油 5
白砂糖/kg			9	5 ~ 6
脱脂奶油/kg				2 ~ 3
鸡蛋/kg			0.5	

表 3 - 19　　　　　　　　　　　　　点心面包配方

原辅料用量	鸡蛋面包	水果面包	蛋奶面包	维生素氏面包
特制粉/kg	100	100	100	100
酵母/kg	1.2	1.3	1.5	1.3
水/kg	61 左右	60 左右	69 左右	61 左右
食盐/kg	0.8	0.4	0.5	0.4
白砂糖/kg	13	20	18	20
麦芽糖浆/kg	2			
鸡蛋/kg	6	8	18	8
奶粉/kg			9.5	
植物油/kg	4	7		5
维生素 B_1/mg			100	200
什锦蜜饯/kg		32		

（三）面包生产工艺

面包生产按面团发酵方法可分为一次发酵法、二次发酵法、三次发酵法和快速发酵法。

一次发酵法是将原辅料全部一次投入搅匀后再加入酵母液及油脂，继续搅拌至面团成熟后，进入发酵工序。

二次发酵法调制面团投料分两次进行。即第一次取全部面粉的 30%～70% 及全部酵母液和适量的水，调制成面团，待其发酵成熟后，再把剩余的原辅料拌入调制成面团进行第二次发酵。即二次调粉二次发酵。目前国内面包生产大多采此法。

三次发酵法是三次调粉三次发酵，用酒花引子制面包时采用此法，如黑龙江的大面包生产。

快速发酵法是将原辅料一次投入，在调制面团时加入大量的酵母和改良剂（维生素 C、$KBrO_3$），控温条件下，较长时间搅拌，借强烈的机械搅拌作用；把调粉与发酵两个工序结合起来，在调粉中完成主发酵作用，生产周期约 2h。

这里仅阐述二次发酵法基础理论及工艺。

二次发酵法生产面包的工艺流程见图 3 - 23。

原辅料处理 → 第一次调制面团 → 第一次发酵 → 第二次调制面团 → 第二次发酵 → 整形 → 成型（醒发） → 烘烤 → 冷却包装

图 3 - 23　二次发酵法生产面包的工艺流程

1. 原辅料处理

（1）面粉　面粉是面包主料，投产前须对面粉质量进行检查，不合格者不投产。过筛除去杂物，使面粉微粒松散并混合一定量空气，有利于面团形成及酵母生长繁殖。

（2）酵母　酵母是面包必需的疏松剂。投产前须检查其活力（发酵力）。

（3）水　需用中等硬度清洁饮用水。若硬度过大，会使面团韧化、发酵慢，成品口感粗糙；反之过小，面团柔软发黏，操作困难。水的 pH 以 5.0～5.8 为宜。凡超过上述要求的用水，需净化调整后使用。

（4）盐、糖等需溶化过滤，蛋、奶粉须加水调成乳状液。

2. 面团调制

调制面团是为面团发酵工序做准备，是互相密切联系的两道工序，面团调制质量直接关系到发酵质量与成品品质。面包两次发酵法工艺分两次调制面团，两次发酵，第一次调制后的发酵面团称接种面团，第二次调制后的发酵面团称主面团。

（1）面团调制基本理论　面包面团调制的基本理论与饼干韧性面团调制理论相似，但要求面团面筋形成多，延伸性、韧性大，并防止面筋水解。

组成面筋蛋白质的氨基酸中，约有10%含硫氨基酸（如胱氨酸、半胱氨酸等），这些氨基酸都含有硫氢基（—SH），它是蛋白质的激活剂。在调制面团过程中，面粉和酵母中的蛋白酶被硫氢基激活后，会加剧面筋蛋白的水解，影响面团的工艺性能和持气性。可在面团调制过程中，充分搅拌使面团充分接触空气，—SH受到氧化削弱其激活性能，从而保护面筋的形成。或加入氧化剂，加速—SH的氧化。但过度搅拌，面团的弹性和韧性反而会减弱，工艺性能变劣。

在搅拌过程中，面团的胶体性质不断发生变化。蛋白质一方面进行着吸水膨胀和胶凝作用，另一方面同时产生胶溶作用。在一定时间和一定搅拌强度下，高级面粉和筋力强的面粉，胶凝作用大于胶溶作用，其吸水过程也进行得缓慢，此种面粉可加强和面机转速，或延长调粉时间。而弱力粉吸水快，到一定时间后，其胶溶作用大于胶凝作用，对这种面粉要缩短调粉时间。

调粉时加入的辅料糖、盐、油脂等，对面团的胶体性质也有一定影响。适量的盐会增加面筋的性能，过量会使面筋性能变劣。油脂具有疏水性，会阻碍蛋白质吸水形成面筋，不利于面团工艺性能。调粉时宜最后加入油脂。

（2）面团调制技术　第一次将面粉总量的30%～70%、全部酵母液和适量水（为加水总量30%～60%）混合，在和面机中搅拌约10min，调制成软硬适度的面团，即可进行第一次发酵。

第二次将发酵成熟的面团，置和面机中，加入所需的水，搅拌，使面团调散，再加入剩余的面粉和配料，待面团结成块、表面具有光泽时，加入油脂调匀，即可进行第二次发酵。

为了得到优良面团，调制时酵母在面团分布均匀，调好的面团含水量为45%左右，不得有粉粒现象，调好的面团品温要求28～30℃，冬天常用热水调制面团，但热水温度不得超过50℃。

3. 面团发酵

（1）面团发酵机理　面包发酵主要是使酵母繁殖、发酵，产生大量的二氧化碳和其他风味物质，使面团膨松富有弹性，并赋予成品特有的色、香、味、形。在面团发酵过程中，产生一系列生化变化。

①微生物学变化：1g鲜酵母含有约100亿个细胞，加入面团后，首先是酵母细胞增殖，可使$1cm^3$面团含有酵母$(5～6)\times10^7$个，称接种面团，为第二次面团发酵接种用，再增殖发酵。

②可溶性糖的变化：面团调制时，加入的麦芽糖和蔗糖等可溶性糖，在酵母本身分泌的麦芽糖酶和蔗糖酶作用下，分别水解成相应的单糖。

单糖（己糖）是酵母直接利用进行繁殖、发酵的物质。面包酵母是典型的兼性厌气微生物，在有氧和无氧条件下都能生存。在面团发酵初期，面团中有大量空气存在，酵母菌以己糖为营养物质，在氧的供给下，进行旺盛的呼吸作用，将己糖酵解为最终产物二氧化碳、水及大量能量，称有氧呼吸，繁殖个体。

$$C_6H_{12}O_6 + 6O_2 \xrightarrow{\text{呼吸作用}} 6CO_2 + 6H_2O + 2820J$$

随着呼吸作用继续进行，二氧化碳逐步增多，面团体积也逐渐增大，氧气逐渐减少乃至无氧，酵母便从有氧呼吸转变为缺氧呼吸，己糖酵解的最终产物为乙醇、二氧化碳及少量能量，称无氧呼吸–发酵作用，维持生命活动。

$$C_6H_{12}O_6 \xrightarrow{\text{发酵作用}} 2C_2H_5OH + 2CO_2 + 100J$$

酵母对己糖的酵解产物二氧化碳气体释放，迫使面团体积膨大，结构疏松，乙醇存留面团中，是面包风味物质之一。面团在酵解己糖过程中，还伴随有有机酸、醋、醛、酮等风味物质生成。

上述两个作用（呼吸作用与发酵作用）在性质上是两个不同概念，在进程上往往两个同时进行，即在氧气充足时以呼吸作用为主，当面团内氧气缺少时则以发酵作用为主。从面包生产实践要求，面团发酵应以呼吸作用为主，使面团充分起发膨松。为此目的，在面团发酵后期，常辅以多次揿粉，排除面团内的二氧化碳，增加氧气，促使进行有氧呼吸。

（2）面团发酵条件及管理　第一次调制好的面团，送入发酵室，控制室温在25～30℃，相对湿度为75%，经2～4h，当面团膨胀呈蘑菇状发酵成熟时，即可用于第二次面团接种。第二次面团（主面团）调好后，在发酵室控温20～30℃，时间2～3h，第二次发酵成熟。

判断面团发酵成熟的方法：嗅其味有强烈的酒香味，面团起发到一定高度，上表面微向下塌落，即表示发酵成熟。若上表面未下陷表示发酵不足，下陷大则发酵过度。

发酵时间长短以控温高低、接种量（酵母用量）及酵母活力而定。在发酵期中面团品温控制在25～28℃为适宜，最高不得超过30℃，达33℃以上就有变酸可能，面团质量下降。

第二次发酵刚成熟时，应立即进行揿粉。揿粉方法，将发起的面团上部及四周部分翻压到中心部，底部面团翻到上面，再继续发酵一定时间（约20min），面团又恢复到原来发酵状态，再进行第二次或第三次揿粉。其作用，可驱除CO_2，补充新鲜空气，促使酵母进行有氧呼吸，防止产酸，面包组织结构更疏松，并产生良好风味。

4. 面团整形和醒发

发酵成熟的面团应立即进入整形工序，做成一定形状的面包坯。整形工序包括分块、称量、搓圆、静置、做型、装盘等工序。将整形好的面包坯在入炉前进行最后一次发酵，称醒发。整形室要求温度为25～28℃，相对湿度为65%～70%。

（1）面团分块称量　按成品规格要求，将发酵好的大面团分割成小面团，并称量。面包坯经过烘烤后一般要失重7%～10%，在称量时必须将这个损失计算在内。

（2）搓圆和静置　将分块的生面坯揉成球形。搓圆时给以压力，使心子结实，表面光滑，并使表皮延伸，将切口覆盖，恢复被破坏的面筋网络，排除部分CO_2。将搓圆面团静置3～5min，使其轻微发酵。

（3）做型装盘　梭形面包多用做型机做型，圆形面包搓圆后可直接装盘，其他花样则多用手工做型。生坯装盘应合缝朝下，光面朝上，轻拿轻放，烘盘先涂植物油，以免粘盘。

（4）醒发　又称成型。装盘生面包坯再经一次发酵，使起发到一定程度，基本形成面包的形状后，再进入烘炉。醒发一般在醒发室内进行，其条件：温度30～36℃，相对湿度80%～90%，时间45～90min。为了使面包表皮光亮、丰润，皮色美观，醒发前后可在面包坯表面刷上一层蛋液或糖浆。

5. 面包烘烤

经醒发的面包坯，应立即入炉烘烤。烘烤是面包坯的热处理，达到面包组织进一步膨松而有弹性、质地熟化柔软、形态固定、表皮金黄色的特点。

面包坯入炉后在高温作用下将发生一系列变化，面包坯的品温随热处理时间的延长而发生变化。面包各层温度和水分含量变化曲线如图 3 – 24 所示。

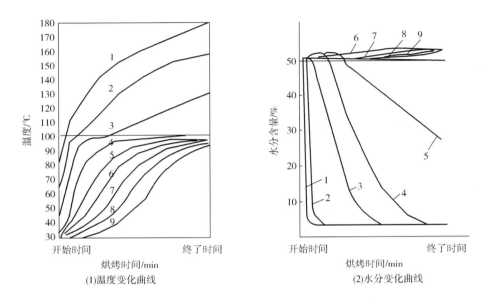

(1)温度变化曲线　　　　　　　　　(2)水分变化曲线

图 3 – 24　面包各层温度和水分含量变化曲线

1—面包皮表层　2 ~ 4—距离面包皮层 1/4、2/4、3/4 的厚度　5—面包皮与瓤的分界线

6 ~ 8—由面包皮层到面包瓤中心距离的 1/4、2/4、3/4　9—成包瓤的中心点

由图 3 – 24 可知，面包瓤的任一层温度（即曲线 6 ~ 9）直到烘烤结束都不超过 100℃，而以面包瓤中心部分的温度最低；面包皮的温度很快超过 100℃，表面温度可达 180℃，面包皮各层（2 ~ 4）的温度曲线在 100℃ 时都有一停滞期，距离面包皮表面越远其停滞期越长；面包皮与瓤分界层的温度，在烘烤将结束时才达到 100℃，而且到结束时都不超越 100℃；面包皮各层的温度差随烘烤延长而不断增长，到结束时达最高值，面包瓤各层的温度差在中期达最高值，随后逐渐下降，到结束时趋于一致。

各层温度差的产生，一是受到各层水分不断蒸发及层间距离的影响，同时也受到面包表皮的形成与加厚的影响。

各层温度差又影响着各层水分蒸发速度，产生水分梯度。

面包表皮的水分下降很快且多，炉内热空气的相对湿度若过低，面包表面便很快形成一层干燥而坚硬的表皮，阻碍面包内层的水分转移、蒸发，距离表皮越远部位蒸发越慢，同时产生各层间的蒸汽压力差，面包瓤中心的压力差最低，蒸发的水蒸气就向中心部位转移，冷凝后凝聚，使面包瓤中心各层水分增加，至烘烤结束其水分含量比原来的水分含量增高 1.5% ~ 2.5%，保持面包瓤滋润柔软。

面包坯入炉初数分钟内，品温在 45℃ 以下时，酵母生命活动旺盛，产生大量 CO_2，以及面

包坯气孔中原积存 CO_2 受热扩张，促使面包坯剧烈膨大，称烤胀力。随后品温升高，达 50℃ 以上酵母开始死亡，60℃ 时酵母全部死亡，其他感染的杂菌（乳酸菌、醋酸菌等）也几乎全部死亡。面包的烤胀力还与水分、酒精的汽化而产生的蒸气压有关，此阶段称为体积增长阶段。

品温升高到 65℃ 以上时，面包坯中淀粉开始糊化，淀粉酶活性也加强，将部分淀粉水解成糊精和麦芽糖，直到淀粉酶失活。β – 淀粉酶钝化温度为 $82 \sim 84℃$，α – 淀粉酶为 $97 \sim 98℃$，因此，往往在烘烤不透时容易产生"糠心"现象。同时，面包坯中蛋白质受热到 $60 \sim 70℃$ 时开始变性凝固，失去可塑性，面包体积不再继续增大。此阶段称为定型阶段。

此后，品温继续升高，面包表皮相继发生酶褐变、美拉德反应及焦糖化作用，使面包表皮产生金黄色或褐棕色，称上色阶段。焙烤工艺面包烤炉与饼干烤炉同。面包烘烤应掌握炉温、时间和面包种类 3 个条件。烘烤过程一般可分为 3 个阶段。其工艺参数如表 3 – 20 所示。

表 3 – 20　　　　　　　　　　面包烤炉的炉温参数

烘烤阶段	烘烤过程中的变化	炉温/℃	
		底火	面火
第一阶段	增大体积	$230 \sim 250$	$120 \sim 140$
第二阶段	固定形态	$240 \sim 250$	$230 \sim 250$
第三阶段	表皮上色	$150 \sim 160$	$180 \sim 200$

第一阶段面火要低（120℃），相对湿度要高（60%~70%），可以避免面包坯表面很快固结（结壳）造成面包体积膨大不足。一般在炉口喷水以提高其相对湿度。当面包瓤的品温达 $50 \sim 60℃$ 时便进入第二阶段，此阶段要求面火温度高，使面包坯定型。第三阶段，要求面火温度较高，底火温度低，以促进褐变上色。

面包坯的烘烤时间以炉温高低而定，若炉温确定，则以面包大小和形状来确定。一般面包越重，烘烤时间越长。同质量面包，圆形的比长形的烘烤时间长。一般小面包烘烤 $5 \sim 10min$，大面包则需 $20 \sim 30min$。

6. 面包冷却、包装

刚出炉面包瓤中心部位品温约98℃，而且皮硬、瓤软，没有弹性，经不起压力，如果立即包装，受到挤压，容易造成残次品，同时面包热量散发不出去，容易发生霉坏变质，故必须冷却至接近室温才能进行包装。面包冷却常用通风冷却，以温度 $22 \sim 26℃$、相对湿度80%~85%、空气流速 $300 \sim 400m/min$ 为宜。

经冷却面包应及时包装，避免水分大量损失而造成面包干硬。包装材料常用耐油纸、蜡纸、聚乙烯或聚丙烯等。这些包装材料不透水，透气性小，并有一定的机械强度。

思考题

1. 小麦籽粒由哪几部分组成？结构特点是什么？
2. 小麦清理都有哪些方法？
3. 小麦磨粉前为什么要进行着水润麦？
4. 小麦磨粉机磨辊表面构造是什么？为什么设计成不同规格的磨齿？
5. 小麦制粉的粉路由哪几部分组成？
6. 小麦面粉配粉的目的是什么？
7. 小麦面粉有哪些工艺性能？为什么有这些工艺性能？
8. 面团发酵有哪些工艺方法？各自的特点是什么？
9. 简述馒头的特点和生产要点？
10. 简述包子的特点和生产要点？
11. 简述面团形成原理。
12. 简述发酵和蒸制原理。
13. 方便面与挂面生产工艺和产品特点有什么不同？

第四章
淀粉及淀粉糖加工

淀粉是食品的重要组分之一，是人体热能的主要来源。淀粉又是许多工业生产重要的原辅料。其可利用的主要性状包括颗粒性质、糊或浆液性质以及成膜性质等。淀粉分子有直链和支链两种。一般地讲，直链淀粉具有优良的成膜性和膜强度，支链淀粉具有较好的黏结性。

淀粉是植物体中储存的养分，存在于种子和块茎中，如谷类（玉米、小麦、水稻等）、豆类（绿豆、菜豆等）、薯类（马铃薯、甘薯、木薯等）等均含有大量的淀粉，淀粉采用湿磨技术，可以从上述原料中提取纯度约为 99% 的淀粉产品。

大多数植物的天然淀粉都是由直链和支链两种淀粉以一定的比例组成（表 4 - 1），也有一些品种，其淀粉全部是由支链淀粉所组成，如糯米等。

表 4 - 1　　　　　　　　　天然淀粉中直链淀粉和支链淀粉的含量　　　　　　　　单位:%

淀粉种类	直链淀粉含量	支链淀粉含量	淀粉种类	直链淀粉含量	支链淀粉含量
玉米	26	74	大麦	22	78
蜡质玉米	<1	>99	高粱	27	73
马铃薯	20	80	甘薯	18	82
木薯	17	83	糯米	0	100
高直链玉米	50 ~ 80	20 ~ 50	豌豆（光滑）	35	65
小麦	25	75	豌豆（皱皮）	66	34
大米	19	81			

淀粉糖是以淀粉为原料，通过酸或酶的催化水解反应而生产的糖品的总称。近年来，我国淀粉糖生产发展速度很快，1996 年年产量达 60 万吨，2006 年达 500 万吨，且每年以 10% 以上的速度增长。目前，我国淀粉糖产业加工品种已发展到 24 个，如麦芽糊精、液体麦芽糖浆、果葡糖浆、低聚异麦芽糖 50 型、糊精、葡萄糖、山梨醇等。由于淀粉口感、功能上比蔗糖更能适应不同消费者的需要，并可改善食品的品质和加工性能，如低聚异麦芽糖可以增殖双歧杆菌、防龋齿，麦芽糖浆、淀粉糖浆在糖果、蜜饯制造中代替部分蔗糖可防止"返砂"，因此，淀粉糖具有很好的发展前景。

以富含淀粉的农产品原料提取淀粉的工业称为淀粉工业。富含淀粉的农产品原料主要有玉米、小麦、水稻等各种谷物，以及马铃薯、甘薯、木薯等薯类。目前淀粉工业的主要原料是玉米，还有马铃薯、木薯等薯类，其他谷物是人们食物的主要来源，用于淀粉工业的数量很小。淀粉工业生产的淀粉产品可以进一步转化成淀粉糖、变性淀粉，还可以进一步发酵生产酒精、氨基酸、有机酸、抗生素等多种转化产品。用玉米生产淀粉可将玉米进行深加工和多层次利用，是玉米综合利用的重要途径，它为玉米的利用开拓了广阔前景。

第一节 淀粉的分类、 结构与生产工艺

一、 淀粉的分类与结构

（一）淀粉的分类

淀粉在自然界中分布很广，是高等植物中常见的组分，也是碳水化合物贮藏的主要形式。淀粉的品种很多，一般按来源分为如下几类。

1. 禾谷类淀粉

这类淀粉主要来源于玉米、大米、大麦、小麦、燕麦、荞麦、高粱和黑麦等。主要存在于种子的胚乳细胞中。淀粉工业主要以玉米为主。

2. 薯类淀粉

薯类是适应性很强的高产作物，在我国以甘薯、马铃薯和木薯等为主。主要来自于植物的块茎（如马铃薯）、块根（如甘薯、木薯等）等。淀粉工业主要以木薯、马铃薯为主。

3. 豆类淀粉

这类淀粉主要来源于蚕豆、绿豆、豌豆和赤豆等，淀粉主要集中在种子的子叶中，其中直链淀粉含量高，一般作为制作粉丝的原料。

4. 其他类淀粉

植物的果实（如香蕉、芭蕉、白果等）、茎髓（如西米、豆苗、菠萝等）等也含有淀粉。

（二）淀粉的结构

淀粉是高分子碳水化合物，淀粉的基本构成单位为 D - 葡萄糖，葡萄糖脱去水分子后经由糖苷键连接在一起所形成的共价聚合物就是淀粉分子。淀粉属于多聚葡萄糖，脱水后葡萄糖单位则为 $C_6H_{12}O_6$。因此，淀粉的分子式为 $(C_6H_{10}O_6)_n$，n 为不定数。组成淀粉分子的结构单体（脱水葡萄糖单位）的数量称为聚合度，以 DP 表示：一般淀粉分子的聚合度为 800~3000。根据淀粉分子结构形式的不同，淀粉分为直链淀粉和支链淀粉两种。

1. 直链淀粉

直链淀粉是一种线形多聚物，是通过 $\alpha - D - 1,4 -$ 糖苷键连接成的链状分子，呈右手螺旋结构，每 6 个葡萄糖单位组成螺旋的一个节距，在螺旋内部只含氢原子，亲油，烃基位于螺旋外侧。

不同来源的直链淀粉差别很大。不同种类直链淀粉的聚合度差别很大，一般禾谷类直链淀粉的聚合度为 300~1200，平均为 800；薯类直链淀粉的聚合度为 1000~6000，平均为 3000。

2. 支链淀粉

支链淀粉是一种高度分支的大分子，主链上出支链，各葡萄糖单位之间以 $\alpha-1,4-$糖苷键连接构成它的主链，支链通过 $\alpha-1,6-$糖苷键与主链相连，分支点的 $\alpha-1,6-$糖苷键占总糖苷键的4%~5%。支链淀粉的相对分子质量为 $1\times10^7\sim5\times10^8$。支链淀粉的分支是成簇的并以双螺旋形式存在。

二、淀粉生产的工艺技术

（一）淀粉生产工艺原理

在淀粉原料中，除含有淀粉外，通常还含有不同数量的蛋白质、纤维素、脂肪、无机盐和其他物质。生产淀粉就是利用工艺手段除去非淀粉物质，使淀粉分离出来。因此，淀粉生产原理是利用淀粉具有不溶解于冷水、密度大于水以及与其他成分密度不同的特性而进行的物理分离过程。

（二）淀粉生产工艺流程

淀粉生产原料不同，在具体操作上略有差异，但其基本工艺（图4-1）是相同的。

原料处理→ 浸泡 → 破碎 → 分离 → 清洗 → 干燥 →成品整理

图4-1　淀粉生产工艺流程

（三）操作要点

1. 原料处理

淀粉原料中常夹有泥砂、石块和杂草等各种杂质，均需在加工前予以清除。其方法有湿处理和干处理两种：薯类原料如马铃薯、甘薯可以采用湿法处理，即用水进行洗涤；谷类和豆类通常采用风选或过筛等干法处理。

2. 原料浸泡

新鲜薯类原料含水量较高，可以不经浸泡直接用破碎机进行破碎或打成糊状。谷类和豆类原料含水量低，颗粒坚硬，必须先经浸泡，使其颗粒软化、组织结构强度降低，同时破坏蛋白质网络组织，洗涤和除去部分水溶性物质后，才能进行破碎。

（1）添加浸泡剂　为了加速淀粉释放以及溶解蛋白质，不同原料在浸泡中选择不同的浸泡剂。例如，玉米和小麦等谷物原料常采用亚硫酸水浸泡。在浸泡过程中，亚硫酸水可以通过玉米的基部及表皮进入籽粒的内部，利用二氧化硫的还原性和酸性分解性破坏蛋白质的网状组织，使包围在淀粉粒外面的蛋白质分子解聚，角质型胚乳中的蛋白质失去自己的结晶型结构，使淀粉颗粒容易从包围在外围的蛋白质间质中释放出来。在浸泡过程中亚硫酸可钝化胚芽，使之在浸泡过程中不萌发，从而避免胚芽的萌发导致的淀粉酶活化和淀粉水解，同时，利用亚硫酸的防腐作用，抑制霉菌、腐败菌及其他杂菌的生命活力，从而抑制玉米在浸泡过程中发酵，提高淀粉的质量和出品率。

（2）浸泡方法　浸泡方法可视工厂的设备和生产能力有所不同，一般有静止浸泡法、逆流浸泡法和连续浸泡法。

①静止浸泡法：是在独立的浸泡罐中完成浸泡过程，原料中的可溶性物质浸出少，达不到要求，现已被淘汰。

②逆流浸泡法：是国际上通用的方法，又叫扩散法。该工艺是把若干个浸泡桶、泵和管道串联起来，组成一个相互之间的浸泡液可以循环的浸泡罐组，进行多桶串联逆流浸泡。浸泡过程中原料留在罐内静止，用泵将浸泡液在罐内一边自身循环向前一级罐内输送，始终保持新的浸泡液与浸泡时间最长（即将结束浸泡）的原料接触，而新入罐的原料与即将排除的浸泡液接触。在这样的浸泡过程中，原料和浸泡液中可溶性物质总是保持一定的浓度差，采用这种工艺，浸泡水中的可溶性物质可被充分浸提，浓度达到7%～9%，减少了浓缩进出液时的蒸汽消耗，同时因浸泡过的原料中可溶性物质含量降低了许多，使淀粉洗涤操作变得容易。

③连续浸泡法：是从串联罐组的一个方向装入玉米，通过升液器装置使玉米从一个罐向另一个罐转移，而浸泡液则逆着玉米转移的方向流动，工艺效果很好，但工艺操作难度比较大。

3. 破碎

从淀粉原料中提取淀粉，必须经过破碎工序，其目的就是破坏淀粉原料的细胞组织，使淀粉颗粒从细胞中游离出来，以利于提取。破碎设备种类很多，常用的有刨丝机（用于鲜薯破碎）、锤片式粉碎机（粉碎粒状原料）、爪式粉碎机（用于颗粒细、潮湿、黏性大的物料）、砂盘粉碎机（可磨多种原料）等。

图4-2　薯类刨丝机示意图

破碎的方法根据原料的种类而定。薯类（如马铃薯、甘薯）等含水量高的淀粉原料，因组织柔软，可不经浸泡而直接用刨丝机（图4-2）或用锤击机进行两次破碎，第一次破碎后过筛，分开淀粉乳，将所得的筛上物再进行第二次破碎，其破碎度比第一次更大些，然后再筛去残渣，取得淀粉乳。

谷类和豆类原料，应经过浸泡软化后，才能进行粉碎。对于含有胚芽的谷类原料，经浸泡后，最好先经1～2次粗碎，形成碎块，使胚芽脱落下来，再通过胚芽分离器将胚芽分离，然后将不含胚芽的碎块用盘磨机磨成糊状，使淀粉粒能与纤维和蛋白质很好地分开。

4. 分离胚芽、纤维素和蛋白质

（1）分离胚芽　谷物原料中的玉米和高粱等带有胚芽，胚芽中含有大量的脂肪和蛋白质，而淀粉含量很少，所以在生产中，经过粗碎后，必须先分离胚芽，然后再经过磨碎；分离纤维和蛋白质。

胚芽的吸水力强，吸水量可达本身重量的60%，膨胀程度高，含脂肪多，所以，密度较轻。例如玉米胚芽，其相对密度约为1.03，而胚体相对密度为1.6。因此，可以利用两者密度的不同而进行分离。

（2）分离纤维素　淀粉原料经过分离胚芽和磨碎或直接破碎后所得到的糊状物料，除了含有大量淀粉以外，还含有纤维和蛋白质等组分。为了得到质量较高的淀粉以及良好地完成分离操作，通常是先分离纤维，然后再分离蛋白质。

分离纤维大都采用过筛的方法，所以称为筛分工序。筛分工序包括清洗胚芽、粗纤维和细纤维以及回收淀粉等操作。目前，大型淀粉厂常用的筛分设备主要是曲筛。

曲筛（图4-3）是带有120°弧形的筛面，又称120°曲筛，筛条的横截面为楔形，边角尖锐。压力曲筛是依靠压力对湿物料进行分离及分级的设备。物料用高压泵打入给料器，以0.3～0.4MPa压力从喷嘴高速喷出，喷出的料流速度达10～20m/s，并以切线方向进入筛面，被均匀地喷洒在筛面上，同时受到重力、离心力和筛条对物料的阻力作用。物料在下滑时颗粒冲击到楔形时尖锐边角被切碎，使曲筛既有分离效果又有破碎作用。在由一根筛条流向另一根筛条过程中，淀粉及大量水分通过筛缝成为筛下物，而纤维细渣从筛上沿筛面滑下成为筛上物，从而将淀粉与纤维分开。

（3）麸质分离　把蛋白质和细渣同时分离出的混合物常称之为麸质。筛分后所得的淀粉乳，除了含有大量的淀粉外，还含有蛋白质、脂肪和灰分等物质。所以此时的淀粉乳是几种物质的混合悬浮液。由于这些物质的密度不同（淀粉相对密度为1.6，蛋白质为1.2，细渣为1.3，泥砂为2.0），所以它们在悬浮液中的沉淀速度也不同。因此，利用密度不同使它们分开。其方法主要有静止沉淀法、流动沉淀法和离心分离法等。目前，淀粉厂主要采用离心分离法。静止沉淀法和流动沉淀法淀粉厂已很少采用，基本淘汰。

离心分离法是利用淀粉与蛋白质密度不同的原理进行分离，并借助离心机产生的离心力使淀粉沉降，目前国内外普遍使用碟式喷嘴型分离机（图4-4）。在机座上半部设有进料管和溢流（轻相）出口、底流（重相）出口及机盖。在机座的下半部设有洗涤水的离心泵及电动机的启动与刹车装置。质液由离心机上部进料口进入转鼓内碟片架中心处，并迅速地均匀分布碟片间，当离心机的转鼓高速旋转（3000～10000r/min）时，带动与碟片相接触的一薄层物料旋转

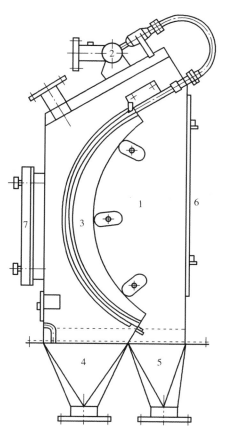

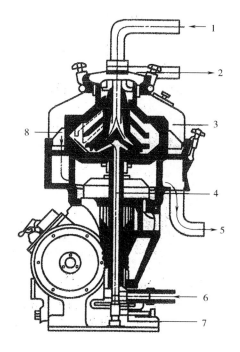

图4-4　碟式喷嘴型分离机结构示意图

1—浆料进口　2—溢流出口（轻质液流）

3—分离转鼓　4—空心轴

5—底流出口（重质物流）　6—洗涤水入口

7—洗涤水泵　8—喷嘴

图4-3　压力曲筛结构图

1—壳体　2—给料器　3—筛面　4—淀粉乳出口

5—纤维出口　6—前门　7—后门

产生很大的离心力。由于待分离物料的密度不同，密度较大的淀粉在较大离心力作用下，沿着碟片下表面滑移出沉降区，经由转鼓内壁上的喷嘴从底流出口连续排出。密度较小的以蛋白质为主的物质离心力也小，沿着碟片上行，经向心泵从溢流口排出机外，排出液中蛋白质占总干基的68%~75%。

使用离心机分离淀粉和蛋白质，一般采用二级分离，即用两台离心机连续操作，以筛分后的淀粉乳为第一级离心机的进料，第二级所得的底流（淀粉乳）为第二级离心机的进料。为了提高淀粉质量，也有采用三级或四级分离操作的。

5. 淀粉的清洗和干燥

（1）淀粉的清洗　分离去除蛋白质后的淀粉悬浮液中含有干物质的浓度为33%~35%，淀粉中仍含有少量可溶性蛋白质、大部分无机盐和微量不溶性蛋白质，为得到高质量的淀粉必须进行清洗。

淀粉乳精制常用旋液分离器、沉降式离心机和真空过滤机。在老式工艺中淀粉洗涤多采用真空过滤机进行，现已普遍使用专供淀粉洗涤用的旋液分离器。其原理与操作与胚芽分离基本相同。

在淀粉生产中，淀粉洗涤一般是由9~12级旋液分离器构成旋流器组，通过逆流方式而完成洗涤作业。

（2）淀粉的脱水与干燥

①淀粉的脱水：精制后的淀粉乳浓度为20~22°Bé，呈白色悬浮液状态，含水60%左右，需要把水分降低到40%以下，才能进行干燥处理。淀粉乳排除水分主要采用离心方法，常用设备有卧式刮刀离心机和三足式自动卸料离心机等。大型工厂多采用卧式刮刀离心机。

图4-5　卧式刮刀离心机

卧式刮刀离心机如图4-5所示，主要结构由机座、电机、转鼓、转动部件、刮刀卸料装置、进料管、洗涤滤网再生进水管等组成。离心机的转鼓为一多孔圆筒，圆筒转鼓内表面铺有滤布。工作过程为将淀粉浆从圆筒口送入高速旋转的带滤网的转鼓筒时，在离心力作用下，固相淀粉迅速沉积在转鼓上形成滤饼，而液相通过滤布、滤网、转鼓小孔甩出后，沿机壳下端切线方向的排液口排出。由于是在高速离心的作用下进行，料液在转鼓内壁面几乎分布成了中空圆柱面。采用多次加料方法（一般4~6次），随着淀粉浆的多次不断加入转鼓内固相淀粉越来越厚，然后由刮刀刮除滤饼并进行卸料，整个工作过程在全速运转下自动地按进料、脱水、卸料、进料周期循环操作，24h对滤网清洗一次。在淀粉乳质量良好及浓度为36%~37%的情况下，离心机平均工作周期为2~3min，脱水后淀粉含水38%左右。

②淀粉的干燥原理及方法：淀粉乳脱水后含36%~40%水分，这些水分被均匀分布在淀粉颗粒各部分，并在淀粉颗粒表面形成一层很薄的水分子膜，这对淀粉颗粒内部水分的保存起着

重要作用，机械脱水水分最低只能达到34%。因此，必须用干燥方法除去淀粉脱水后的剩余水分，使之降到安全水分以下。

气流干燥如图4-6所示，它是松散的湿淀粉与经过净化的热空气混合，在运动的过程中，使淀粉迅速脱水的过程。经过净化的空气被加热至120～140℃作为热的载体，这时利用热空气能够吸收被干燥的淀粉中水分的能力，在淀粉干燥过程中，热空气与被干燥介质之间进行热交换，空气的温度降低，淀粉被加热，从而使淀粉中的水分被蒸发出来。采用气流干燥法，由于湿淀粉粒在热空气中呈悬浮状态，受热时间短，仅3～5s，而且120～

图4-6　气流干燥工艺示意图

140℃的热空气温度为淀粉中的水分汽化所降低，所以淀粉既能迅速脱水，同时又保证了其天然性质不变。

干燥后淀粉水分为12%～14%，气力输送到干淀粉仓库，后由包装系统完成干燥后淀粉的包装。

第二节　玉米淀粉生产

玉米淀粉生产主要采用湿磨工艺。玉米干法加工主要靠磨碎、筛分、风选的方法，分离去除胚芽和纤维得到低脂肪的玉米粉，不能得到符合标准的纯净淀粉。玉米湿法加工是采用物理的方法将玉米籽粒的各主要成分分离出来，获取相应产品的过程。通过这一加工过程可获取5种主要成分：淀粉、胚芽、可溶性蛋白质、皮渣（纤维）、麸质（蛋白质）。因玉米所含淀粉的比例最大，一般干基含量在70%左右，所以习惯上称淀粉为主产品，而其余产品为副产品。

一、玉米淀粉生产工艺流程

从玉米籽粒中制取淀粉，总体的工艺流程应该包括如下主要工序：玉米的清理去杂，在亚硫酸溶液中浸泡玉米，破碎浸泡过的玉米籽粒，从已破碎的玉米籽粒中分离胚芽，细磨玉米糊，皮渣的筛分和洗涤，从淀粉和蛋白质的混合悬浮液中分离蛋白质，洗涤淀粉从中分离出可溶性物质，淀粉的机械脱水，淀粉的干燥。玉米淀粉制取的总体工艺流程见图4-7。

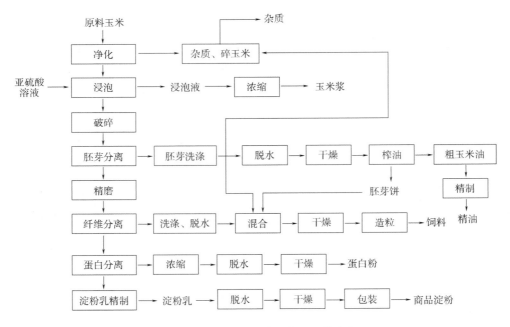

图 4-7 玉米淀粉湿磨法加工工艺流程

二、 玉米淀粉生产工艺原理与技术

（一） 玉米加工前的清理与清理后输送

玉米淀粉的生产是把玉米浸泡后进行磨碎形成淀粉乳，把淀粉乳中的成分进行分离的过程。不言而喻，进行浸泡的玉米必须是干净的，否则，不仅给后面工序带来麻烦，而且会增加淀粉产品中的灰分。所以要在浸泡之前进行清理。

在玉米籽粒中常混有穗轴碎块、瘦瘪小粒、土块、石块、其他植物种子以及金属杂质等。籽粒表面也附有灰尘。在浸泡前要把这些杂质清理出去。

清理杂质一般用通用的谷物清理振动筛，然后再经过比重去石机。

清理后的玉米送至浸泡罐进行浸泡。一般多用水力输送法，水力输送是用开式涡轮泵，玉米与水要保持 1:（2.5~3）的比例。水把玉米送至罐顶上的淌筛上之后与玉米分离，再重新回到开始输送的地方，重新输送玉米，循环使用。在这一过程中适当地把含有较多泥沙的水排掉一部分，补充新水。实际上在这一输送过程中，也起到了洗涤玉米的作用，洗掉玉米籽粒附着的灰尘。

（二） 玉米的浸泡

玉米浸泡是玉米淀粉生产的主要过程之一，因为它直接影响着成品淀粉的收率和质量。浸渍良好的玉米应该是膨胀的、柔软的，玉米可溶物在 2.5% 以内，含水量在 42% 以上，胚芽和皮层易于分开，便于后面工序的操作。

1. 浸泡基本原理

（1）亚硫酸的作用 玉米淀粉的提取是利用湿磨法，也就是先进行浸泡，然后在水的参与下进行磨碎，玉米是在一定浓度的亚硫酸水溶液中完成浸泡的。亚硫酸兼有氧化和还原的性质，利用亚硫酸浸泡具有如下作用：

①亚硫酸经过玉米的半渗透种皮进玉入米籽粒内部，使蛋白质分子解聚，角质型的胚乳的蛋白质失去了自己的结晶型结构，促进了淀粉颗粒从包围着的蛋白质中释放出来。

②把一部分不溶解状态蛋白质转变成溶解状态。

③亚硫酸可钝化胚芽，使之不萌发，因为萌发对提取淀粉是不利的。

④亚硫酸作用于种皮，增加种皮的透性，可以加速籽粒中可溶性物质向浸泡液中渗透，可溶性物质尽可能集中于浸泡液中，经浓缩后（即玉米浆）这些可溶性物质得到充分利用。

⑤亚硫酸还具有防腐作用。它能抑制霉菌、腐败菌及其他杂菌的生命活力。

（2）浸泡过程中玉米籽粒及组分的变化 玉米籽粒经过浸泡最明显的变化首先是吸水和膨胀。玉米从亚硫酸水溶液中吸收水分，使体积增大55%~65%，其中胚芽吸水膨胀率大于胚乳。在浸泡罐内的玉米体积好像并没有增大，这是因为谷粒的质量迫使涨大的籽粒重新排列，塞满了籽粒之间的原有的不规则空隙。

经过浸泡的籽粒，其中含有的物质部分地被浸出至浸泡水中来，这都是一些可溶性物质，浸泡的玉米可以使原来未浸泡过玉米中7%~10%的干物质转移到浸泡水中。其中无机盐类（灰分）可转移70%左右，可溶性糖类可转移42%，可溶性蛋白质可转移16%左右。至于淀粉、脂肪、纤维素、戊聚糖的数量大致没有什么变化。浸泡水中约有一半数量的可溶性浸出物是从胚芽中浸出的。胚芽失去近85%的矿物质和约60%的蛋白质，约为胚芽原来质量的35%。由胚乳转移到浸出液的只有13%~14%的蛋白质。

2. 浸泡工艺

（1）浸泡的方法

①间歇浸泡：一般指单罐浸泡，即加玉米、加亚硫酸、浸泡、出玉米浆、洗涤、卸料六大过程都在同一罐间歇进行，浸泡液循环也在该罐进行。单罐浸泡工艺简单，安装方便，但浸泡效果差，浸出可溶物质少，中型和大型工厂一般不采用。

②连续浸泡：指玉米和浸泡液都按逆流原理流动，有单罐连续浸泡和多罐连续浸泡。单罐连续浸泡工艺控制难度很大，稍有疏忽，就会出现问题，故大生产很少采用；另一种连续浸泡方法为多罐连续浸泡，以8台浸泡罐一组为例，玉米粒连续进入1号罐（首罐），洗水（过程水）连续加入1号罐（尾罐），新亚硫酸加至尾罐的前一罐即1号罐，每台罐的罐底装有空气升料器，前一罐的玉米和浸泡液经空气升料器送至下一罐上方的分水曲筛，分出的浸泡液按逆流方式回至前一罐浸泡玉米，如1号罐加入新亚硫酸随本罐玉米进入1号罐的分水筛，分出的浸泡液回至1号罐浸泡玉米，这样逆流至新加玉米的工号罐，再随1号罐的玉米经号罐的分水筛分出后作为稀玉米浆送出，浸泡后玉米连同新加入的过程水由1号罐底部空气升料器送去磨筛工序。据报道，按此种方式浸泡玉米，浸泡系统的生产能力可提高30%，但设备复杂，一次性投资高，还需耗用压缩空气，一般中小型工厂少有采用。

③逆流浸泡：逆流浸泡为当今世界各国淀粉工厂普遍采用的玉米浸泡方法。逆流浸泡为自身循环加倒罐循环，通常操作方法为新加完玉米的罐，将系统浓度最高的浸泡液即与玉米接触时间最长的浸泡液倒入此罐浸泡，在倒罐过程中可以采取连续倒罐的方式，各罐浸泡液均按逆流方式同时倒罐，直至浸泡液没过首罐（新加玉米罐）玉米300mm左右，可停止倒罐。此时各罐液面应基本保持一致，最后一罐即尾罐（玉米浸泡时间最长的罐）的浸泡液已基本倒空，可将新亚硫酸加入尾罐。然后各罐进行自身循环，与玉米接触时间最长的浸泡液在新加料的罐中

循环几小时后，作为稀玉米浆送出，新亚硫酸加至玉米浸泡时间最长的罐。在此罐循环一定时间后，按逆流倒入相邻的玉米浸泡时间比较长的罐中浸泡玉米，此尾罐倒空后可加入过程水洗涤玉米，然后送去磨筛工序破碎，卸完料后，此尾罐又成为系统的首罐加入新玉米，此前一罐为尾罐。这样周而复始地连续运转，始终保持系统浸泡液与玉米之间具有最大浓度差，玉米中可溶物不断扩散至浸泡液中，可达最佳抽提效果。目前各生产厂绝大多数采取此法浸泡玉米。

（2）浸泡的操作　浸泡工艺条件：浸泡最适温度为48～52℃，不能超过55℃。

浸泡亚硫酸浓度为0.2%～0.3%，浸泡时间为48～64h，浸泡时间也有采取36h的。浸泡时间与浸泡周期不同，浸泡周期包括浸泡、洗涤、破碎（卸料）加料，因此四项操作都需占用浸泡罐，若浸泡周期为64h，按加料2h、浸泡50h、洗涤4h、卸料8h进行。

3. 亚硫酸水溶液的制备

亚硫酸制备的原料为硫磺或液体SO_2，国内多数工厂采用硫磺制造亚硫酸，国外工厂及国内个别工厂也有采用液体SO_2作原料的。硫黄不溶于水，易溶于二硫化碳，如有氧气存在，硫黄燃烧形成二氧化硫。

亚硫酸的制备是玉米淀粉生产必不可少的一个工序。制取亚硫酸的方法及设备很简单。把硫磺燃烧生成二氧化硫，然后用喷淋水吸收便成为亚硫酸溶液。制备亚硫酸的装置有燃烧炉、混合室和两个吸收塔。

硫磺在燃烧炉中燃烧生成SO_2气体，为了使其燃烧完全，必须由进风口吸入适当的空气，因整个系统为负压（由塔顶抽风机或喷射装置造成），硫黄可以由加料口加入（箱式），也可熔融滴入（熔融式），刚开车时可在炉内引入明火点燃，燃烧生成的SO_2气体经分离室净化，进入冷却器降温，以免带入升华硫。冷却器间接通入冷水冷却，经冷却器后SO_2由吸收塔下部吸入，与塔顶喷入的过程水接触，形成亚硫酸。在混合室中形成的二氧化硫气体需要经过二级吸收塔，首先通过管道从底部进入第一吸收塔。吸收塔由耐腐蚀材料制成，内部有层层相间的半隔板，隔板上有7～13mm的孔。喷淋水从上面喷淋下来，通二氧化硫气体吸收于其中形成亚硫酸溶液。第一吸收塔形成的亚硫酸再送至第二吸收塔，再吸收一次二氧化硫，从第二吸收塔流出的亚硫酸浓度约为0.3%。

（三）玉米破碎与胚芽分离

1. 玉米破碎

玉米湿磨提取淀粉，就是把胚乳部分在水的参与下磨成乳浆状，然后经过筛分和分离。而磨碎要经过破碎与精磨。在粗磨之后把经过磨碎与胚乳分离的胚首先分离出来。破碎一般是经过两道磨。破碎实际上就是破瓣，它的要求是经过第一道粗磨，玉米粒被磨成8瓣左右，经过第二道粗磨之后被磨成12瓣左右。粗磨的过程除为下一工序细磨做准备之外，还有一个重要的作用，是使胚比较完整地脱离下来。玉米粒上的胚比一般谷物的都大，含脂肪、蛋白质量高，吸水能力也比胚乳大。

玉米破碎设备的种类较多，目前采用的打击式破碎机（凸齿磨）是湿法玉米淀粉生产的通用粗破碎设备，其结构如图4-8所示。破碎机的工作原理：浸泡好的玉米连同水一起从进料斗进入破碎室，落到转子螺帽上的拨料片上，在离心力的作用下被抛向破碎室中的凸齿间，经过转动凸齿与固定凸齿的多次打击，玉米被破碎，在离心力和水流带动下从出料口排出。

进入破碎机的物料应含有一定数量的固体和液体，固液相之比约为1:3。如果物料含液体过多，则通过磨碎机很快，磨碎效果差，降低生产效率。反之，如液体含量少，物料稠度增高，

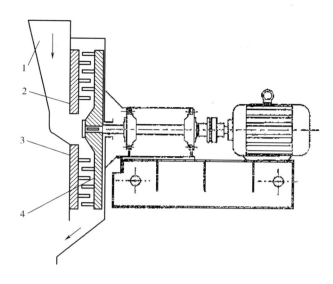

图4-8 凸齿磨结构

1—进料口 2—固定接料盘 3—凸齿 4—转动接料盘

降低通过磨碎机的速度，导致胚乳过分粉碎乃至胚芽也遭到破碎。

2. 胚芽分离

玉米破碎后，几乎全部胚芽都与胚乳分离而呈游离状态，但是胚芽还混合在皮渣、胚乳块、淀粉乳组成的磨下物中。要想把胚芽从混合物中提取出来，需要经过两个步骤：第一步，将胚芽与皮渣、胚乳块等大颗粒物料分离开来。分离的原理是胚芽的密度比其他组分的小，利用离心分离设备或气浮槽分离，但是所获得的胚芽是悬浮在淀粉乳中的。第二步，将胚芽与淀粉乳分离。分离的原理是淀粉乳由淀粉颗粒、鼓质颗粒和水溶性均质组成，胚芽粒度要比它们大得多，利用筛分的方法予以分离。

经过两道磨磨碎之后的物料，就成为粗淀粉乳，进入"粗混"贮罐。从粗混贮罐中将粗淀粉乳提升上来，使之通过胚芽分离用的旋流分离器。胚芽分离器如图4-9所示。

一般要先后连续通过2~4个旋流分离器才能比较彻底地把粗淀粉乳里的胚芽分离出来。

从胚芽旋流分离器溢流出来的胚芽游离在淀粉乳中，要使胚芽与淀粉乳分离开来，需要进行湿法筛分，并用水清洗夹带在胚芽中的游离淀粉，以上操作是在重力曲筛上完成的。重力曲筛结构和筛分原理如图4-10所示。筛面由截面为楔形或梯形的不锈钢条并排组成，梯形或楔形截面的

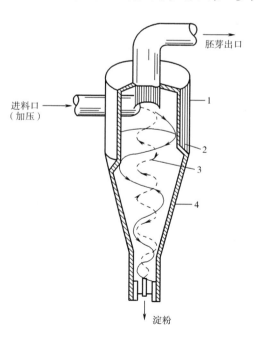

图4-9 分离玉米胚芽的旋流分离器

1—圆柱体 2—重的粒子
3—轻的粒子 4—圆锥体

筛条保证筛孔不堵塞。在外力作用下，物料沿筛面切线方向进入筛面，并向下滑动，由于筛面为弧形，所以物料沿筛里面运动时产生离心力，在离心力作用下微小的颗粒或浆料穿过筛缝，成为筛下物，较大的物料被截留在筛面上，并沿筛面下滑到粗粒卸料口。

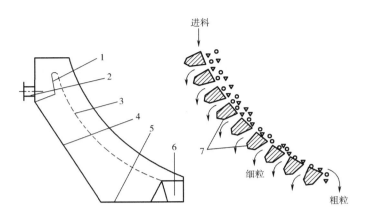

图4-10　重力曲筛结构和筛分原理分离

1—溢流挡板　2—进料口　3—筛面　4—机壳　5—细粒浆料接料斗　6—粗物料接料斗　7—楔形筛条

在磨碎过程中要时刻注意水与物料的比例。实际上玉米淀粉生产用的是湿磨法，在整个工艺流程中若干地方都有这样的问题。为此，在有关环节测定淀粉悬浮液的浓度都是控制合理的水与物料的比例参数的一个手段。而有的环节还要测定稠度（g/L，以干物质计）。例如，在第二次破碎后，淀粉乳悬浮液的浓度为12%～15%，产品稠度约为280g/L。经胚芽分离后的浆料中胚芽含量不应超过0.5%。同理，在洗涤胚芽时用水量多当然能很好地洗掉污着在胚芽上的淀粉。但用量过大就会使下一道工序中的水的含量高，稀释了淀粉悬浮液，也就影响了继续进入旋液分离器中的胚芽分离效果。若用水不足，则胚芽洗涤不好，会损失一部分淀粉。在胚芽中游离淀粉的允许量为1.5%，结合淀粉的允许量为5%～8%。分离出的胚芽进入胚芽利用的程序。

（四）精磨与纤维分离

1. 精磨

把胚分离出去以后，就要把胚乳碎块进一步磨碎，以便与皮层连接的淀粉得到释放，与蛋白质相连接的淀粉颗粒得到释放。现在这道工序使用冲击磨，国内也叫针磨。物料进入后，借助旋转的针棒状齿的冲打力，把它撞碎。因为这样可以既有利于淀粉的释放，又可不使皮层磨得过碎而容易筛分出去。进入磨碎的浆料应具有30～35℃的温度，稠度为120～220g/L（420～500g/L湿沉淀物），含游离淀粉不超过10%。经磨碎之后浆料中粗渣滓和细渣滓的比例不低于2.5：1。

精磨的主要设备有砂盘磨、锤碎机、冲击磨等。目前常用冲击磨，分立式和卧式两类。冲击磨的主要工作部件是一对上下放置的圆盘。放置在下部的旋转圆盘叫动盘，在动盘的不同圆周上安装有圆柱形的动针；放置在上部的机盖叫静盘，上面有与动针在圆周上相交错位的圆柱形定针。动盘由电机带动高速旋转，物料主要受高速冲击作用而粉碎。冲击磨在全速运转后，物料分左右两侧进入高速旋转的动盘中心，由于物料受到离心力作用，在动、定针间反复受到猛烈冲击而被粉碎，淀粉最大限度地被释放；纤维因有较强的韧性不易破碎，形成大片的渣皮，而不是细糊状的渣皮，利于筛洗游离淀粉。图 4 - 11 所示的是一种卧式冲击磨的主要结构。

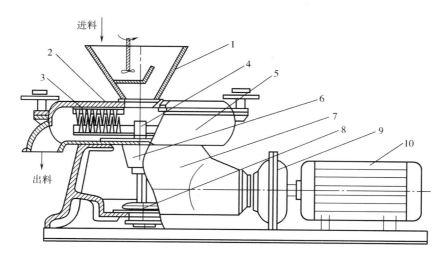

图 4 - 11　DCML163 型卧式冲击磨结构

1—供料器　2—上盖　3—定针压盘　4—转子　5—机体　6—上轴承座

7—机座　8—底轴承座　9—液力耦合器　10—电机

要想获得好的精磨效果，就必须保证进磨前物料中的游离淀粉被筛净，并做到均匀进料；物料中铁质会对磨齿造成严重损害，应及时去除。研究表明，浸泡效果对精磨质量有直接影响，所以对浸泡工序必须精心操作，使玉米籽粒中各成分能有效地加以分离。

2. 分离与洗涤纤维

经过精磨后的悬浮液，其中含有淀粉、蛋白质、皮层被磨碎后的大小碎屑即粗渣和细渣。这个悬浮液首先要经过筛分把粗渣和细渣分离出去。这道工序是在分离筛上进行的。玉米淀粉生产主要使用压力曲筛对浆料的纤维进行分离洗涤。

压力曲筛是一种依靠压力对低黏度湿物料进行液体和固形物分离及分级的高效筛分设备，结构与重力曲筛相近，由壳体、给料器、筛网、淀粉乳接收器、纤维皮渣接收漏斗组成（图 4 - 12）。

曲筛是带有 120°弧形的筛面，筛条的横截面为楔形，边角尖锐。运行时，湿物料用高压泵打入进料箱，物料以 0.3 ~ 0.4MPa 的压力从喷嘴高速喷出，在 10 ~ 20m/s 的速率下从切线方向引向有一定弧度的凹形筛面，高的喷射速率使浆料在筛面上受到重力、离心力及筛条对物料的阻力（切向力）的作用。在多种作用力的作用下，物料与筛缝成直角流过筛面，楔形筛条的锋利刃口对物料产生切割作

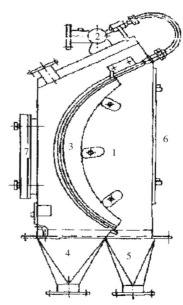

图 4 - 12　压力曲筛的结构

1—壳体　2—给料器　3—筛网
4—淀粉乳接收器　5—纤维皮渣
接收漏斗　6—前门　7—后门

用，使曲筛既有分离效果，又有破碎作用。在料浆下面，物料撞在筛条的锋利刃上，被切分并通过长形筛孔流入筛箱，筛上物继续沿筛面下流时被滤去水分，从筛面下端排出。进料中的淀粉及大量水分通过筛缝成为筛下物，而纤维细渣则从筛面的末端流出成为筛上物。淀粉颗粒与棱条接触时，其重心在棱的下面，从而落向下方成为筛下物；纤维细渣与棱条接触时，其重心在棱的上面，从而留在上方成为筛上物。

一般采用 1~2 级精磨，5~7 级逆流洗涤工艺。图 4-13 为 1 级精磨 6 级逆流洗涤工艺流程，该工艺具有淀粉得率高、洗涤效果好的特点。

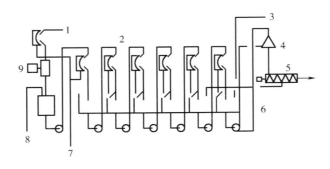

图 4-13　精磨及纤维洗涤流程

1—来自胚芽分离系统　2—压力曲筛　3—工艺水　4—离心筛　5—纤维去干燥
6—纤维挤压脱水机　7—到麸质分离　8—来自中浓系统　9—冲击磨

从脱胚系统送来的物料，主要成分为淀粉、蛋白质和纤维。物料首先通过一道 50μm 筛缝的压力曲筛，将已游离出的淀粉和蛋白质分离出来，筛上物料进入精磨进行细破碎，经过精磨的打击作用将颗粒状的胚乳完全破碎，并将皮层上黏附的胚乳全部打下来，使皮层纤维含淀粉量极少。磨下物料用泵送到筛洗系统。第一道筛采用 50μm 筛缝，分离出稀淀粉乳，以后各道筛采用 75μm 筛缝，对纤维进行洗涤。洗涤水采用工艺水，从最后一道加入，纤维与洗涤水逆流而行，经过洗涤的纤维经螺旋挤压机脱水后送往纤维饲料工序。纤维洗涤槽是有助于纤维洗涤的重要设备，在水流的搅动冲击下，更有利于洗净纤维。这种逆流筛选工艺可节约洗涤水，并可最大限度地提取淀粉乳，使纤维、皮渣带走的淀粉降至最低限度。

在分离洗涤纤维的过程中，浆液温度应保持在 45~55℃，SO_2 浓度保持在 0.05%，pH 保持在 4.3~4.5。保持一定浓度的 SO_2，以抑制悬浮液中微生物活动。从第一道曲筛得到的筛下物淀粉乳液应含有 10%~14% 的干物质，纤维细渣的含量不应大于 0.1%，从最后一道曲筛排出的筛上物皮渣中，游离淀粉不应超过 4.5%，皮渣中结合淀粉的含量则取决于玉米的浸泡程度和浆料精磨时的磨碎程度。

纤维经逆流洗涤后，含有较高的水分，在进入脱水系统之前纤维含水量为 95%，经离心机脱水和挤压机脱水后，水分可降至 60%~65%，然后由管束干燥机干燥到水分降至 13% 以下，得干纤维（干渣皮）。

（五）麸质分离与淀粉洗涤

1. 麸质分离

因为在上述乳浆中除淀粉外还含有蛋白质和细渣，把蛋白质和细渣同时分离出来的混合物常被称为麸质，它并不是纯蛋白质，其中蛋白质含量占 60% 左右。乳浆液的 pH 为 3.8~4.2，干物质含量为 10%～13%。其中各种物质的物理性状也不同。如粒子大小的组成为：淀粉颗粒为 5～30μm，渣滓不到 60μm，麸质 1～2μm，但当麸质的微粒在沉淀时相互粘在一起，形成 100～170μm 大小的聚积物。它们的密度也不同，这构成了选择离心机进行离心的条件。离心分离现多采用碟片式离心分离机。

碟片式离心分离机由壳体和壳体内部的转鼓组成。转鼓由一组许多片像碟子形状的不锈钢的片状体叠在一起组成，不过这些碟片是倒扣在一起穿在转轴上的。碟片与碟片之间有 0.5～1mm 的空隙，留有薄层的空间。各碟片上都有 10 多个小孔，各碟片上的小孔位置相对，只是每一个碟片都稍向上窜一点点，碟片叠起之后从上往下看就形成一个个斜洞。在壳体上有入料口、溢流口（密度较少的分离物排出口）、底流口（密度较大的分离物排出口），最下部位还有一个顶水入口。整套的碟片随转轴一起转动。乳浆液从顶部进料管口进入，在转动过程中分布在各碟片之间。然后，借离心力的作用淀粉粒子先是附着在碟片的内表面，而切向力则使这些粒子向转碟的外圆周运动。此时从底部上来顶水，顶水通过几个小喷嘴喷出有一定压力的水，冲到转鼓外圆周上的淀粉上，形成淀粉乳，从底流口排出。密度较小的麸质被从上部溢流口排出。碟片式离心机工作原理如图 4-14 所示。

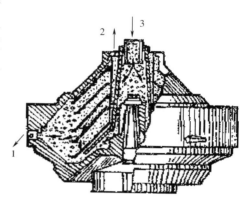

图 4-14 碟片式离心机工作原理
1—浓缩的淀粉悬浮液　2—麸质悬浮液
3—淀粉-蛋白质悬浮液

2. 淀粉洗涤

麸质分离后，淀粉乳中还残留 0.2%～0.3% 的水溶性蛋白质、无机盐、酸、可溶性糖等可溶性物质，以及少量麸质、细纤维渣、细沙等不溶性物质。淀粉洗涤的目的就是把这些杂质去除，得到纯度符合标准的淀粉产品。

将麸质分离和淀粉洗涤工序组合起来，完成粗淀粉的精制，是湿法提取玉米淀粉的最后一道工序，经过此流程可以获得质量达到国家标准的淀粉乳，淀粉中蛋白质含量（干基）小于 0.3%，其中水溶性蛋白质含量不超过 0.02%。

根据使用设备的不同，麸质分离与淀粉洗涤的工艺流程有两种形式，即全分离机流程和分离机加旋流器流程。

（六）淀粉脱水与干燥

淀粉脱水与干燥主要通过离心脱水和气流干燥两道工序。

1. 离心脱水

从离心分离机上分离出来的淀粉乳，进入贮罐，然后用泵送至干燥单元，首先进入刮刀离心机。所谓刮刀离心机，便是淀粉乳进入旋转的离心机内膛，在离心作用下，水分从内膛上装置的网壁上甩出，导回进入粗淀粉乳贮罐，淀粉挂在内膛壁上积累到一定厚度之后，被设置的刮刀刮下。

2. 气流干燥

刮下后的湿淀粉含水分 37%～40%，并不很疏散，通过一个小绞笼，进入一个比较简单的疏散器，把它拨碎，然后进入扬升器，用扬升器的风力向上吹入直立的干燥管道，与此同时在附近设置有空气加热器，将被加热的空气抽入管道与湿淀粉混合通过管道，管道顶部形成一个半圆形的回转弯，回转过来后下面便接有旋风分离器，在这里已干燥的淀粉便逐渐下沉，下沉后送至包装车间。

国内的玉米淀粉厂基本上是采用这种形式的干燥体系。在这个体系中扬升器比较容易出现故障，因为湿淀粉与热空气从中通过，容易引起变形。近年来，有的已经改用负压法提升淀粉进入管道，即把吸风机设在干燥管道的中间部位，向上吹风，下边形成负压，借负压力把淀粉及热空气抽上来再吹上去，这就改善了机械的工作条件，干燥的工艺过程如图 4 – 15 所示。

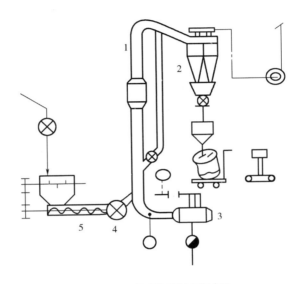

图 4 – 15　淀粉干燥工艺过程

1—干燥管道　2—旋风分离器　3—空气加热器　4—扬升器　5—进料绞笼

第三节　马铃薯淀粉生产

在我国，马铃薯是列于小麦、水稻、玉米之后的第四大类作物。马铃薯在植物学上是属于植物的块茎，是植物加粗和缩短的地下茎。马铃薯含有较多的水分，但其干物质中淀粉是主体，其次是纤维素、糖、含氮物质、脂肪、矿物质（灰分）、有机酸等。马铃薯可当作蔬菜食用，还可制成淀粉。制成淀粉后，还可加工成粉丝（粉条）。

一、　马铃薯原料及淀粉生产工艺

（一）马铃薯原料的化学成分

马铃薯块茎中的化学成分，因品种不同差异很大。除品种外，土壤气候条件、栽培技术、贮藏条件及贮藏时间不同等也有很大的差异。各种物质含量及变动范围如表 4 – 2 所示。

表4－2	马铃薯块茎中化学成分	
成分	成分含量/%（以原料计）	
	最小值	最大值
水分	63.2	86.9
干物质	13.91	36.8
其中：淀粉	8.0	29.4
纤维素	0.2	3.5
糖	0.1	8.0
含氮物质（粗蛋白质）	0.7	4.6
脂肪	0.04	1.0
矿物质（灰分）	0.4	1.9
有机酸	0.1	1.0

马铃薯含有物质的状态对于确定其用途具有决定性的意义。马铃薯淀粉的生产受季节性影响。马铃薯于夏、秋收获之后先需预藏，上冻时便入窖贮藏。它的贮藏形态属于果蔬贮藏类型。在寒冷地区为了防冻，冬季多贮藏于地下窖中。在气候较温暖的地区也可以进行堆藏。

（二）马铃薯淀粉加工工艺

马铃薯淀粉加工的基本原理是在水的参与下，借助淀粉不溶于冷水以及在相对密度上同其他化学成分有一定差异的基础上，用物理方法进行分离，在一定机械设备中使淀粉、薯渣及可溶性物质相互分开，获得马铃薯淀粉。工业淀粉允许含存少量的蛋白质、纤维素和矿物质等，如果需要高纯度淀粉，必须进一步精制处理。

马铃薯淀粉生产的主要任务是尽可能地打破大量的马铃薯块茎的细胞壁，从释放出来的淀粉颗粒中清除可溶性及不溶性的杂质。马铃薯淀粉提取工艺由下列工序组成：原料的清洗、马铃薯的磨碎、细胞液的分离、从浆料中洗涤淀粉、细胞液水的分离、淀粉乳的精制、细渣的洗涤、淀粉的洗涤、淀粉的干燥等。马铃薯淀粉加工的工艺流程如图4－16所示。

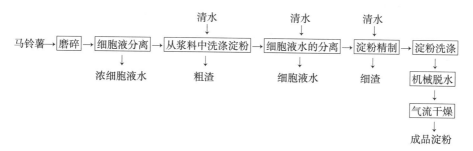

图4－16　马铃薯淀粉提取工艺流程

二、 马铃薯淀粉生产操作要点

（一）原料预处理

大型的淀粉生产企业，由于加料量大，可采用水力将原料从贮仓向生产车间输送。水力输送的方式是通过沟槽。连接仓库和加工车间的沟槽应具有一定的坡度。在始端连续供水，水流携带马铃薯一起流动到生产车间的洗涤工段。在水力输送的过程中，马铃薯表面的部分污泥被洗掉，输送的沟槽越长，马铃薯洗涤得越充分。在水力输送过程中可洗除部分杂质，彻底的清洗是在清洗机中进行，以洗净附着在马铃薯表面的污染物。

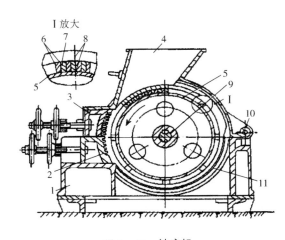

图 4 - 17　锉磨机

1—机壳　2、3—压紧装置　4—进料斗　5—转鼓
6—齿条　7—楔块　8—楔　9—轴
10—铰链　11—筛网

（二）破碎及细胞液分离

1. 破碎

马铃薯磨碎的目的在于尽可能地使块茎的细胞破裂，并从中释放出淀粉颗粒。目前常用的破碎设备有锉磨机、粉碎机锉磨机的结构见图 4 - 17。

2. 细胞分离

磨碎后，从马铃薯细胞中释放出来的细胞液是溶于水的蛋白质、氨基酸、微量元素、维生素及其他物质的混合物。天然的细胞液中含干物质 4.5% ~ 7%。应将这部分细胞液进行分离。粉碎后立即分离细胞液有两点好处，一是可降低以后各工序中泡沫形成，有利于重复使用工艺过程水，提高生产用水的利用率，降低废水的污染程度；二是防止细胞液的物质遇氧在酶作用下变色，影响淀粉质量。分离细胞液是通过离心机进行的，在分离时应尽量减少淀粉的损失。分离出的浓细胞液可作为副产品加以利用。为了便于浆料的输送，分离出细胞液的含淀粉的浆料，可用净水或工艺水按 1∶（1 ~ 2）的比例加以稀释，送至下道工序。

（三）纤维的分离与洗涤

马铃薯块茎经破碎后，所得到的淀粉浆，除含有大量的淀粉以外，还含有纤维和蛋白质等组分，这些物质不除去，会影响成品质量，通常是先分离纤维，然后再分离蛋白质。把以淀粉为主的淀粉乳和以纤维为主的粉渣分离开的方法常采用筛分设备进行，包括平面往复筛、六角筛（转动筛）、高频惯性振动筛、离心筛和曲筛等，较大的淀粉加工厂主要使用离心筛和曲筛。筛分工序包括筛分粗纤维、细纤维、回收淀粉。

（四）淀粉乳的洗涤

经过精制的淀粉乳中淀粉的干物质纯度可达 97% ~ 98%，但还有 2% ~ 3% 的杂质，主要是细沙、纤维及少量的可溶性物质，有必要再进行清洗。除沙和洗涤淀粉可采用不同类型的旋液分离器进行。

（五）淀粉乳的脱水与干燥

马铃薯淀粉的脱水和干燥，和玉米淀粉的干燥相似，采用机械脱水和气流干燥工艺。

第四节　变性淀粉生产

在淀粉家族中天然淀粉的种类有限，作为食品辅料及其他应用时不能尽如人意。而变性淀粉是根据加工食品和其他应用的特殊要求制成的新型辅料。它能满足某些食品加工以及其他应用的工艺要求，克服天然淀粉所存在的缺点，达到理想的预期效果。变性淀粉是近几年新发展起来的产品，广泛应用于造纸、纺织、食品、饲料、医药、日化、石油等工业，使用量最大的是造纸、食品和纺织品等行业，前景良好。

天然淀粉颗粒在冷水中不溶解，在热水中糊化。糊化后，可产生黏性、凝沉、透明性、老化等许多特性。这些特性在食品、纺织、造纸、医药、化工各领域都有它独特的用途。这些特性可以用化学的、物理的方法使它们按需要加以变换。像这样使天然淀粉在性质上发生改变的行为就称为变性或改性淀粉。

一、　淀粉变性的目的

淀粉变性的目的主要是改善原淀粉的加工性能和营养价值，一般可从以下几个方面考虑。

（一）改善蒸煮特性

通过变性改变原淀粉的蒸煮特性，降低淀粉的糊化温度，提高其增稠及质构调整的能力。

（二）延缓老化

采用稳定化技术，在淀粉分子上引入取代基团，通过空间位阻或离子作用，阻碍淀粉分子间以氢键形成的缩合，提高其稳定性，从而延缓老化。

（三）增加淀粉糊的稳定性

高温杀菌、机械搅拌、泵送原料、酸性环境都容易造成原淀粉分子分解或剪切稀化现象，使淀粉糊度下降，失去增稠、稳定及质构调整作用。在冷冻食品中应用时，温度波动容易使淀粉糊析水，从而导致产品品质下降。要保证淀粉在上述条件下能正常应用，则需对淀粉进行交联变性或稳定化处理，提高其稳定性。

（四）改善糊及凝胶的透明性及光泽

淀粉在一些凝胶类及奶油类食品中应用时，要求其具有良好的凝胶透明性及光泽，一般可通过对淀粉进行醋化或醚化处理。典型的例子就是羟乙基淀粉。羟乙基淀粉作为水果馅饼的馅料效果非常好，因为其透明度高，从而使得产品具有较好的视觉吸引力。

（五）引入疏水基团，提高乳化性

构成淀粉分子的葡萄糖单体具有较多的羟基，具有一定的水合能力，可结合一定量的自由水。但其对疏水性物质没有亲和力，通过在其分子中引入疏水基团来实现，如在分子上引入丁二酸酐，使其具有亲水性、亲油性，从而具有一定的乳化能力。

（六）提高淀粉的营养特性

淀粉本身具有营养性，是食品中主要的供能物质之一。但其具有较高的热量，对于一些特定人群，如糖尿病人、肥胖患者及高脂血症患者等，则不适合大量长期作为主食。这样可通过对淀粉进行物理或酶改性制备低能量的改性淀粉制品（抗性淀粉、缓慢消化淀粉等），以满足上述人群的营养需求，同时对健康人群也具有良好的保健功能。

二、 变性淀粉的分类

按照改性的技术方法及改性后淀粉的变化情况，淀粉的改性可分为物理改性、化学改性、酶改性及复合改性4类。

（一） 物理改性

物理改性是通过加热、挤压、辐射等物理方法使淀粉微晶结构和理化性质发生变化的，而生成工业所需要功能性质的淀粉改性技术。通过物理改性技术生产的淀粉有预糊化淀粉、微细化淀粉、辐射处理淀粉及颗粒态冷水可溶淀粉等。

（二） 化学改性

化学改性是将原淀粉经过化学试剂处理，发生结构变化而改变其性质，达到应用的要求。总体上可把化学改性淀粉分为两大类，一类是改性后淀粉的分子质量降低，如酸解淀粉、氧化淀粉等；另一类是改性后淀粉的分子质量增加，如交联淀粉、酯化淀粉、羧甲基淀粉及轻烷基淀粉等。

（三） 酶改性

酶改性是通过酶作用改变淀粉的颗粒特性、链长分布及糊的性质等特性，进而满足工业应用需要的改性技术。通过酶改性技术生产的淀粉有抗性淀粉、缓慢消化淀粉及多孔淀粉等。

（四） 复合改性

复合改性是指将淀粉采用两种或两种以上的方法进行处理。可以是多次化学改性处理制备复合改性淀粉，如氧化－交联淀粉、交联－酯化淀粉等；也可以是物理改性与化学改性相结合制备改性淀粉，如醚化－预糊化淀粉等。采用复合改性得到的改性淀粉具有多种改性淀粉各自的优点。

三、 变性淀粉的加工工艺

变性淀粉生产的方法主要有湿法、干法、滚筒干燥法和挤压法等几种，其中最主要的生产方法还是湿法。下面分别介绍主要加工方法的工艺流程。

（一） 湿法加工工艺

湿法也称浆法，即将淀粉分散在水或其他液体介质中，配成一定浓度的悬浮液，在一定的温度条件下与化学试剂进行氧化、酸化、酯化、醚化、交联等反应，生成变性淀粉。如果采用的分散介质不是水，而是有机溶剂，或含水的混合溶剂时，为了区别水又称为溶剂法。大多数变性淀粉都可采用湿法加工。

1. 工艺流程

一定浓度的淀粉乳送入反应罐后，按工艺要求调整 pH、温度和加入化学试剂，达到要求的取代度后终止反应，然后洗涤、脱水、干燥，经过筛分后成品打包。变性淀粉湿法加工工艺流程如图 4－18 所示。

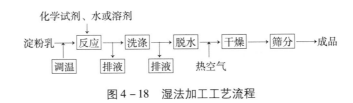

图 4 – 18　湿法加工工艺流程

2. 操作要点

（1）淀粉乳　湿法生产变性淀粉，其原淀粉可以是由淀粉生产装置直接用管道送来的精制淀粉乳，也可以是商品淀粉。但不论是使用淀粉乳还是干淀粉，在投料前都要经过计量，计算出绝干淀粉的投放量。淀粉乳用波美计测量浓度，并测量淀粉乳的体积，计算出淀粉量。干淀粉的计量则用秤称量或以袋计量，并按化验单计算淀粉中的绝干淀粉量。

（2）反应　反应是变性淀粉生产最关键的工序。在搅拌的条件下把淀粉乳加入反应器，同时进行升温，调整 pH，并按生产品种要求按顺序加入一定量的各种化学品，用仪器分析测试反应终点并终止反应。原料、浓度、物料配比、反应温度、时间、搅拌等因素会不同程度地影响反应的进行，影响最终产品质量的稳定性和应用性能的重复性。

反应罐是湿法生产工艺的主要设备，其容积和台数由生产量而定。反应罐由罐体搅拌装置、调温装置、监测装置、排气装置等部分组成。反应罐设有夹套，所以采用夹套加热和冷却。变性反应多为放热反应，待反应进行时，为转移反应热，则采用冷水冷却，以保证反应温度不变。

（3）洗涤　反应结束后，变性淀粉中含有未反应的化学品和反应副产物，这些杂质的存在会影响产品质量，因此要通过洗涤把杂质除掉。大型厂常采用淀粉洗涤旋流器进行逆流洗涤，与淀粉洗涤的设备相同，洗涤级数只要三级或四级。

洗涤系统主要由调浆罐、分离机、旋流器、离心机等设备组成，可根据不同的要求进行组配。

（4）脱水　洗涤以后的变性淀粉乳的浓度为 34%～38%，需要先脱水再干燥。脱水是使用离心式过滤机来完成的，与原淀粉生产使用的设备相同。但变性淀粉滤饼的含水量通常在 40% 左右，比用同样条件脱水的原淀粉含水量要高，这是由变性后的淀粉的吸水性和颗粒性质所决定的。采用真空过滤机或带式压滤机对变性淀粉脱水比较合适，脱水的同时还可以对滤饼进行洗涤，省去了专门的洗涤设备。过滤后的滤液中尚含有 5%～8% 的变性淀粉，可送去澄清系统提浓后回收变性淀粉。

脱水系统由离心机、压滤机、精乳罐、回收液罐等设备组成。

（5）干燥　与原淀粉相比，离心脱水以后的湿变性淀粉中含水量较高，干燥也比较困难，处理量下降。变性淀粉干燥用气流干燥机与原淀粉生产用的相同。采用溶剂生产变性淀粉时，为保证溶剂的回收，降低成本；要采用真空干燥机。干燥根据不同的工艺及产品类型，可采用气流干燥机、流化床干燥机或真空干燥机等进行。

（6）筛分　变性淀粉需要具有一定的细度和粒度分布，一般要求 100 目筛的通过率达到 99.5% 以上。干燥后的物料绝大部分是均匀的淀粉，送入成品筛进行筛理，筛下物为合格的产品，进行成品打包。筛上物为大粒度或块状不合格产品，经粉碎后返回筛分。

（二）干法生产工艺流程

干法指淀粉在含少量水（通常在 20% 左右）或少量有机溶剂的情况下与化学试剂发生反应

生成变性淀粉的一种生产方法。干法反应体系由于含水量少，所以干法生产中一个最大的困难是淀粉与化学试剂的均匀混合问题，工业上除采用专门的混合设备以外，还采用在湿的状态下混合，在干的状态下反应，分两步完成变性淀粉的加工。干法加工的品种不如湿法加工的品种多，但干法加工工艺简单、收率高、无污染，是一种很有发展前途的加工方法。

1. 工艺流程

干法加工工艺流程见图 4 - 19。

原淀粉→混合→预干燥→反应→冷却→加湿→筛分→成品

图 4 - 19　干法加工工艺流程

2. 操作要点

（1）淀粉和化学品的准备　袋装或贮罐中的淀粉用气力输送或手工操作送到计量桶中计量；化学试剂预先按一定比例在带有搅拌装置的桶中溶解，并被引射至高通混合器中，于是化学试剂被逐步地分散在淀粉中，继而直接进入干法反应器。

（2）淀粉的变性　淀粉借重力或输送器进入反应器，反应器可以是真空状态，壳体和搅拌器均为传热体，从而使得热载体和产品之间的温度差为最小。若要降低淀粉黏度也可以加入气体盐酸来进行酸化分解。一旦达到降解黏度，热载体就被冷却。淀粉也随之冷却后倾出。

（3）产品冷却、增湿、混合和包装。

四、　几种主要的变性淀粉

（一）氧化淀粉

可使淀粉氧化的氧化剂有次氯酸钠、氯、高碘酸、过氧化氢、铬酸、高锰酸钾等。现在常用的是次氯酸钠。

在制备较高黏度的氧化淀粉时，可选用有效氯浓度 0.9% 、pH8、温度 38℃ 、时间 4h 的工艺条件。在制备较低黏度的氧化淀粉时，可选用有效氯浓度 1.8% 、pH10、温度为 38℃ 、时间为 2~4h 的工艺条件。

具体方法是，用原淀粉乳浓度 40% ，用 3% 的稀 NaOH 调节 pH 至 8~10，在不断搅拌下缓缓添加次氯酸钠，在反应过程中因为有酸性物生成，pH 会降低，需补加稀碱液以保持 pH 的稳定。这个反应是要放热的，需要进行冷却，使温度保持在 20~35℃，反应约 2h，取样测定达到氧化程度（一般测量黏度）。然后用稀酸中和至 pH 为 6.0~6.5，再加亚硫酸钠除去剩余的氧化剂，再用水清洗，过滤。然后干燥含水量至 6%~12% 即可。

氧化淀粉糊液的黏度降低，而透明度、渗透性以及成膜性能均随之提高，糊液不易老化，白度增加。

氧化淀粉用途很广。首先在造纸工业上，将它用于纸和纸板表面上胶，封闭微孔，检系表面松散纤维，改善表面强度，强化印刷上去的油墨的保持力。在纺织工业中可用作棉纱、

人造丝的上浆和精加工用糊。因其成膜性好，可作糕点的保鲜剂，在食品工业上是比较理想的增稠剂。可代替琼脂来制造胶冻、软糖之类的食品。

（二）淀粉磷酸单酯

淀粉磷酸单醋，即一酯型磷酸淀粉。一酯型磷酸淀粉的生产有干式法和湿式法。干式法就

是将淀粉悬浮于含有溶解磷酸盐的水中，将此混合物搅拌 10～30min，并过滤。将滤饼进行空气干燥，或在 40～45℃ 干燥至含水量为 5%～10%，然后进行热反应。

一酯型磷酸淀粉的湿式法生产，是往淀粉的中性水悬浮液中添加磷酸水杨酯，在 40℃ 反应 6h 便可获得含 0.11 结合磷的产品。

一酯型磷酸淀粉是取代度越高糊化越容易，从取代度 0.05 起就能在冷水中胀润了。其糊液透明，表现出高分子电解质所特有的高黏度和结构黏性。最有用的性质是耐老化性，即使是取代度为 0.01 的加热糊化型产品也很难老化，不凝胶，耐冻结解冻的能力很强。因为它是电解质，所以也有乳化和保护胶体的性能。它还有高透明度。

淀粉磷酸单酯在食品领域可作为水包植物油乳剂中良好的乳化剂。因其冻融稳定性又有增黏作用，所以可用于冰淇淋、果酱。它还可以代替植物胶（如制造乳化香精中的阿拉伯胶）在食品中应用。不老化的特性，使其加入面包中有保鲜作用。

在造纸、纺织工业上也广为应用。因其与造纸工业中使用的耐水化试剂的反应性能良好；故常用于耐水性铜版纸的制造中。

（三）交联淀粉

应用具有两个以上官能基团的化学试剂与相邻淀粉分子中至少两个羟基起反应，生成的化学键将不同的淀粉分子交叉联结起来，用这种方法制成的淀粉称为交联淀粉。例如，甲醛（HCHO）的醛基，能与淀粉的羟基起反应，失去一个分子的水，经由亚甲基（—CH$_2$—）将淀粉分子交叉地联结起来。

制造方法是将淀粉原料加水调制成 40% 浓度的浆液，调节 pH 至 2.5～2.7，充分搅拌 15mm 后，测定 pH，如有差别，再加酸调节，按浆的浓度和容积准确计算出绝干淀粉的质量。同时按无水甲醛占绝干淀粉重的 0.25%～0.3% 的比例，计算所需的无水甲醛量，再换成工业甲醛的加入量（按含无水甲醛 40% 计），加后搅拌 30min，然后用离心机脱水，脱水后的湿淀粉（水分为 38%～40%）用转筒干燥机干燥，在干燥过程中完成交联反应。干燥机的蒸汽压保持在 0.18～0.22MPa，热风进口温度为 120～125℃，出口温度为 50～60℃，干燥时间为 20min，产品水分控制在 12%～13%。

交联淀粉具有一定程度的抗热性和耐酸性，黏度在常温下稳定。在需要一种高黏度而又稳定的淀粉糊，特别是当这种分散系要经受高温、剪切或者低 pH 时，就要使用交联淀粉。

（四）酸改性淀粉

用硫酸或盐酸等无机酸处理淀粉，在室温至 55℃ 温度下连续搅拌数小时，待达到预期的黏度就用 Na$_2$CO$_3$ 中和，使反应终止，然后水洗，脱水干燥即为酸改性淀粉的产品。在美国常用碱流动度来表示，即用 1% 的苛性钠溶液来配制 5% 浓度的样品溶液，用此溶液在一定时间内从漏斗里流下的量来表示。漏斗孔眼的大小规定为在同样的时间内（40～70s）可流下 100mL 25℃ 的水。

酸改性淀粉具有较低的热糊黏度、较强的凝胶力，是一种良好的亲水性胶体，胶体微粉在热水中溶散并互相吸引，互相交织形成紧密的网状结构，富有弹性和韧性。在食品中用作凝胶剂生产淀粉软糖和果冻等。

（五）羧甲基淀粉

羧甲基淀粉（Carboxymethyistarch，CMS）是淀粉在碱性条件下与一氯乙酸或其钠盐进行醚化反应生成的一种阴离子淀粉醚。羧甲基淀粉的制备是利用淀粉分子葡萄糖残基上 C_2、C_3 和 C_6 上的羟基所具有的醚化反应能力，与 $CH_2ClCOOH$ 在 $NaOH$ 存在的碱性环境中发生双分子亲核取代反应。

在制备羧甲基淀粉的过程中，根据不同的媒介，可将制备方法分为水媒法、干法、溶媒法。水媒法是以水作为反应介质，淀粉以悬浮颗粒的状态与醚化剂反应。溶媒法是以低碳有机溶剂（甲醇、乙醇、异丙醇、正丁醇、仲丁醇、叔丁醇、丙酮和环己烷等）作为反应介质，淀粉保持颗粒状态分散并与碱及氯乙酸的反应，反应结束后，经中和、过滤、洗涤和干燥，可得到具有原淀粉形状、色泽的产品，适于制备取代度不同的羧甲基淀粉系列产品。

干法（半干法）是指在生产过程中不用水或仅用少量的水，而将淀粉、固体氢氧化钠、一氯乙酸按比例投入干粉混合器，加热制备羧甲基淀粉的方法。

干法工艺设备投资小，操作方便，产品质量较好，适应面较宽，近年来发展较快。

在三种制备方法中，水媒法因羧甲基淀粉随取代度增加而溶于水的特点，决定了只适合生产取代度≤0.1 的产品；干法工艺生产无污染，反应效率≥90%，反应时间短，生产成本较低，但反应不均匀，副产物难以除去，故生产高品质羧甲基淀粉较为困难；溶媒法工艺流程相对复杂且需要消耗溶剂，但反应均匀，取代度较高，产品质量较好，适合生产高品质羧甲基淀粉。

羧甲基淀粉用于蒸汽灭菌的罐头食品中，能使罐头食品开始时黏度低，传热快，增温迅速，利于瞬时灭菌和灭菌后增稠，以赋予其悬浮性和组织结构的化学性能。用于冰淇淋中，它比海藻酸钠、羧甲基淀粉等其他增稠剂具有更好的稳定性，改善了制品的均一性，冰粒小、组织细腻和可口性好，增加冰制品酥脆性。用于果茶中，口感好，产品性能稳定，透明度好。用于果汁、奶或乳饮料中，可以保持产品的均匀稳定，防止乳蛋白的凝聚，并可长期贮存而不变质。用于肉汁及肉制品中，可改善口感，提高水贮量，增加弹性。作为食品保鲜剂，能保持食品的鲜嫩，延长货架期。羧甲基淀粉作为食品的乳化剂、稳定剂、增稠剂、悬浮剂及保水剂，可显著提高食品品质及风味。

第五节　淀粉糖生产

以淀粉为原料，通过水解反应生产的糖品，总称为淀粉糖。淀粉糖种类可分为葡萄糖、果葡糖、淀粉糖浆及麦芽糖（含饴糖）等产品。其中葡萄糖是淀粉经酸或酶完全水解产物，葡萄糖占干物质的 95%~97%，及少量因水解不完全而剩下的低聚糖将葡萄糖液流经固定化葡萄糖异构酶柱，使其中葡萄糖一部分发生异构化反应转变成果糖，成为果糖和葡萄糖的混合糖浆，即果葡糖浆，果糖有占干物质量的 42%、55% 与 90% 三种产品；淀粉糖浆是在生产葡萄糖过程中，使其水解反应控制在一定程度停止而制得的糖浆产品，其糖分组成为葡萄糖、麦芽糖、低聚糖及糊精等混合体；而麦芽糖是淀粉经 β - 淀粉酶水解生产的糖品，是饴糖的主要成分，其糖分组成主要是麦芽糖、糊精和低聚糖。

淀粉糖甜味纯正、柔和，具有一定的保湿性和防腐性，又利于胃肠吸收，所以世界上广泛用于食品工业和医疗保健品。与其他淀粉糖相比，玉米淀粉糖具有成本低、副产品多、效益高等优点。

一、 淀粉糖品的种类

工业上生产的淀粉糖产品主要有下列几种。

（一）结晶葡萄糖

用酶法水解淀粉所得的葡萄糖液含葡萄糖95%~97%，经精制、浓缩、冷却结晶得含水α-葡萄糖（$C_6H_{12}O_6 \cdot H_2O$），蒸发结晶则得无水葡萄糖。如更高浓度、温度蒸发结晶得无水β-葡萄糖，但现在工业上很少生产。

（二）全糖

酶法水解淀粉所得葡萄糖液纯度高，甜味纯正，能省去结晶工序直接喷雾成颗粒状产品，称为"全糖"，其主要组成葡萄糖，还有少量低聚糖等。也能冷却浓糖浆成块状，切削成粉末产品。这类产品纯度虽不及结晶葡萄糖，但适于若干种食品加工和其他工业应用。

（三）转化糖浆

采用酸法、酸酶法和全酶法使淀粉的水解反应能控制、停止在一定的程度，所得水解液包括葡萄糖、麦芽糖、低聚糖和糊精等。不同酶法工艺几乎能随意变更这些糖品的组成，使之具有特定要求的功能糖品。这是一类重要的淀粉制糖产品，种类多，一般浓缩到80%~83%，放置不会结晶。也可经干燥得脱水糖浆。

淀粉水解在工业上常称为"转化"，产品根据转化程度分类，转化程度用葡萄糖值（Dextroseequivalent，UE）表示，即产品的还原性完全当作葡萄糖计算，为占干物质百分率。工业上生产历史最久、产量最大的一类产品DE42，为中等转化产品，又称为普通糖浆或标准糖浆。酸法制造的DE42糖浆的糖分组成为葡萄糖19%、麦芽糖14%、麦芽三糖11%，其余为低聚糖、糊精等。另一类酸、酶法生产的DE60~70高转化糖浆含葡萄糖和麦芽糖各为35%和40%。糖浆的糖分组成主要为葡萄糖和麦芽糖，故可被称为葡麦糖浆。国外习惯称为Glucose Syrup，即葡萄糖浆，含义欠明确。淀粉高度转化所得水解液含葡萄糖达95%以上，称为葡萄糖浆是适当的。

（四）麦芽糖浆

麦芽糖浆又称饴糖浆，为生产历史最为悠久的淀粉糖品。其主要糖分组成为麦芽糖40%~50%。更高麦芽糖含量的产品称为高麦芽糖浆。麦芽糖含量达90%以上的产品称为超高麦芽糖浆。结晶麦芽糖也有生产。

（五）果葡糖浆

酶法水解淀粉所得葡萄糖液含葡萄糖95%以上，经用异构酶将42%的葡萄糖转变成果糖，得这两种糖的混合糖浆称为果葡糖浆。又经色谱分离技术将这类产品中的果糖和葡萄糖分离得果糖液含果糖90%以上，再与适量的果糖含量为42%的产品混合，生产果糖含量为55%和90%的两种产品。工业生产的3种果葡糖浆分别称为F-42、F-55和F-90。

（六）麦芽糊精

淀粉水解程度低的产品，在DE20或以下称为麦芽糊精，一般喷雾干燥成粉末状。因其含葡萄糖和麦芽糖很少，微甜或不甜。

（七）低聚糖

低聚糖一般由 2 ~ 10 个分子单糖组成，具有糖类某些共同的特性，可直接代替蔗糖，作为甜食配料。某些功能性低聚糖具有促使人体双歧杆菌增殖，不被人体胃酸、胃酶降解，不在小肠吸收，直接到达大肠等特殊生理功能。

（八）糖醇

糖醇是指六碳糖、戊碳糖及四碳糖或其多聚物加氢后生成的一类氢化产品。目前在我国已形成产业的糖醇产品主要有山梨醇、甘露醇、木糖醇、麦芽糖醇、赤藓糖醇以及各种淀粉糖醇等。

二、淀粉糖品的性质

不同淀粉糖品具有不同甜度和其他功能性质。

（一）甜味

糖品的甜味还受若干因素影响。甜味的高低称为甜度，为神经感受，没有科学仪器和标准用来比较不同糖品的甜度。蔗糖为普遍应用的糖品，乃被选用为标准，将蔗糖的甜度设为 100，由评味的人们在一定条件下尝试，比较不同糖品的相对甜度。低转化程度（DE20 以下）的产品无甜味或有微弱甜味。果葡糖浆的甜度随异构转化率的增高而增高。

（二）溶解度

各种糖品在水中的溶解度不相同，果糖最高，其次是蔗糖、葡萄糖。葡萄糖的溶解度较低，在室温下葡萄糖溶液浓度约为 50%，浓度过高则葡萄糖将结晶析出。

（三）结晶性质

蔗糖易于结晶，晶体能长得很大；葡萄糖也相当易于结晶，但晶体细小；果糖难结晶；葡麦糖浆是葡萄糖、低聚糖和糊精的混合物，不能结晶，并能防止蔗糖结晶。这种结晶性质的差别与应用有紧密关系。

（四）吸潮性和保潮性

吸潮性是指在较高空气湿度的情况下吸收水分的性质。保潮性是指在较高湿度下吸收水分和在较低湿度下散失水分的性质。不同种类食品对于糖品吸潮性和保潮性的要求不同。例如，硬糖果需要吸潮性低，避免遇潮湿大气吸收水分导致溶化，所以用蔗糖和低或中转化糖浆为宜。转化糖和果葡糖浆均含有吸潮性强的果糖，不宜使用。但软糖果则需要保持一定的水分，以避免在干燥天气时变化，应用高转化糖浆和果葡糖浆为宜。面包、糕点类食品也要保持松软，应用高转化糖浆和果葡糖浆为宜。果糖的吸潮性是各种糖品中最高的。

（五）渗透压力

较高浓度的糖液能抑制许多种微生物的生长，这是由于糖液的渗透压力使微生物菌体内的水分被吸走，生长受到抑制。单糖的渗透压力高于二糖的 2 倍，因为在相同浓度下，单糖分子数量等于二糖的 2 倍。葡萄糖和果糖都是单糖，比蔗糖具有较高的渗透压力和食品保藏效果。

（六）黏度

葡萄糖和果糖的黏度较蔗糖低。葡麦糖浆的黏度较高，应用于多种食品中，可利用其黏度，提高产品的稠度和可口性。例如，水果罐头、果汁饮料和食用糖浆中应用葡麦糖浆以提高其稠度。雪糕类冷冻食品中应用葡麦糖浆，特别是低转化糖浆，以提高其黏稠性，使其更为可口。葡麦糖浆的黏度随转化程度增高而降低。

（七）化学稳定性

葡萄糖、果糖和葡麦糖浆都具有还原性，在中性和碱性情况下化学稳定性低，受热易分解生成有色物质，也易与蛋白质类含氮物质起焦化反应产生棕黄色焦糖，具有特殊的风味，所以这种反应又称为"焦化"。蔗糖不具还原性，在中性和微弱碱性情况下化学稳定性高，但在 pH 9 以上受热易分解成有色物质。蔗糖也不易与含氮物质起反应而产生有色物质。食品一般是偏酸的，淀粉糖品在酸性情况下稳定。葡萄糖在 pH 3 最稳定，果糖在 pH 3 最稳定。

三、　淀粉糖制备理论

淀粉在酸或淀粉酶的催化作用下发生水解反应，其水解最终产物随所用的催化剂种类而异，在酸作用下，淀粉水解的最终产物是葡萄糖，在淀粉酶作用，随酶的种类不同而产物各异。

（一）淀粉的酸法水解

1. 酸水解反应

淀粉乳加入稀酸后加热，经糊化、溶解，进而葡萄糖苷链裂解，形成各种聚合度的糖类混合溶液。在稀溶液的情况下，最终全部变成葡萄糖。此间，酸仅起催化作用。淀粉的酸水解反应可由化学式简示于下：

$$(C_6H_{10}O_5)_\alpha + nH_2O \longrightarrow nC_6H_{12}O_6$$

随着水解反应的进行，由于一些具有还原性的成分如葡萄糖、麦芽糖、低聚糖量的增加，使糖化液的还原性增加，生产上常测定糖化液的还原糖含量，并用葡萄糖值即 DE 值（糖化液中还原性糖全部当作葡萄糖计算，占干物质的百分率称葡萄糖值）表示淀粉水解程度。

2. 影响酸水解的因素

（1）酸的种类和浓度　由于各种酸的电离常数不同，虽当量相当，但浓度不同，因而水解能力不同。若以盐酸的水解力为 100，则硫酸为 50.35，草酸为 20.42，亚硫酸为 4.82，醋酸为 6.8，因此淀粉糖工业常用盐酸或硫酸来水解淀粉。同一种酸，浓度增大，能增进水解作用，但两者之间并不表现为等比例关系，因此，酸的浓度就不宜过大，否则会引起不良后果。如使用盐酸水解，用碳酸钠中和，生成氯化钠溶于糖液中，若生成多量的氯化钠就会增加灰分和咸味，盐酸对设备又有较强的腐蚀作用，所以生产上常控制糖化液 pH 1.5～2.5 为宜。工业上也考虑到酸的种类设备的腐蚀、糖化液的中和、脱色等有关系，以使用草酸为好，但成本高。

（2）淀粉乳浓度　在淀粉酸水解过程中，除前述水解反应外，还有两个副反应，即葡萄糖的复合反应和分解反应。

为了提高水解糖的质量和收得率，一般对淀粉糖浆调配淀粉乳浓度控制在 22～24°Bé，结晶葡萄糖则调整为 12～14°Bé。因淀粉乳浓度越高，水解糖液中葡萄糖浓度越大，葡萄糖的复合反应就越强烈，生成龙胆二糖（苦味）和其他低聚糖也多，影响制品品质，降低葡萄糖收得率。但淀粉乳浓度若太低，水解糖液中葡萄糖浓度也过低，会降低设备利用率，蒸发浓缩能耗大。

（3）温度、压力、时间　温度、压力与时间的增加均能增进水解作用，但过高温度、压力或过长时间，也会引起不良后果。生产上对淀粉糖浆一般控制在 2.8 ~ 3.0atm[①]（温度为 142 ~ 145℃），时间为 8 ~ 9min；结晶葡萄糖则采用 2.5 ~ 3.5atm，温度为 138 ~ 147℃，时间为 16 ~ 35min（2.5atm 为 30 ~ 35min，3.0atm 为 20min，3.5atm 为 16 ~ 18min）。

（二）淀粉的酶法水解作用机理

酶解法是用专一性很强的淀粉酶（即糖化酶）将淀粉水解成相应的糖。在葡萄糖及淀粉糖浆生产时应用 α - 淀粉酶与糖化酶（葡萄糖苷酶）的协同作用，前者将高分子的淀粉割断为短链糊精，后者便迅速地、更多机会地把短链糊精水解成葡萄糖。同理，生产饴糖时，则用淀粉酶与淀粉酶配合，α - 淀粉酶转变的短链糊精被 β - 淀粉酶水解成麦芽糖。

1. α - 淀粉酶的作用

α - 淀粉酶（淀粉 1,4 - 糊精酶）可迅速割断淀粉长链中的 1,4 - 糖苷键，生成短链糊精或少量麦芽糖，遇碘液不呈色，黏度迅速下降，即所谓液化，所以又称为糊精化酶或液化酶。

α - 淀粉酶作用于淀粉链是任意的，不规则的，它不论淀粉有多大的分子，也不管淀粉链的长短，都有切断能力，但葡萄糖苷链越短，其切断也越慢，其产糖能力不及黏度下降那样迅速，因此最终产物中有少量葡萄糖及麦芽糖，但它切不断支链淀粉的分支点；而残留界限糊精。α - 淀粉酶较耐热，70℃仍稳定（高温 α - 淀粉酶可耐 105℃），在底物中有 Ca^{2+} 存在，起保护作用下，可增强其耐热力至 90℃以上，因此最适液化温度为 85 ~ 90℃，但它对酸敏感，pH2.0、0℃处理 15min 便失活，pH6.2 ~ 6.4 为最适宜。

2. β - 淀粉酶的作用

β - 淀粉酶能从淀粉分子链的非还原性末端基顺次将它分解为两个葡萄糖基，同时发生沃尔登转化作用，最终产物是 β - 麦芽糖。它能将直链淀粉全部分解；但遇到支链淀粉的分支点处不能作用，即不能分解分支点内部的键，仍残留下界限糊精。同时它对相当长的支链一直切断到 30 个葡萄糖基以下是很费工夫的，所以 β - 淀粉酶在糖化时，碘液颜色消失得缓慢。

β - 淀粉酶以大麦芽及麸皮中含量最丰富。大麦芽中含 β - 淀粉酶 2300 ~ 2900U/g，麸皮中含量为 2400 ~ 2970 单位/g，故大麦芽或麸皮用作饴糖生产时的糖化剂。

β - 淀粉酶作用的最适 pH 为 5.0 ~ 5.4，最适温度为 60℃左右。

3. 糖化酶的作用

糖化酶（Glucoamylase，葡萄糖淀粉酶）能从淀粉 α - 1,4 结构的非还原性末端开始一个一个地分解下来，生成葡萄糖，对支链淀粉的分支点也能接近于完全分解程度，仅速度较低，同时具有麦糖酶的作用，广泛作为葡萄糖生产用糖化剂。主要存在于曲霉中，如 AS.3.4309 黑曲霉液体培养酶活力可达 8000U/mL。糖化酶作用最适 pH 为 4.0 ~ 4.8，最适温度为 55 ~ 60℃。

淀粉酶法水解制糖，不须在高温（高压）中 pH 下进行，作用温和，无副反应，糖化液色泽浅，糖化结束后不需中和，糖化液中无机盐含量低，纯度高，且不腐蚀设备，是淀粉制糖广泛应用方法。

四、淀粉糖浆加工工艺

淀粉糖浆是淀粉经不完全水解的产品，为无色、透明、黏稠的液体，贮存性质稳定，无结晶析出。糖浆的糖分组成主要是葡萄糖、低聚糖、糊精等。各种糖分组成比例因水解程度和采

---

① 1atm = 0.101325MPa。

用糖化工艺而不同，产品种类多，具有不同的物理和化学性质，符合不同应用的需要。在酸作用下，淀粉水解的最终产物是葡萄糖；在淀粉酶作用下，随酶菌种类不同产物各异。一般都采用酸法工艺。

（一）工艺流程

淀粉→ 调粉 → 糖化 → 中和 → 脱色 → 浓缩 →糖浆

（二）操作要点

1. 调粉

在调粉桶内先加部分水（可使用离交或滤机洗水），在搅拌情况下加入淀粉原料，投料完毕，继续加水使淀粉乳达到规定浓度（40%），然后加入盐酸调节至规定 pH。

2. 糖化

调好的淀粉乳，用耐酸泵送入糖化罐，进料完毕打开蒸气阀升压力至 0.28MPa 左右，保持该压力 3~5min。取样，用 20% 碘液检查糖化终点。糖化液遇碘呈酱红色即可放料中和。

3. 中和

糖化液转入中和桶进行中和，开始搅拌时加入定量废炭作助滤剂，逐步加入 10% 碳酸钠溶液中和，要掌握混合均匀，达到所需的 pH 后，打开出料阀，用泵将糖液送入过滤机。滤出的清糖液随即送至冷却塔，冷却后糖液进行脱色。

4. 脱色

清糖液放入脱色桶内，加入定量活性炭随加随拌，脱色搅拌时间不得少于 5min（指糖液放满桶后），然后再送至过滤机，滤出清液盛放在贮桶内备用。

5. 离子交换

将第一次脱色滤清液送至离子交换滤床进行脱盐、提纯及脱色。糖液通过阳-阴-阳-阴 4 个树脂滤床后，在贮糖桶内调整 pH 至 3.8~4.2。

6. 第一次蒸发

离子交换后，准确调好值的糖液，利用泵送至蒸发罐，保持真空度在 66kPa 以上，加热蒸气压力不得超过 0.1MPa，控制蒸发浓缩的中转化糖浆浓度在 42%~50%。可出料进行第二次脱色。

7. 二次脱色过滤

经第一次蒸发后的中转化糖浆送至脱色桶，再加入定量新鲜活性炭，操作与第一次脱色相同。二次脱色糖浆必须反复回流过滤至无活性炭微粒为止，方可保证质量。然后将清透、无色的中转化糖浆，送至贮糖桶。

8. 第二次蒸发

该道操作基本上与第一次蒸发操作相同，只是第二次蒸发开始后，加入适量亚硫酸氢钠溶液（35°Bé），能起到漂白而保护色泽的作用。蒸发至规定的浓度，即可放料至成品桶内。

五、 麦芽糊精加工工艺

麦芽糊精的加工有酸法、酶法和酸酶结合法 3 种。酸法工艺产品，DP1~6 在水解液中所占的比例低，含有一部分分子链较长的糊精，易发生浑浊和凝结，产品溶解性能不好，透明度低，过滤困难，工业上生产一般已不采用此法。酶法工艺产品，DP1~6 在水解液中所占的比例高，产品透明度好，溶解性强，室温储存不变浑浊，是当前主要的使用方法。酶法生产麦芽糊精还原糖值在5%~20%，当生产还原糖值在15%~20%的麦芽糊精时，也可采用酸酶结合法，先用酸转化淀粉到还原糖值为5%~15%，再用α-淀粉酶转化到还原糖值为10%~20%，产品特性与酶法相似，但灰分较酶法稍高。下面以大米（碎米）为原料介绍酶法生产工艺。

（一）工艺流程

原料（碎米）→ 浸泡清洗 → 磨浆 → 调浆 → 喷射液化 → 过滤除渣 → 脱色 → 真空浓缩 →

喷雾干燥 →成品

（二）操作要点

1. 原料预处理

以碎大米为原料，用水浸泡1~2h，水温45℃以下、用砂盘淀粉磨湿法磨粉，粉浆细度应80%达60目。磨后所得粉浆，调浆至浓度为20~23°Bé，此时糖化液中固形物含量不低于28%。

2. 喷射液化

采用耐高温淀粉酶，用量为10~20U/g，米粉浆质量分数为30%~35%，pH在6.2左右。一次喷射入口温度控制在105℃，并于层流罐中保温30min。而二次喷射出口温度控制在130~135℃，液化最终还原糖值控制在10%~20%。

3. 喷雾干燥

由于麦芽糊精产品一般以固体粉末形式应用，因此必须具备较好的溶解性，通常采用喷雾干燥的方式进行干燥。其主要参数为：进料质量分数40%~50%，进料温度60~80℃，进风温度130~160℃，出风温度70~80℃，产品水分≤5%。

（三）麦芽糊精的应用

麦芽糊精是食品生产的基础原料之一，它在固体饮料、糖果、果脯蜜饯、饼干、啤酒、婴儿食品、运动员饮料及水果保鲜中均有应用。麦芽糊精另一个比较重要的应用领域是医药工业。

通常在采用喷雾干燥工艺生产干调味品（如香料油粉末）时，麦芽糊精可作为风味助剂进行风味包裹，可以防止干燥中风味散失以及产生氧化，并延长货架期，贮存和使用更方便；利用麦芽糊精遇水生成凝胶的口感与脂肪相似，可作为脂肪替代品；在糖果生产中，利用麦芽糊精代替蔗糖制糖果，可降低糖果甜度，改变口感，改善组织结构，增加糖果的韧性，防止糖果"返砂"；在食品和医药工业中，利用麦芽糊精具有较高的溶解度和一定的黏合度，可作为片剂或冲剂药品的赋形剂、填充剂以及饮料、方便食品的填充剂。

六、 麦芽糖浆 （饴糖） 加工

生产麦芽糖浆是利用α-淀粉酶与β-淀粉酶相配合，首先α-淀粉酶水解淀粉分子中的α-1,4-糖苷键，将淀粉任意切断成为长短不一的短链糊精及少量的低分子糖类，然后β-淀粉酶逐步从短链糊精分子的非还原性末端切开α-1,4-糖苷键，生成麦芽糖。工业上生产的麦芽糖浆产品种类很多，含麦芽糖量差别也大，但对产品分类尚没有一个明确的统一标准，一般分类法是把麦芽糖浆分为普通麦芽糖浆、高麦芽糖浆和超高麦芽糖浆。三种麦芽糖浆的组成情况见表4-3。

表 4 - 3　　　　　　　　　　　　麦芽糖浆的主要成分　　　　　　　　　　　　单位:%

类别	还原糖值	葡萄糖	麦芽糖	麦芽三糖	其他
普通麦芽糖浆	35～50	<10	40～60	10～20	30～40
高麦芽糖浆	35～50	<3	45～70	15～35	—
超高麦芽糖浆	45～60	1.5～2	70～85	8～21	—

（一）普通麦芽糖浆加工

普通麦芽糖浆系指饴糖浆。这是一种传统的糖品，为降低生产成本一般不用淀粉为原料，而是直接使用大米、玉米和甘薯粉作原料。现分别介绍以大米和玉米粉为原料的饴糖加工技术。

1. 大米饴糖加工

（1）工艺流程

大米→ 清洗 → 浸渍 → 磨浆 → 液化 → 冷却 → 糖化 → 加热 → 过滤 → 浓缩 →成品

（2）操作要点

①原料处理：以碎大米为原料，用水浸泡、湿法磨粉，粉浆细度应80%达60目。磨后所得粉浆，调浆至浓度为20～23°Bé，此时糖化液中固形物含量不低于28%。

②液化：液化有四种方法，即升温法、间歇法、连续法和喷射法。升温法是将粉浆置于液化罐中，添加α-淀粉酶，在搅拌下喷入蒸汽升温至85℃，直至碘反应呈粉红色时，加热至100℃以终止酶反应，冷却至室温。为防止酶失活，常添加0.1%～0.3%的氯化钙。如果用耐热性α-淀粉酶可在90℃液化，免加氯化钙。升温液化法因在升温糊化过程中物料黏度上升，导致搅拌不均匀，物料受热不一致，液化不完全，为此常用间歇液化法。即在液化罐中先加一部分水，由底部喷入蒸汽加热到90℃，再在搅拌下连续注入已添加α-淀粉酶和氯化钙的粉浆，同时保持温度为90℃，粉浆注满后停止进料，反应完成后，加热到100℃终止反应。

连续液化法开始时与间歇法相同，当粉浆注满液化罐后，90℃保温20min，再从底部喷蒸汽升温到97℃以上，在搅拌和加热作用下，分别从顶部进料和底部出料，保持液面不变。操作中液体罐内上部物料温度为90～92℃，下部物料温度为98～100℃，粉浆在罐中滞留时间只有2min，即可达到完全的糊化和液化。

喷射液化法是用喷射器进行糖浆的液化和糊化，适用于耐热性α-淀粉酶使用，设备体积小，操作连续化，液化完全，蛋白质易于凝聚，容易过滤，已在淀粉糖行业中推广使用。

③糖化：糖浆液化后由泵注入糖化罐冷却至62℃左右，添加1%～4%麦芽浆，60℃保温搅拌2～4h，可使还原糖值从15%升至40%左右，随后升温至75℃，保持30min，然后升温至90℃保持20min，使酶完全失活。此时麦芽糖生成量在40%～50%。增加麦芽用量或延长糖化时间可增加麦芽糖生成量，但由于β-淀粉酶不能水解支链淀粉α-1,6-糖苷键缘故，其麦芽糖生成量最高不超过65%。

④过滤与浓缩：用板框压滤机趁热过滤，滤清的糖液应立即浓缩，以防由微生物繁殖等引起的酸败，糖液浓缩一般采用常压和真空蒸发相结合的方法进行。先在敞口蒸发器中浓缩到一定程度，然后在真空度不低于80kPa蒸发浓缩到固形物含量为75%～80%。

板框压滤机参见图4-20所示，其工作原理是待过滤的料液通过输料泵在一定的压力下，从后顶板的进料孔进入到各个滤室，通过滤布，固体物被截留在滤室中，并逐步形成滤饼；液体则通过板框上的出水孔排出机外。

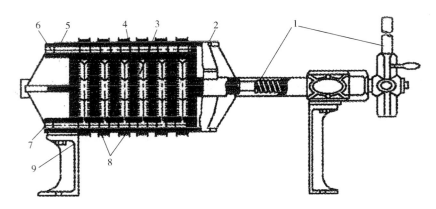

图 4-20　卧式板框压滤机结构

1—压紧装置　2—压紧板　3—滤框　4—滤板　5—止推板
6—滤液出口　7—滤浆进口　8—滤布　9—支架

板框压滤机的排水可分为明流和暗流两种形式。滤液通过板框两侧的出水孔直接排出机外的为明流式，明流的好处在于可以观测每一块滤板的出液情况，通过排出滤液的透明度直接发现问题；若滤液通过板框和后顶板的暗流孔排出的形式称为暗流。

2. 玉米饴糖加工

（1）工艺流程

水、氯化钙、α-淀粉酶
↓
玉米粉→ 调浆 → 液化 → 冷却 → 糖化 → 过滤 → 真空浓缩 →成品

（2）操作要点

①调浆：先把水放入调料罐，在搅拌状态下以玉米粉和水质量比 1:1.25 加入玉米粉，然后加入已溶解好的 0.3% 的氯化钙，按投料数准确加入 10U/g 的 α-淀粉酶，充分搅拌后利用位差压力流入液化罐。

②液化：调制好的浆料进入液化罐后，调节温度至 92~94℃，pH 控制在 6.2~6.4，保持 20min，然后打开上部进料阀门和底部出料阀门进行连续液化操作，液化的一般蒸汽压力在 0.2MPa 以下，1000kg 料液约需 90min，所得液化液用碘色反应为棕黄色，还原糖值在 15%~20%。

③冷却、糖化：液化液泵入糖化罐，开动搅拌器，从冷却管里通入自来水冷却，温度下降到 62℃时加入已粉碎好的大麦芽，按液化液的质量加入量为 1.5%~2.0%，搅拌均匀后 60℃糖化 3h，还原糖值达 38%~40%。

④过滤和浓缩：糖化液在搅拌状态下使温度升到 80℃终止糖化，用过滤机过滤，在过滤液中加入 2% 活性炭，再次通过过滤机过滤。利用盘管加热式真空浓缩器将糖液浓缩到规定浓度。

（二）高麦芽糖浆加工

高麦芽糖浆是在普通麦芽糖浆的基础上，经除杂、脱色、离子交换和减压浓缩而成。精制过的糖浆，其蛋白质和灰分含量大大降低，溶液清亮，糖浆熬煮温度远高于饴糖，麦芽糖含量一般在 50% 以上。

生产高麦芽糖浆要求液化液还原糖值低一些为好，酸法液化还原糖值应在 18% 以上，酶法液化还原糖值只要在 12% 左右就可以满足要求。虽然生产高麦芽糖浆一般来说不必在液化结束后杀灭残留的 α-淀粉酶，而可以直接进入糖化阶段，但如果工艺中要求葡萄糖含量尽量低；则最好要使液化液经过灭酶阶段。在葡萄糖生产中通常采用高温 α-淀粉酶一次液化法，但在高麦芽糖浆生产中，两次加酶法可以克服过滤困难的问题。

1. 高麦芽糖浆的加工

将糖化液升温压滤，用盐酸调节 pH 至 4.8，加 0.5%~1.0% 糖用活性炭，加热至 80℃，搅拌 30min 后压滤，如脱色效果不好，则需进行二次脱色。脱色后的糖液送入离子交换柱以去除残留的蛋白质、氨基酸、有色物质和灰分。离子交换柱可按阳-阴-阳-阴串联。离子交换处理后的糖液在真空浓缩罐中，用真空度 80kPa 以下条件浓缩固形物浓度达 76%~85% 即为成品；用真菌 α-淀粉酶生产高麦芽糖浆，一般不必杀死液化液带入的残余的 α-淀粉酶活力，糖化结束时，除了常规的活性炭脱色和离子交换精制外，也不必专门采取灭酶措施。这样生产的高麦芽糖浆又称为改良高麦芽糖浆，其组成中麦芽糖占 50%~60%、麦芽三糖约 20%、葡萄糖 2%~7% 以及其他的低聚糖与糊精等。

2. 高麦芽糖浆加工工艺实例

干物浓度为 30%~40% 淀粉乳，在 pH6.5 时加细菌 α-淀粉酶，85℃ 液化 1h，使还原糖值达 10%~20%，将 pH 调节到 5.5，加真菌 α-淀粉酶 0.4kg/t，60℃ 糖化 24h，可得到其中含麦芽糖 55%、麦芽三糖 19%、葡萄糖 3.8% 的生成物，过滤后经活性炭脱色，真空浓缩成制品。如糖化时与脱支酶同用，则麦芽糖生成量可超过 65%。

（三）超高麦芽糖浆加工

麦芽糖含量高达 75%~85% 以上的麦芽糖浆称为超高麦芽糖浆，其中麦芽糖含量超过 90% 者也称作液体麦芽糖。生产超高麦芽糖浆的要求是获得最高的麦芽糖含量和很低的葡萄糖含量。单用真菌 α-淀粉酶不能达到此目的，必须同时使用 β-淀粉酶和脱支酶，β-淀粉酶的用量也应提高到高麦芽糖浆用量的 2~3 倍。糖化底物的低还原糖值和低浓度都有助于提高终产物中麦芽糖含量。一般都是利用耐热性 α-淀粉酶在 90~105℃ 高温喷射液化，还原糖值控制在 5%~10%，甚至在 5% 以下，但还原糖值过低，会使液化不完全，影响后续工作的糖化速度及精制过滤。如果还原糖值偏高，会降低麦芽糖生成，提高葡萄糖生成量，因此，在控制低还原糖值的同时，必须保证糊化彻底，防止凝沉。液化液浓度也不应过高，工业上控制在 30% 左右，但过低会显著增大后面的蒸发负担。

利用 β-淀粉酶和脱支酶协同作用糖化，麦芽糖生成率可达 90% 以上。这时淀粉液化程度应在还原糖值 5% 以下，液化液冷却后凝沉性强，黏度大，混入酶有困难，要分步糖化。先加入两种酶中的一种作用几小时后，黏度降低，再加另一种进行二次糖化。糖液的精制有多种方法。如用活性炭柱吸附除去糊精和寡糖；用阴离子交换树脂吸附麦中糊精，提高麦芽糖得率；应用膜分离、超滤、反渗透等方法也可以分离麦芽糖。

（四）结晶麦芽糖的加工

结晶麦芽糖的纯度一般要求达到 97%，而酶直接作用于淀粉所得超高麦芽糖浆纯度一般只有 90%，因此，必须对其进一步加以提纯。现在工业规模生产高纯度麦芽糖一般用阳离子交换树脂色层分离法和超滤膜分离法。如用 Dowex Amberlite 离子交换树脂分离含麦芽糖 67.6% 的高麦芽糖浆，分离后麦芽糖含量可提高到97.5%，三糖和三糖以上组分由31.1%降到1.5%。液体的麦芽糖能经喷雾干燥成粉末产品，水分含量为1%~3%，这种产品呈粉末状，不是晶体，视密度很低，贮存期间易吸潮，以即行包装为宜。

（五）麦芽糖的性质与应用

麦芽糖甜度为蔗糖的40%，常温下溶解度低于蔗糖和葡萄糖，但在90~100℃，溶解度可达90%以上，大于以上两者。糖液中混有低聚糖时，麦芽糖溶解度大大增加，并且入口不留后味、良好的防腐性和热稳定性、吸湿性低、水中溶解度小的性质，且在人体内具有特殊生理功能。麦芽糖主要用于食品工业，尤其是糖果业，用高麦芽糖浆代替酸水解生产的淀粉糖浆制造的硬糖，不仅甜度柔和，而且因极少含有蛋白质、氨基酸等可与糖类发生美拉德反应的物质，热熟稳定性好，产品不易着色，透明度高，具有较好的抗砂和抗烊性。用高麦芽糖浆代替部分蔗糖制造香口胶、泡泡糖等，可明显改善产品的适口性和香味稳定性。利用麦芽糖浆的抗结晶性，在制造果酱、果冻时可防止蔗糖结晶析出。利用高麦芽糖浆低吸湿性和甜味温和的特性制成的饼干和麦乳精，可延长产品货架期，而且容易保持松脆。除此之外，高麦芽糖浆也用于颜色稳定剂、油脂吸收剂，在啤酒酿制，面包烘烤、软饮料生产中作为加工改进剂使用。

七、 果葡糖浆加工

果葡糖浆无色无臭，常温下流动性好，使用方便，风味醇厚，在饮料生产和食品加工中可以部分甚至全部取代蔗糖。国内市场对果葡糖浆需求不断增加，质量要求不断提高，应用领域更加广泛。作为食品饮料基料的新型甜味料——果葡糖浆越来越被人们认可和重视，尤其是协同增效、冷甜爽口等特性，备受消费者青睐。果葡糖浆广泛用于医药取代葡萄糖。以味纯、清爽、甜度大、渗透压高、不易结晶等特性，广泛用于糖果、糕点、饮料罐头、焙烤等食品中来代替蔗糖，又能提高制品品质。

果葡糖浆（高果糖浆）是淀粉经淀粉酶液化，葡萄糖淀粉酶糖化，得到的葡萄糖液，用葡萄糖异构酶（Glucoseisomerase）进行转化，将一部分葡萄糖转变成含有一定数量果糖的糖浆，其浓度为71%，其糖分组成为果糖42%，葡萄糖52%，低聚糖6%，甜度与蔗糖相等，称第一代产品，又称42型高果糖。42型高果糖是20世纪60年代末国外开始生产的一种新型甜味料，是淀粉制糖工业的一大突破。

利用葡萄糖异构酶将葡萄糖转化成果糖的量，达平衡状态时为42%，为了提高果糖的含量，20世纪70年代末国外研究将42型高果糖浆通过液体色层分离法分离出果糖与葡萄糖，其果糖含量达90%，称90型高果糖。将此90型高果糖与42型高果糖按比例配制成含果糖55%，称55型高果糖。液体色层分离出的葡萄糖部分再返回至异构化工序制造42型高果糖。液体色层分离法所用的吸附剂，主要为钙型阳离子树脂，近年来国外利用石油化学工业分离碳氢化合物异构体的无机吸附剂能分离出果糖，其果糖回收率达91.5%，纯度达94.3%。55型与90型称第二代产品，其甜度分别比蔗糖甜10%和40%。果糖在水中的溶解度大，制造结晶果糖非常困难。

葡萄糖和果糖都是单糖，分子式为$C_6H_{12}O_6$，但葡萄糖为己醛糖，果糖为己酮糖，二者为同分（子）异构体，通过异构化反应能互相转化。现以开链结构式表示如下：

葡萄糖和果糖分子结构差别在C_1、C_2碳原子上，葡萄糖的C_1碳原子为醛基，果糖的C_2碳原子为酮基，异构化反应是葡萄糖分子C_2碳原子上的氢原子转移到C_1碳原子上转化为果糖。这种反应是可逆的，在一定条件下，果糖分子 C_1 的氢原子也能转移到 C_2 的碳原子上成为葡萄糖。在碱性条件下处理，其反应是可逆的，而葡萄糖异构酶为专一性酶，仅能使葡萄糖转化为果糖。

（一）果葡糖浆加工工艺

果葡糖浆生产工艺流程见图4-21。

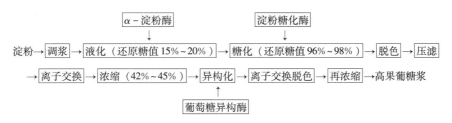

图4-21　果葡糖浆生产工艺流程

（二）操作要点

1. 淀粉液化和糖化

（1）调浆与液化　将淀粉用水调制成干物质含量为30%～35%的淀粉乳，用盐酸调整pH6.0～6.5，加入 α -淀粉酶，用量为6～10U/g淀粉，加入氯化钙调节钙离子（ Ca^{2+} ）浓度达0.01mol/L。粉浆泵入喷射液化器瞬时升温至105～110℃，于管道内液化反应10～15min，将料液输送至液化罐，在95～97℃分两次加入淀粉酶，继续液化反应40～60min，碘色反应合格即可。

（2）糖化　淀粉液化液引入糖化罐，降温至60℃，调整pH至4.5，加入80U/g淀粉糖化酶，间歇搅拌下，60℃保温40～50h，糖化至还原糖值大于95%以上，加温至90℃，将糖化酶破坏，使糖化反应中止。

（3）糖化液精制　采用硅藻土预涂转鼓过滤机（图4-22）连续过滤，清除糖化液中非可溶性的杂质及胶状物，随后用活性炭脱色。用离子交换树脂除去糖液中的无机盐和有机杂质，进一步提高纯度。糖液呈无色或淡黄色，含糖浓度为24%，电导率小于5S/m，pH4.5～5.0。真空蒸发浓缩至透光率90%以上，还原糖值96%～97%，糖液浓度为异构酶所要求的最佳浓度的42%～45%。

图4-22　预涂转鼓真空过滤机

2. 葡萄糖异构化

葡萄糖浓度（干物）为42%～45%，电导率低于 4×10^{-3} s/m， Ca^{2+} 浓度低于1.5mg/kg，在异构化酶作用时，糖液应保持 Mg^{2+} 浓度1.5mmol/L， HSO_3^{2-} 浓度2mmol/L，pH7.6～7.8，反应温度在60℃左右。

经异构化反应后的果葡糖液仍含有部分杂质，色泽加深，需再次进行离子交换处理，以除去离子杂质。用柠檬酸溶液调pH为4.5～5.0，使溶液中的果糖保持稳定，在浓缩过程中糖液不会再旁加色泽。然后采用升膜（或其他类型）连续蒸发器进行蒸发，真空度为 0.085MPa 以上，蒸发到糖浓度为 70%～72%（质量分数，25℃为标准），糖分组成果糖 42%，葡萄糖 52%，低聚糖 6%，甜度与蔗糖相等，称第一代产品，又称 42 型高果糖。

3. 果浆与葡萄糖分离

从含 42% 果糖的果葡糖浆中，将果糖分离得到含果糖达 90% 以上的果葡浆，其按 1∶(2～3) 的比例将其与 42% 果葡糖浆混合，便可以得到 50%～60% 的果葡萄浆，从普通果葡糖浆中分离果糖是制造 55% 以上高果糖浆的先决条件。

4. 果葡糖浆的混合

将 100 份 90 型糖浆与 269.2 份 42 型混合，得到 369.2 份重 55 型产品，主要用于饮料工业。

（三）果葡糖浆的性质与应用

果葡糖浆是淀粉糖中甜度最高的糖品，其具有许多优良特性，如味纯、清爽、甜度大、渗透压高，不易结晶等，可广泛应用于糖果、糕点、饮料、罐头以及焙烤食品等中。

果葡糖浆的甜度与异构化转化率、浓度和温度有关。一般随异构化转化率的升高而增加，在浓度为 15%、温度为 20℃时，42 型果葡糖浆甜度与蔗糖相同，55 型果葡糖浆甜度为蔗糖的 1 倍，90% 的果葡糖浆甜度为蔗糖的 1.4 倍。一般果葡糖浆的甜度随浓度的增加而提高。此外，果糖在低温下甜度增加，在 40℃ 以下，温度越低，果糖的甜度越高；反之，在 40℃ 以上，温度越高，果糖的甜度越低。可见，果葡糖浆很适合于冷饮食品。

果葡糖浆吸湿性较强，利用果葡糖浆作为甜味剂的糕点，质地松软，贮藏不易变干，保鲜性能较好。果葡糖浆的发酵性高、热稳定性低，尤其适合于面包等发酵和焙烤类食品，可使产品多孔、松软可口。其中的果糖热稳定性较低，受热易分解，易与氨基酸起反应，生成有色物质具有特殊的风味，因此，它可使产品容易获得金黄色外表并具有浓郁的焦香风味。

🔍 思考题

1. 玉米淀粉生产的主要工艺环节有哪些？
2. 玉米浸泡为什么要用亚硫酸溶液？
3. 玉米浸泡前后的籽粒结构和化学成分都有哪些变化？
4. 玉米淀粉与蛋白质分离的方法有哪些？分离原理是什么？
5. 玉米淀粉乳脱水干燥的方法是什么？
6. 什么是变性淀粉？淀粉改性的方法有哪些？
7. 什么是淀粉液化？酶液化的方法和步骤是什么？
8. 什么是双酶法工艺？糖化酶和液化酶的水解作用特点有什么不同？
9. 什么是果葡糖浆？果葡糖浆的生产工艺和原理是什么？

CHAPTER

5

第五章

植物油制取、 精炼与加工

植物油脂是重要的食用油脂和工业原料。广泛用于食品、医药、轻工、化工等部门，所以油脂工业和人类的生活及生产密切相关，是国民经济的重要组成部分。

第一节　植物油料的种类、 化学成分及提取方法

一、 植物油料的种类

根据植物油料的植物学属性，将植物油料分成 4 类：草本油料，常见的有大豆、油菜籽、棉籽、花生、芝麻、葵花籽等；木本油料，常见的有棕榈、椰子、油茶籽等；农产品加工副产品油料，常见的有米糠、玉米胚、小麦胚芽；野生油料，常见的有野茶籽、松籽等。根据植物油料的含油率高低，可将植物油料分成两类：高含油率油料，菜籽、棉籽、花生、芝麻等含油率大于 30% 的油料；低含油率油料，大豆、米糠等含油率在 20% 左右的油料。

世界上的大宗植物油料包括大豆、菜籽、葵花籽、花生、棕榈果、椰子仁干、芝麻、蓖麻籽、油橄榄等。

我国土地辽阔，植物油料资源丰富，有大豆、花生、棉籽、油菜、芝麻、葵花籽等主要油料，此外米糠、玉米胚芽等近年来也成为重要的制油原料。

二、 植物油料的化学成分

由于油料的品种、产地、气候等条件的不同，而使其化学成分有较大的差别。但大多包含以下主要成分，如油脂、蛋白质、糖类以及其他多种微量成分，如磷脂、灰分、色素、有机酸以及蜡质等。我国常见油料种子的主要化学成分见表 5 –1。

表 5 - 1 　　　　　　　　常见油料种子的主要化学成分　　　　单位:%　（质量分数）

名称	水分	油脂	蛋白质	磷脂	糖类	粗纤维	灰分
大豆	9 ~ 14	16 ~ 20	30 ~ 45	1.5 ~ 3.0	25 ~ 35	6	4 ~ 6
花生仁	7 ~ 11	40 ~ 50	25 ~ 35	0.5	5 ~ 15	1.5	2
棉籽	7 ~ 11	35 ~ 45	24 ~ 30	0.5 ~ 0.6	—	6	4 ~ 5
油菜籽	6 ~ 12	14 ~ 25	16 ~ 26	1.2 ~ 1.8	25 ~ 30	15 ~ 20	3 ~ 4
芝麻	5 ~ 8	50 ~ 58	15 ~ 25	—	15 ~ 30	6 ~ 9	4 ~ 6
葵花籽	5 ~ 7	45 ~ 54	30.4	0.5 ~ 1.0	12.6	3	4 ~ 6
米糠	10 ~ 15	13 ~ 22	12 ~ 17	—	35 ~ 50	23 ~ 30	8 ~ 12
玉米胚	—	35 ~ 56	17 ~ 28	—	5.5 ~ 8.6	2.4 ~ 5.2	7 ~ 16
小麦胚	14	14 - ~ 16	28 ~ 38		14 ~ 15	4.0 ~ 4.3	5 ~ 7

（一）油脂

油脂是油料种子在成熟过程中由糖转化而形成的一种复杂的混合物，是油籽中主要的化学成分，油脂是由一分子甘油和三分子高级脂肪酸形成的中性酯，又称为甘油三酸酯。在甘油三酸酯中脂肪酸的相对分子质量约占 90%，甘油约占 10%。构成油脂的脂肪酸的性质及脂肪酸与油结合的形式，决定了油脂的物理状态和性质。根据脂肪酸与甘油结合的形式不同，可分成单纯甘油三酸酯和混合甘油三酸酯。在甘油三酸酯分子中与甘油结合的脂肪酸均相同，则称为单纯甘油三酸酯。若组成甘油三酸酯的三个脂肪酸不相同则称为混合甘油三酸酯。构成油脂的脂肪酸主要有饱和、不饱和脂肪酸两大类。最常见的饱和脂肪酸有软脂酸、硬脂酸、花生酸等，不饱和脂肪酸有油酸、亚油酸、亚麻酸、芥酸等。油脂中不饱和脂肪酸含量高时，在常温下呈液态；油脂中饱和脂肪酸含量高时，在常温下呈固态。

油脂中脂肪酸的饱和程度常用碘值反映，碘值用每 100g 油脂吸收碘的克数表示。碘值越高，油脂中脂肪酸不饱和程度越高。按碘值不同，油脂可分成三类：碘值 < 80gl/100g 为不干性油，碘值 80 ~ 130gl/100g 为半干性油，碘值 > 130gl/100g 为干性油。植物油脂大部分为半干性油。

纯净的油脂中不含游离脂肪酸，但油料未完全成熟及加工、贮存不当时，能引起油脂的分解而产生游离脂肪酸，游离脂肪酸使油脂的酸度增加从而降低油脂的品质。常用酸值反映油脂中游离脂肪酸的含量。酸值用中和 1g 油脂中的游离脂肪酸所使用的氢氧化钾的毫克数表示。酸值越高；油脂中游离脂肪酸含量越高。

（二）蛋白质

在油料种子中，蛋白质主要存在于籽仁的凝胶部分。因此，蛋白质的性质对油料的加工影响很大。蛋白质除醇溶蛋白外都不溶于有机溶剂；蛋白质在加热、干燥、压力以及有机溶剂等作用下会发生变性；蛋白质可以和糖类发生作用，生成颜色很深的不溶于水的化合物，也可以和棉籽中的棉酚作用，生成结合棉酚；蛋白质在酸、碱或酶的作用下能发生水解作用，最后得到各种氨基酸。

（三）磷脂

磷脂即磷酸甘油三酸酯。两种最主要的磷脂是磷脂酰胆碱（俗称卵磷脂）和磷脂酰乙醇氨

（俗称脑磷脂）。

油料中的磷脂是一种营养价值很高的物质，其含量在不同的油料种子中各不相同。以大豆和棉籽中的磷脂含量最多。磷脂不溶于水，可溶于油脂和一些有机溶剂中；磷脂不溶于丙酮。磷脂有很强的吸水性，吸水膨胀形成胶体物质，从而在油脂中的溶解度大大降低。磷脂容易被氧化，在空气中或阳光下会变成褐色至黑色物质。在较高温度下，磷脂能与棉籽中的棉酚作用，生成黑色产物。磷脂还可以被碱皂化，可以被水解。另外，磷脂还具存乳化性和吸附作用。但是油脂中含有磷脂，易造成油脂吸水变质，贮藏稳定性差；烹调时，易产生泡沫，油色变黑影响油脂的使用性能。

（四）色素

纯净的甘油三酸酯是无色的液体。但油脂带有色泽，有的毛油甚至颜色很深，这主要是各种油溶性色素引起的。油料种子的色素一般有叶绿素、类胡萝卜素、黄酮色素及花色苷等。个别油料种子中还含有一些特有的色，如棉子中的棉酚等。油脂中的色素能够被活性白土或活性炭吸附除去，也可以在碱炼过程中被皂脚吸附除去。

（五）蜡

蜡是高分子的一元脂肪酸和一元醇结合而成的酯，主要存在于油料种子的皮壳内，且含量很少。但米糠油中含蜡较多。蜡的主要性质是熔点较甘油三酸酯高，常温下是一种固态黏稠的物质。蜡能溶于油脂中，溶解度随温度升高而增大，在低温时会从油脂中析出而影响其外观，另外，蜡会使油脂的口感变劣，降低油脂的食用品质。

（六）糖类

糖类是含有醛基和酮基的多羟基有机化合物。按照糖类的复杂程度可以将其分为单糖和多糖两类。糖类主要存在于油料种子的皮壳中，仁中含量很少。糖在高温下能与蛋白质等物质发生作用，生成颜色很深且不溶于水的化合物。在高温下糖的焦化作用会使其变黑并分解。

（七）维生素

植物油料含有多种维生素，但油脂中主要有脂溶性的维生素 E。维生素 E 能防止油脂氧化酸败，增加植物油的贮藏稳定性。

（八）其他物质

油料种子中除含有上述化学成分外，还含有甾醇、灰分（即无机矿物质，如磷、钾、钙、镁等）以及烃类、醛类、酮类及醇类等物质，这些物质的含量很小，对油脂生产的影响也很小。个别油料中含有一些特殊成分，如大豆中含尿素酶、胰蛋白酶抑制素、凝血素，棉籽中含棉酚，芝麻中含芝麻酚、芝麻素，菜籽中有含硫化合物等。

可见油料种子中除脂肪外，许多成分都是很有价值的营养成分，特别是蛋白质和磷脂等。所以在利用油料种子制油的同时，要大力开展副产品的综合利用。

三、 植物油的提取方法

人类制取植物油的历史悠久，从原始时代暴晒植物籽仁取得油脂开始，逐步发展经历了人力机具榨油（木榨、石榨或撞榨、杠杆榨等）、间歇式水压机榨油、连续螺旋榨油机榨油、预榨浸出或一次直接浸出法制油、水代法以至现代的超临界萃取法制油等历史阶段。目前世界上的制油方式主要有机械压榨法、溶剂浸出法及水代法等。

（一）机械压榨法

凡利用机械外力的挤压作用将榨料中的油脂提取出来的方法称为机械压榨法，压榨机械有多种形式，如静态压榨水压机、螺旋挤压式榨油机、偏心轮回转式挤压机以及离心式挤压分离机等。

机械压榨法是比较古老的取油方法，出油率较低，由于压榨产生高温导致蛋白质变性，饼粕的利用受到限制，相对动力消耗较大，目前多被浸出法所取代。但机械压榨法工艺简便、灵活、适应性强，对于小批量多品种或特殊油料的加工，仍具较大的实用价值。

（二）溶剂浸出法

凡利用某些溶剂（如轻汽油、工业己烷、丙酮、异丙醇等）溶解油料中油脂的特性，将油料料坯中的油脂提取出来的方法称为浸出法。对于低油分油料，如大豆、棉籽、米糠等，一般采用一次直接浸出。对于高油分油料，如菜籽、花生、葵花籽等，还采用预榨浸出或两次浸出法。

浸出法与压榨法相比，突出优点是出油率高，可达90%~99%，干粕残油率低，可低至0.5%~1.5%。同时可得到低变性粕和质量较高的毛油。另外浸出法制油过程的连续化、自动化程度高，生产效率高，因而浸出法制油是一种较先进的方法，已经得到迅速普及。当然，浸出法也存在着毛油成分较复杂，油脂中会有少量的溶剂残留，溶剂易燃、易爆等缺点。

（三）水代法

凡利用油料中的非油成分对油和水的亲和力的差异，并利用油水密度不同而将油脂与蛋白质等成分分离开来的制油方法，称为水代法。水代法是以水为溶剂溶解蛋白质等亲水成分或使蛋白质吸水膨胀，而不是萃取油脂，因此，具有操作简单、安全、经济的优点。但油脂和其他成分分离较为困难，适合于小批量生产一些特有的油脂，如我国的"小磨香油"就是以水代法生产。

（四）超临界流体萃取法

超临界流体萃取法是以超临界流体为溶剂萃取所需成分，然后采用升温、降压或吸附等手段将溶剂与所萃取的组分分离。所以，超临界流体萃取工艺主要由超临界流体萃取溶质和被萃取的溶质与超临界流体分离两部分组成。油脂工业开发应用超临界 CO_2 作为萃取剂。CO_2 超临界流体具有良好的渗透性和溶解性。CO_2 超临界流体萃取具有极高的选择性。通过调节温度、压力，可以进行选择性萃取。CO_2 超临界流体萃取技术与普通分离技术相比有许多优点，CO_2 超临界流体萃取可以在较低温度和无氧条件下操作，保证了油脂和饼粕的质量。CO_2 对人体无毒性，且易除去，不会造成污染，食用安全性高。CO_2 成本低，不燃，无爆炸性，方便易得。但由于设备整体成本较高；大规模生产难度较大，目前仅应用于小量珍稀油料制油方面。

第二节　植物油料的预处理

植物油料制油对油料的工艺性质具有一定的要求。因此制油前对油料进行一系列的处理，使油料具有最佳的制油性能，以满足不同制油工艺的要求。通常将制油前对油料进行的清理除杂、剥壳、破碎、软化、乳坯、膨化、蒸炒等工序统称为油料的预处理。

一、　油料的清理

（一）油料清理的目的和要求

油料清理是指利用各种清理设备去除油料中所含杂质的工序的总称。

进入油厂的植物油料中不可避免地夹带一些杂质；一般情况油料含杂质达6%，最高可达10%。混入油料中的绝大多数杂质在制油过程中会吸附一定数量的油脂而存在于饼粕内，造成油分损失，出油率降低。混入油料中的有机杂质会使油色加深或使油中沉淀物过多而影响油的品质，同时饼粕质量较差，影响饼粕资源的开发利用。混入油料的杂质，往往会造成生产设备效率下降，生产环境粉尘飞扬，空气浑浊。因此采用各种清理设备将这些杂质清除，以减少油料油脂损失，提高出油率，提高油脂及饼粕的质量，提高设备的处理能力，保证设备的安全运行，保证生产的环境卫生。

清理后油料不得含有石块、铁杂、绳头、蒿草等大型杂质。油料中总杂质含量及杂质中含油料量应符合规定。花生、大豆含杂量不得超过0.1%；棉籽、菜籽、芝麻含杂得超过0.5%；花生、大豆、棉籽清理下脚料中含油料量不得超过0.5%，菜籽、芝麻清理下脚料中含油料量不得超过1.5%。

（二）油料清理的方法及机理

油料中杂质种类较多。油料与杂质在粒度、密度、表面特性、磁性及力学性质等物理性质上存在较大差异，根据油料与杂质在物理性质上的明显差异，可以选择稻谷、小麦加工中常用的筛选、风选、磁选等方法除去各种杂质。对于棉籽脱绒、菜籽分离，可采用专用设备进行处理。选择清理设备应视原料含杂质情况，力求设备简单，流程简短，除杂效率高。

1. 油料的剥壳及仁壳分离

（1）剥壳的目的　大多数油料都带有皮壳，除大豆、菜籽、芝麻等原料在贮存前已经脱过壳外，其他油料如棉籽、花生、葵花籽等一般为带壳原料，含壳在20%以上。含壳率高的油料必须进行脱壳处理。油料皮壳中含油率极低，制油时不仅不出油，反而会吸附油脂，造成出油率降低。剥壳后制油，能减少油脂损失，提高出油率。油料皮壳中色素、胶质和蜡含量较高。在制油过程中这些物质溶入毛油中，造成毛油色泽深，含蜡高，精炼处理困难。剥壳后制油，毛油质量好，精炼率高。油料带壳制油，体积大，造成设备处理能力下降，皮壳坚硬造成设备磨损，影响轧坯的效果。

（2）剥壳的方法　油料剥壳时根据油料皮壳性质、形状大小、仁皮结合情况的不同，采用不同的剥壳方法。

①摩擦搓碾法：借粗糙工作面的搓碾作用使油料壳破碎。如圆盘剥壳机用于棉籽、花生的剥壳。

②撞击法：借壁面或打板与油料之间的撞击作用使皮壳破碎。如离心式剥壳机用于葵花籽、茶籽的剥壳。

③剪切法：借锐利工作面的剪切作用使油料皮壳破碎。如刀板剥壳机用于棉籽剥壳。

④挤压法：借轧辊的挤压作用使油料皮壳破碎。如轧辊剥壳机用于蓖麻籽剥壳。

⑤气流冲击法：借助于高速气流将油料与壳碰撞，使油料皮壳破碎。

油料剥壳时，应根据油料种类选择合适的剥壳方式。同时应考虑油料水分对剥壳的影响。油料含水量低，则皮壳脆性大，易破碎，但水分过低，使在剥壳过程中易产生粉末。

2. 油料清理

油料经剥壳机处理后，还需进行仁壳分离。仁壳分离的方法主要有筛选和风选法。

大豆的清理就是清除原料大豆中夹带的泥土、石子、茎叶、铁质等杂质，分离出混在原料中的杂、瘪、霉变籽粒。分离杂质可以根据原料与杂质的物理性质不同。常用的清理方法有筛选、风选、磁选、比重分选等。清理设备包括振动筛、回转筛、吸风分离器、比重去石机、永磁滚筒等。

二、制　　坯

经过清理的油料在进入油脂提取之前要制成料坯。制坯工序主要包括破碎、软化、轧坯、蒸炒等环节。

（一）破碎

经过清理的油料，颗粒较大的花生、大豆等油料需要进行破碎。如果油料含水量低于13%，可直接进行破碎，要求破碎成 2 ~ 4 瓣，通过 20 目筛孔的细粉量不超过 10%。如果净豆水分高于 13%，需先经过烘干后再破碎。

为了提取大豆蛋白以对豆饼、粕进一步开发利用，大豆预处理过程中还需要进行脱皮。大豆脱皮要求先将含水量晒干至 12% 以下，或用干热空气干燥至 9% ~ 10%，再进行破碎，这样有利于豆仁与种皮分离，然后用多级吸风器将豆皮吸走。

（二）软化

软化是轧坯前一项重要的预处理工序，通过软化将油料调节到适宜的水分和温度，使之具备轧坯的最佳条件。大豆质地较硬，通过软化可使质地变软，塑性增加，以利于轧坯操作的进行，减少轧辊的磨损和机器的振动。根据经验，大豆软化后，水分在 15% ~ 16%，温度在 95℃ 左右，最适宜轧坯。所以，软化前水分低的大豆，可进行升温加水软化；软化前水分高的大豆，软化温度要低些，可控制在 50 ~ 60℃，但不能低于 50℃。

在软化工艺过程中，除掌握好软化的温度和水分外，还要有足够的软化时间，低水分大豆，软化温度较高，软化时间为 10 ~ 20min，高水分大豆，软化温度较低，软化时间可稍长，控制在 30 ~ 40min，具体应视软化效果而定。

软化所用设备有层叠式软化锅、卧式蒸汽绞笼、软化箱等，通过这些设备，既可实现直接向大豆物料喷入蒸汽以增温加湿，又可间接加热，使物料升温去湿，从而达到软化的目的。

（三）轧坯

经过破碎、软化的物料，要经过轧坯设备对其进行碾轧，使之具有一定厚薄的坯片，通常称为料坯或生坯。轧坯是油料预处理的重要工序。无论是压榨制油还是浸出制油，轧坯都具有重要意义。

1. 轧坯对于压榨法制油的作用

对于压榨法制油，轧成的料坯在压榨前还需进行蒸炒。蒸炒对于压榨制油具有重要作用，而轧坯对于取得好的蒸炒效果也具重要作用。轧坯要求如下。

（1）尽量破坏细胞组织　油料由无数细胞组成，由纤维素及半纤维素组成的细胞壁比较坚硬,通过轧坯可破坏细胞壁,油料碾轧得越细,细胞组织被破坏得越多,对于蒸炒工序就更有利。

(2)减小物料厚度,增加物料表面积 蒸炒时,物料与水分、直接蒸汽的接触面积大,作用效果好。

(3)油料各个部分的物理性质趋于一致 热传递效应高,料坯在蒸炒时,成熟快、均匀一致。

2. 轧坯对于浸出制油的作用

经碾轧的生豆坯,不经蒸炒可直接浸出取油。所以轧坯操作的好坏;直接影响浸出制油的效果。

(1)由于油料中的油滴被包围在细胞组织中,所以细胞组织被破坏得越彻底,从中浸出油脂就越快,越完全。

(2)料坯被碾轧得越薄,油脂和溶剂的扩散路程越短。同时,油坯与溶剂的接触面积越大,就越有利于浸出。在浸出时,油脂从细胞组织中向溶剂扩散的速率与大豆坯的表面积成正比,与大豆坯的厚度成反比。

(3)料坯粒子大小接近一致,全部粒子的浸出作用完全。

3. 轧坯的工艺要求及方法

无论是压榨法还是浸出法制油,都要求料坯薄而均匀,粉末少,不露油迹;其料坯厚度:冷榨0.3~0.6mm,热榨0.2~0.4mm,用螺旋榨油机压榨,料坯可略厚些。浸出法制油,料坯厚度为0.2~0.3mm。

轧坯可采用轧坯机,利用轧辊的碾轧作用将油料轧成薄坯片,轧坯机类型较多,常用的有三辊、五辊、单对辊、双对辊及液压紧辊轧坯机等。

(四)蒸炒

将轧坯后的生坯经过加水、加热、烘干等湿热处理而变成熟坯的过程称为蒸炒。蒸炒使细胞壁内的蛋白质受热变性而凝聚,容易与油脂分离。经过蒸炒使小油滴凝聚成足以流出料坯的大油滴;由于蛋白质的变性,增加细胞壁的渗透性,油易于流出;降低油的黏度,使其易于流动。蒸炒方法主要有以下两种。

1. 湿蒸炒

首先将料坯加水润湿,通直接蒸汽加热,再经间接蒸汽烘干使料坯达到预定湿度与水分的指标。润湿水分达13%~14%,称湿润蒸炒。润湿水分达16%~20%,称高水分蒸炒。

2. 干蒸炒

料坯不经过加水润湿,直接加热去水,使之达到入榨条件。干蒸炒由于蛋白质变性程度低,对于压榨制油其效果不如湿蒸炒,但料坯可用于浸出法制油,饼粕可进一步加工利用。

此外,还有直接火炒法、先炒后蒸法等较简单的蒸炒方法。

蒸炒温度一般控制在105~110℃,蒸炒后料坯水分要降至5%~7%,浸出法料坯水分可高些,但一般小超过13%。

蒸炒设备主要是蒸炒锅,它有立式和卧式两种类型,而以立式蒸炒锅应用最广。

三、 油料生坯的挤压膨化

油料生坯的挤压膨化是利用挤压膨化设备将生坯制成膨化颗粒物料的过程。生坯经挤压膨化后可直接进行浸出取油。油料生坯的膨化浸出是一种先进的油脂制取工艺，油料生坯挤压膨化浸出工艺和设备的研究及应用发展迅速。含油率低的油料生坯的膨化浸出工艺在国内外已得到广泛应用，含油率高的油料生坯的膨化浸出工艺也已开始得到应用。油料生坯的挤压膨化浸出工艺大有取代直接浸出和预榨浸出制油工艺的趋势。

1. 挤压膨化的目的

油料生坯经挤压膨化后，其体积质量增大，多孔性增加，油料细胞组织被彻底破坏，酶类被钝化。这使得膨化物料浸出时，溶剂对料层的渗透性和排泄性都大为改善，浸出溶剂比较小，浸出速率提高，混合油浓度增大，湿粕含溶降低，浸出设备和湿粕脱溶设备的产量增加，浸出毛油的品质提高，并能明显降低浸出生产的溶剂损耗以及蒸汽消耗。

2. 挤压膨化作用

油料生坯由喂料机送入挤压膨化机，在挤压膨化机内，料坯被螺旋轴向前推进的同时受到强烈的挤压作用，使物料密度不断增大，并由于物料与螺旋轴和机膛内壁的摩擦发热以及直接蒸汽的注入，使物料受到剪切、混合、高温、高压联合作用，油料细胞组织被较彻底地破坏，蛋白质变性，酶类钝化，体积质量增大，游离的油脂聚集在膨化料粒的内外表面。物料被挤出膨化机的模孔时，压力骤然降低，造成水分在物料组织结构中迅速汽化，物料受到强烈的膨胀作用，形成内部多孔、组织疏松的膨化料。物料从膨化机末端的模孔中挤出，并立即被切割成颗粒物料。

米糠作为油料在浸出之前进行挤压膨化可起到造粒功能，还具有加热钝化米糠中的解脂酶，减少脂肪氧化的作用。

第三节　大豆油提取

我国是大豆的原产地，我国的大豆栽培遍及全国，主要有东北三省的春大豆及黄淮流域的夏大豆，在山西、陕西、四川及长江下游也均有大豆生产。近年来，我国豆油需求量逐年增加，但大豆种植面积及总产量逐年下降，因此我国每年用于榨油的大豆原料需要大量进口。

大豆含有 16%~22% 的油脂及 40% 左右的蛋白质，大豆油是我国东北和华北地区的主要食用油。大豆除作为重要油料外，其蛋白质品质优良。目前利用大豆及饼、粕已能制成多种大豆蛋白制品。如全脂大豆粉、脱脂大豆粉、大豆浓缩蛋白、分离蛋白和组织蛋白等，均广泛用于食品工业。

一、　压榨法提取大豆油

存在于细胞原生质中的油脂，经过预处理过程的轧坯、蒸炒处理，其中的油脂大多数形成凝聚态。此时，大部分凝聚态油脂仍存在于细胞的凝胶束孔道之中。压榨取油的过程，就是借助机械外力的作用使油脂从榨料中挤压出来的过程。这种过程主要属于物理变化，如物料变形、油脂分离、摩擦发热、水分蒸发等。但在压榨过程中，由于水分、温度等的影响，也会产生某些生物化学方面的变化、如蛋白质的变性、酶的破坏和受到抑制等。

在压榨取油过程中，受榨料坯的粒子受到强大的压力作用，致使其中的油脂的液体部分和非脂物质的凝胶部分分别发生两个不同的变化，即油脂从榨料空隙中被挤压出来和榨料粒子经弹性变形形成坚硬的油饼。

（一）压榨法制油工艺

压榨法制油按压榨法取油的作用原理，可分为静态压榨和动态压榨两大类。静态压榨是间歇式压榨制油，而动态压榨是连续式压榨制油。

1. 静态压榨

所谓静态压榨，即榨料受压时颗粒间位置相对固定，无剧烈位移交错，因而在高压下粒子因塑性变形易结成坚饼。静态压榨易产生油路过早闭塞、排油分布不匀现象。

静态压榨采用的液压榨油机有多种形式，但工作原理相同。均按液体静压力传递原理（即帕斯卡原理）设计，即"在密闭系统内，凡加于液体上的压力以不变的压强传遍到该系统内任何一切方向。"如图 5 - 1 所示，在两个连通的充满液体的圆筒内，各有活塞 1 和活塞 2，其直径分别为 d_1 和 d_2，若活塞 2 上的压力为 p_2，通过液压传递到活塞 1 上所产生的压力为 p_1，根据帕斯卡原理，两个活塞上压强相等（不考虑阻力损失时），即

$$p_1/F_1 = p_2/F_2$$

由上述关系式可知，在密闭系统内，可利用改变受压面积的大小来形成巨大的压力差。液压机上的高压（顶榨力），是通过小直径的高压泵用很小的动力传递产

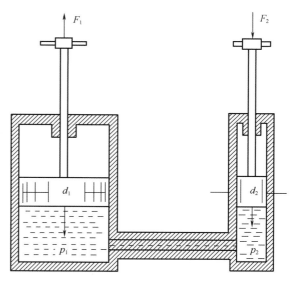

图 5 - 1　液体静压力传递原理

生的。必须指出，所有液压榨油机都应包括液压系统（压力泵、压力贮存器或分配装置、控制阀门与管路系统）和榨油机本体大部分，形成一个封闭回路系统。目前榨油机中一般都是用食用油或油水混合物作为压力传递的介质。在各类水压机中，榨板的压紧和油脂的榨取，皆由施压流体通过系统内油缸活塞的升降来控制压力大小而完成。当然，各类榨机所使用的工作压力也不尽相同。其中闭式水压机由于安装了榨板，榨料在内受压时不易蠕散，有条件采用较高工作压力（42～60MPa，饼面压力可达 100MPa），因此，有利于一次压榨芝麻、油棕、可可仁、蓖麻籽等高油分油料，减少油脂氧化，以及提高出油效率与单机处理量。

液压榨油机属静态压榨过程。为了确保"流油不断"，必须掌握压力与排油速率的关系。榨料受压过程一般分成预压成型，开始压缩（快榨），塑性变形结成多孔物（慢榨），最后压成油饼（沥油）等阶段。其中最主要的出油阶段在榨料塑性变形的前期（一般占总排油量的 75% 以上，时间为 20～30min）。此时阻力不宜突然升得太高，否则易闭塞油路和使饼过早硬化。因此，分阶段施压形成曲线变化，在液压榨油机操作中是十分重要的。同时，在榨料相对固定的饼中，出油还受到油路长短的影响。因此，不可忽视的是，液压榨油机必须保持较长时间的高压，以排尽（饼中间位置）剩留的油分，不致"返吸"这就是所谓"沥油"。但是，同样要注

意，沥油时间过长也毫无意义。随着压榨时间的延长，榨料温度的下降不利于出油，故榨膛保温（或车间保温）就更有必要。

2. 动态压榨

动态压榨（如连续螺旋榨油机），即榨料在全过程中呈运动变形状态，粒子在不断运动中压榨成型，且油路不断被压缩和打开，有利于油脂在短时间内从孔道中被挤压出来。

螺旋榨油机的工作原理，概括地说，是由于旋转着的螺旋轴在榨膛内的推进作用，使榨料连续地向前推进，同时，由于榨螺螺旋导程的缩短或根圆直径逐渐增大，使榨膛空间体积不断缩小而产生压榨作用。在这一过程中，一方面推进榨料，另一方面将榨料压缩后的油脂从榨笼缝隙中挤压流出，同时，将残渣压成饼块从榨轴末端不断排出。螺旋榨油机的工作原理如图5-2 所示。

（1）压榨取油的基本过程　在螺旋榨油机中，压榨取油过程一般分 3 个阶段，即进料（预压）段、主压榨段（出油段）、成饼段（重压沥油段）。其体积压缩情况见图 5-3。

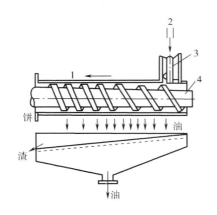

图 5-2　螺旋榨油机的工作原理
1—榨笼　2—榨料　3—喂料器　4—榨螺轴

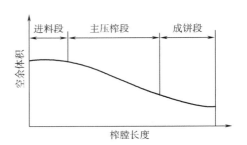

图 5-3　螺旋榨油机压榨阶段及
榨料空余体积变化

（2）进料段　进料段榨料在向前推进的同时，开始受到挤紧作用，使之排出空气与少量水分，形成"松饼"。此时，由于粒子间的结合作用，进而发生塑性变形，开始出油。当采用强制喂料时，变形尤为明显。高油分油料在进料压缩阶段即开始出油（如芝麻排油量可达 40% 左右）。同时应注意在进料段易产生回压作用，不利于推进。所以采取强制进料和预压成型，对于克服"回料"阻力是必要的。

（3）主压榨段　此阶段是形成高压大量排油的阶段。这时由于榨膛空间迅速有规律地减小，使个别粒子间开始结合，榨料在榨膛内成为连续的多孔物而不再松散。它在高压下出油，与水压机的不同点在于，榨料粒子被压缩出油的同时，还会因螺旋中断、榨膛阻力、榨笼棱角的剪切作用，而引起料层速差位移、断裂混合等现象，使油路不断打开，有利于迅速排尽油脂。

（4）成饼段　在成饼段，榨料已形成瓦饼，成为完整的可塑体，几乎呈整体式推进，因而也产生了较大的压缩阻力（主要指轴向力）。此时的受压瓦饼体积缩小不多，但仍须保持较高的压力，以便将油沥干而不致被"回吸"。出饼段特别要注意适当延长压榨时间和减少轴向阻力，因为这时体积的缩小不再是主要的了。最后段的榨螺相应可制成数节而结构尺寸相同。然而，最后从榨油机排出的瓦状饼块，还会出现由于弹性或膨胀作用而增大体积的现象。

在整个压榨过程中，在榨膛内沿轴向分布的排油情况，随着榨料含油率和榨机结构的不同而有变化。但总的希望是出现在主压榨段内（与压力成对应关系）。螺旋榨油机结构设计或操作不当会引起排油位置的后移或提前。

在整个压榨过程中，饼坯内含油率的变化与排油速率变化有关，同样要求与特定榨膛结构相适应，呈曲线规律性变化。然而，每一区段饼中沿径向各层次含油率的分布并非一致。螺旋榨油机的结构特点导致内表面层的含油率比外表面层高；尤其在主压榨段前期特别明显。原因有两个方面：一是榨膛内饼坯的单向排油，必然使沿榨轴表面处榨料的油路较长而不易排出；二是在进料段和压榨段前部的料层较厚，容易产生含油率梯度。在压榨后期（出饼段），饼压缩变薄，以及后期在靠近轴表面处的水分蒸发强度比榨笼内壁处高，以致挤出粒子孔隙内油脂，从而使得内外饼层之间的含油率梯度相对缩小了。但从油料入榨到出口前，内表面层的含油始终要高一些。然而，当饼排出机外后，将由于压力消失、水分急剧蒸发、回吸等，反而使含油率低于外表层。

螺旋榨油机制油的另一特点是瞬时高压取油。压榨时由于榨料粒子强烈破坏与摩擦而产生的大量热能，形成高温。据研究测定，当榨料进入主压榨前段时升温最高。

（二）榨油机

为取得良好的压榨取油效果，设备也同样重要。设备类型与结构的优劣，在一定程度上影响到工艺规程的制定和参数的确定。油料品种繁多，要求压榨设备在结构设计中尽可能满足多方面的要求，同时，榨油设备应具有生产能力大、出油效率高、操作维护方便、一机多用、动力消耗少等特点。目前压榨设备主要有两大类：间隙式生产的液压榨油机和连续式生产的螺旋榨油机。

1. 液压榨油机

液压榨油机是利用液体传送压力的原理，使油料在饼圈内受到挤压，将油脂取出的一种间隙式压榨设备。该机结构简单，操作方便，动力消耗小，油饼品质好，能够加工多种油料，适用于油料品种多、数量又不大地区的小型油厂，进行零星分散油料的加工。但其劳动强度大，工艺条件严格，已逐渐被连续式压榨设备所取代。在边远缺乏电力的地区，它仍是可取的取油设备。

2. 螺旋榨油机

螺旋榨油机是国际上普遍采用的较先进的连续式榨油设备。其工作原理是，旋转着的螺旋轴在榨膛内的推进作用，使榨料连续地向前推进，同时，由于榨料螺旋导程的缩短或根圆直径增大，使榨膛空间体积不断缩小而产生压力，把榨料压缩，并把料坯中的油分挤压出来，油分从榨笼缝隙中流出。同时，将残渣压成饼块，从榨轴末端不断排出。

（1）螺旋榨油机取油的特点 连续化生产，单机处理量大，劳动强度低，出油率高，饼薄易粉碎，有利于综合利用，故应用十分广泛。

（2）螺旋榨油机的主要类型 我国已定型的产品为 ZX 系列和 ZY 系列两类。ZX 系列机型用于一次压榨制油，ZY 系列机型用于预榨制油。目前常用的螺旋榨油机有 ZX10 型、ZX18 型、以及 ZY24 型、ZY28 型、ZY32 型螺旋榨油机等。

常见螺旋榨油机形式有单纯螺旋榨油机（图5-4）和双榨笼螺旋榨油机（图5-5）等。

螺旋榨油机无论什么机型，其工作原理都相同，结构上均由进料装置、榨膛（包括榨笼和螺旋轴）、调饼机构、传动系统、机架等几部分组成。

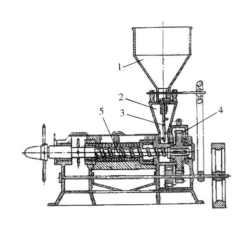

图 5 - 4 螺旋榨油机结构

1—存料斗 2—进料斗 3—拨料杆

4—齿轮箱 5—螺旋轴

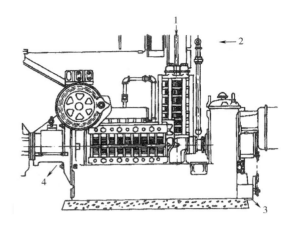

图 5 - 5 双榨笼螺旋榨油机

1—料坯 2—冷油 3—排油 4—饼

二、 浸出法制取大豆油

浸出法制油是目前世界上应用广泛的取油技术。浸出法取油技术自 1870 年问世以来，经历了百余年的历史，其工艺不断地得到改进和完善。到目前为止，已成为世界油脂工业中植物油制取的主要方式。

我国从 20 世纪 70 年代开始普遍推广浸出法制油工艺以来，浸出制油工业迅速普及，浸出法制油已成为我国油脂工业的重要组成部分。

（一）浸出法制油的基本原理

浸出法制油是利用能溶解油脂的溶剂，通过润湿渗透、分子扩散和对流扩散的作用，将料坯中的油脂浸提出来。然后，把由溶剂和脂肪所组成的混合油进行分离，回收溶剂而得到毛油，同样也要将豆粕中的溶剂回收，得到浸出油。这个过程中，基本要素是溶剂和料坯以及决定浸出效果的浸出方式和工艺参数。

油脂浸出过程是油脂从固相转移到液相的传质过程。这一传质过程是借助分子扩散和对流扩散两种方式完成的。

1. 分子扩散

分子扩散是指以单个分子的形式进行的物质转移，是由于分子无规则的热运动引起的。当油料与溶剂接触时，油料中的油脂分子借助于本身的热运动，从油料中渗透出来并向溶剂中扩散，形成了混合油；同时溶剂分子也向油料中渗透扩散，这样在油料和溶剂接触面的两侧就形成了两种浓度不同的混合油。由于分子的热运动及两侧混合油浓度的差异，油脂分子将不断地从其浓度较高的区域转移到浓度较低的区域，直到两侧的分子浓度达到平衡。

在分子扩散过程中，扩散物通过某一扩散面进行扩散的数量，应与该扩散面积的大小成正比，与该截面垂直方向上扩散物分子的浓度梯度成正比，与扩散时间成正比，与分子扩散系数成正比。分子扩散系数取决于扩散物分子的大小、介质黏度和温度。提高温度，可加速分子的热运动并降低液体的黏度，因此分子扩散系数增大，分子扩散速度提高。

2. 对流扩散

对流扩散是指物质溶液以较小体积的形式进行的转移。与分子扩散一样，扩散物的数量与扩散面积、浓度差、扩散时间及扩散系数有关。在对流扩散过程中，对流的体积越大，单位时间内通过单位面积的这种体积越多，对流扩散系数越大，物质转移的数量也就越多。

油脂浸出过程的实质是传质过程，其传质过程是由分子扩散和对流扩散共同完成的。在分子扩散时，物质依靠分子热运动的动能进行转移。适当提高浸出温度，有利于提高分子扩散系数，加速分子扩散。而在对流扩散时，物质主要依靠外界提供的能量进行转移。一般是利用液位差或泵产生的压力使溶剂或混合油与油料处于相对运动状态；促进对流扩散。

（二）浸出溶剂

1. 浸出溶剂的基本要求

浸出法制油过程中浸出溶剂存在于整个油脂浸出工艺之中。溶剂的成分与件质对油脂浸出工艺的生产技术指标、经济效益和产品质量以及安全生产都具有不同程度的影响。

浸出法制油过程中所采用的溶剂应该在技术和工艺上满足浸出工艺的各项要求。浸出法制油过程中所采用的溶剂应该保证油料中的有效营养成分不被破坏，保持油脂中的脂溶性物质不被破坏，保持脱脂后的粕中蛋白质不变性，有利于开发油料蛋白质，充分利用资源。浸出法制油过程中所采用的溶剂应该保证浸出油脂的安全生产。

在浸出工艺中也可用混合溶剂分别提取油料中的不同物质。选择性溶解油料中的脂溶性物质，提取出油料中各种不同物质。选用混合溶剂浸出油料是油脂工业中的一个待开发的领域。

一般来说，对溶剂的要求是力求在浸出过程中获得最高出油率，保证获得高质量的油脂和成品粕，溶剂应尽量避免对人体产生伤害，保证生产操作的安全。其具体要求表现在溶剂的性质和对油脂的溶解性能方面。

物质的溶解一般遵循"相似相溶"的原理，即溶质分子与溶剂分子的极性愈接近，相互溶解程度愈大；否则，相互溶解程度小甚至不溶。分子极性大小通常以"介电常数"来表示，分子极性愈大，其介电常数也愈。植物油脂的介电常数较小，常温下一般为 3.0 ～ 3.2。所选用的浸出溶剂极性也应较小。几种主要有机溶剂的理化性质见表 5 - 2。正是这几种有机溶剂的介电常数与油脂比较接近，从而保证油脂的浸出过程得以顺利进行。

表 5 - 2　　　　　　　　　常用有机溶剂的理化性质

溶剂	正己烷	轻汽油	正丁烷	丙烷
相对分子质量	86. 176	91（平均）	58	44
介电常数（20℃）	1. 89	2. 0	1. 78	1. 69
常压下沸点/℃	68. 7	70 ～ 85	- 0. 5	- 42. 2
爆炸极限/（mg/L）	1. 2 ～ 6. 9	1. 25 ～ 4. 9	1. 6 ～ 8. 5	2. 4 ～ 9. 5

根据油脂浸出工艺及安全生产的需要，用作浸出油脂的溶剂，应符合以下几项要求。

（1）油脂有较强的溶解能力　在室温或稍高于室温的条件下，能以任何比例很好地溶解油脂，对油料中的其他成分，溶解能力要尽可能小，甚至不溶。这样，既能把油料中的油脂尽可能多地提取出来，又可能使混合油中少溶甚至不溶解其他杂质，提高毛油质量。

（2）既要容易汽化，又要容易冷凝回收　为了容易脱除混合油和湿粕中的溶剂，使毛油和成品粕不带异味，要求溶剂容易汽化，也就是溶剂的沸点要低，汽化潜热要小。但又要考虑在脱除混合油和湿粕的溶剂时产生的溶剂蒸气容易冷凝回收，要求沸点不能太低，否则会增加溶剂损耗。实践证明，溶剂的沸点在 65～70℃ 范围内比较合适。

（3）具有较强的化学稳定性　溶剂在生产过程中是循环使用的，反复不断地被加热、冷却。一方面，要求溶剂本身物理、化学性质稳定，不起变化；另一方面，要求溶剂不与油脂和粕中的成分起化学变化，更不允许产生有毒物质；另外对设备不产生腐蚀作用。

（4）在水中的溶解度小　在生产过程中，溶剂不可避免要与水接触，油料本身也含有水。要求溶剂与水互不相溶，便于溶剂与水分离，减少溶剂损耗，节约能源。安全性溶剂在使用过程中不易燃烧，不易爆炸，对人畜无毒。在生产中，往往因设备、管道密闭不严和操作不当而使液态和气态溶剂泄漏出来。因此，应选择闪点高、不含毒的溶剂。

（5）溶剂来源丰富　油脂浸出的溶剂要满足较大工业规模生产的需求，即溶剂的价格要低，来源要充足。

2. 常用的浸出溶剂

植物油的浸出溶剂一般为是低黏度、低沸点、低极性或中极性的物质。在国内和国外浸出植物油的实践中，脂肪族碳氢化合物获得了最广泛的应用。其中轻汽油、工业己烷是目前工业化制取植物油脂中应用最广泛的溶剂。

（1）轻汽油　我国目前普遍采用的 6 号溶剂油俗称浸出轻汽油。浸出用的轻汽油比较便宜，对设备材料呈中性，对油脂有很好的溶解特性，所以得到了广泛的应用。轻汽油是石油原油的低沸点分馏物，为多种碳氢化合物的混合物，没有固定的沸点，通常只有一沸点范围（馏程）。

6 号溶剂油对油脂的溶解能力强，在室温条件下可以任何比例与油脂互溶；对油中胶状物、氧化物及其他非脂肪物质的溶解能力较小，因此浸出的毛油比较纯净。6 号溶剂油物理、化学性质稳定，对设备腐蚀性小，不产生有毒物质，与水不互溶，沸点较低，易回收，来源充足，价格低，能满足大规模工业生产的需要。6 号溶剂油最大的缺点是容易燃烧爆炸，并对人体有害，损伤神经。6 号溶剂油的蒸气与空气混合能形成爆炸气体；轻汽油蒸气易积聚在地面及低洼处，造成局部溶剂蒸气含量超标；溶剂蒸气对人的中枢神经系统有毒害作用。所以，工作场所每升空气中的溶剂油气体的含量不得超过 0.3mg，并注意工作场所中低洼地方的空气流通。另外，6 号溶剂油的沸点范围较宽，在生产过程中沸点过高和过低的组分不易回收，造成生产过程中溶剂的损耗增大。

（2）正己烷　正己烷是一种六碳烷烃，其沸点为 68.7℃。而用于浸出工业的工业己烷是一种混合物，它的主要成分是正己烷，还含有戊烷和环己烷等化合物。己烷的沸点范围是 66.1～69.4℃。作为浸出油脂的溶剂，工业己烷的优点是，沸点低且范围小，溶剂易回收，对设备腐蚀性小，汽化潜热也较小。美国、日本大都采用工业己烷作浸出溶剂；但由于工业己烷的价格较高，在我国应用较少。

（3）正丁烷　正丁烷在常温下为无色无臭的气体，常压下沸点为 -0.5℃。然而在常温（18.9℃）和压力高于 0.2MPa 时，正丁烷呈液态。试验证明，采用液态正丁烷（或丙烷混合物）在低压条件下浸出油脂时，浸出速度大大提高，毛油中非脂肪物质含量下降。而且脱脂粕的脱溶方法也十分简单，只需在常温或稍加温（40～50℃）条件下便可很容易回收丁烷和丙烷。由于油脂浸出在常温下进行，脱脂粕中蛋白质变性程度极低，提供了制取高质量蛋白质的基础。其缺点是对浸出设备条件和安全要求较高。优点是工艺简单、设备少，生产灵活，投资少；低温低压浸出能确保毛油和脱脂粕蛋白质的高质量；可利用工艺系统内部热交换技术，大大降低生产成本与能耗；浸出车间基本无三废排放，减少环境污染。

（4）丙酮 丙酮与水以任何比例都能互溶。化学纯的丙酮是中性的，不会对设备产生腐蚀，因为它不会与水形成共沸混合物，且沸点低，生产中容易回收，所得产品质量较好，所以是一种很好的溶剂。丙酮在水中的无限溶解度，使其能够采用简单的洗涤进行回收。

丙酮是亲油、亲水溶剂。最近在选择性浸出上，特别是在加工亚麻籽、棉籽时，建议应用丙酮。因为丙酮浸出棉籽，与油一起提取出来的还有棉酚和某些其他非脂肪物质，从而获得脱除棉酚的粕。另外，丙酮不溶解磷脂和胶质，这有利于油脂的精炼，提高粕的饲料价值。在对丙酮混合油进行相应的处理（蒸发、浓缩、添加碱液，然后再添加大量的水）后形成了两层：油层，其中含有所有的中性油和少量的丙酮；水层，其中几乎包含了所有的丙酮和油脂伴随物质。

丙酮浸出棉籽粕的颜色极淡，含游离棉酚0.03%和小于0.5%的结合棉酚，这是工业己烷浸出粕所无法相比的。这个数据是在预榨浸出的操作下取得的，如果采用一次浸出，则粕中含有的结合棉酚和游离棉酚将更低一些。一般粕中残油率均可达到1%以下。

（5）乙醇 乙醇是具有一定化学成分和固定沸点的溶剂。乙醇对油的溶解度，如使用98%以上的乙醇，在达到其沸点以前，就可使油和乙醇完全互溶；但要使用95.92%的乙醇，就要在88℃左右才能与油互溶，这就超过了乙醇的沸点，也就是说，必须在一定压力下才能使乙醇和油互溶。乙醇和水易形成恒沸溶液。此时乙醇的浓度为92.97%，为此在常压下，当温度为60~70℃时，油在乙醇中的溶解度仅为5%左右，这就需要大量的乙醇才能将一定量的油从大豆中浸取出来，而且必须消耗较多的热量和动力。

为此，所得毛油可不需处理或略加处理即可食用。乙醇用作油脂的浸出溶剂，特别是连续式的浸出，还需做更多的研究。

综上所述，完全符合以上要求的溶剂可以称为理想溶剂。事实上，到目前为止，国内外都还没有发现这样的理想溶剂。因此，对浸出溶剂的要求，主要作为选择浸出溶剂时参考的依据。在选择工业溶剂时，应该选择优点较多的溶剂，至于它的缺点，可以通过工艺和操作方面采取适当的措施加以克服。

我国制油工业实际生产中应用最普遍的浸出溶剂有工业己烷或轻汽油等几种脂肪族碳氢化合物。其中轻汽油是我国目前应用最多的一种溶剂，它是石油原料低沸点分馏产物，符合溶剂上述的基本要求。但它的最大缺点是易燃易爆，空气中含量达到1.25%~49%时有爆炸危险；同时，轻汽油成分复杂，沸点范围较宽。

3. 对料坯的要求

大豆原料经过预处理，应使其料坯的结构与性质满足浸出工艺的要求，以获得好的浸出效果。

（1）细胞破坏程度越彻底越好。

（2）料坯薄而结实，粉末度小 这样浸出距离短，溶剂与料坯接触面积大，有利于提高浸出效率。大豆直接浸出法要求料坯厚度为0.2~0.3mm为宜。

（3）水分适宜 浸出溶剂不溶于水，如果料坯中水分高了，内部空隙充满水分，就会影响到溶剂的渗透和对油脂的溶解作用。所以料坯水分宜低。

（4）适当的温度　料坯温度高，油脂黏度低，容易流动，浸出效果好。但应注意，料坯温度不宜超出溶剂的沸点，以免使溶剂汽化。所以料坯温度一般控制在 45 ~ 55℃，不宜超过 60℃。

（三）浸出制油工艺

1. 常规工艺总体流程

一个完整的浸出工艺包括溶剂浸出、混合油分离、湿粕脱溶烘干以及溶剂回收等工序。基本工艺流程如图 5 - 6 所示。

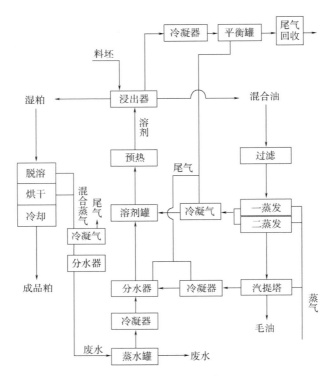

图 5 - 6　油脂浸出法工艺流程

2. 浸出工序

溶剂浸出是浸出法制油的主体工序。在浸出工序中，通过特定的浸出装置，以合理的浸出方式，实现溶剂与料坯的充分接触，从而达到充分溶解油脂、提取油脂的目的。良好的浸出效果又是由正确的浸出方式、合适的浸出工艺条件来保证的。

（1）浸出方式　浸出方式是指油脂浸出过程中溶剂与料坯的接触方式。浸出方式有 3 种。

①浸泡式：料坯始终浸泡在溶剂（或稀混合油）中而完成浸取过程，这种方式浸出时间短、混合油量大；但浓度较稀，即混合油中含油脂量少、含渣较多。

②渗滤式：溶剂与料坯接触过程始终为喷淋—渗透状态，浸出后可得到含油脂多的浓混合油，混合油中含渣量也小，但浸出时间较长。

③浸泡、喷淋混合式：先将料坯浸泡，再进行喷淋渗透，既提高了浸出速率和出油效率，又减少了浸出时间。

按浸出器的类型还可把浸出方式分为间歇式和连续式。以浸泡罐浸出的方式为间歇式，而目前普遍应用其他浸出器则为连续式。

然而无论哪种浸出方式，都基本采取逆流浸出的过程。

溶剂浸出过程中料坯中的油分不断地被不同浓度的溶剂提取出来，使粕中残油逐渐降低，直到规定指标，而溶剂中含油的浓度则沿着逆向逐渐增浓，最后排出回收。

（2）浸出工艺条件

①浸出温度与浸出时间：浸出温度的要求与料坯的温度一致。溶剂应先预热。

浸出时间从理论上讲，浸出时间越长，浸出效果越好，粕中残油率越低。实际生产中，油脂浸出过程可分成两个阶段，第一阶段主要是由溶剂溶解被破坏的细胞中的油脂，提取量大，且时间短，一般仅 15～30min，即可提取总含油量的85%～90%；第二阶段，需溶剂渗透到未被破坏的细胞中，时间长而效率低。应根据实际情况考虑最佳"经济时间"。

②溶剂的渗透速率：浸出过程是将溶剂（或稀混合油）与一批料坯接触后再与另一批新料接触，直到浸出完毕，那么，单位时间内通过单位面积的溶剂量即渗透速率，成为浸出制油效率的因素。一般认为，大豆浸出过程，渗透速率以 360L/（dm²·h）为宜。

③溶剂用量与溶剂比：溶剂用量通常以"溶剂比"来衡量，溶剂比的定义是单位时间内，所用溶剂质量与被浸物料质量的比值。溶剂比的大小直接影响到浸出后的混合油浓度以及浸出时料坯内外混合油的浓度差、浸出速率以及残油率等技术指标，一般多阶段混合式浸出的溶剂比为（0.3～0.6）:1。

④沥干时间与湿粕含溶量：浸出过程结束后，总希望粕中残留溶剂尽量少，以减轻湿粕脱溶的设备负荷，所以应适当延长沥干时间，大豆坯一次浸出的湿粕极限含溶量为25%～30%，沥干需要 20min 左右。

（3）浸出器的类型　浸出器的形式很多，可概括地分为连续式和间歇式，按浸出方式又分为浸泡式、渗滤式与混合式（图5-7）。每种浸出方式的设备又分许多种结构。其中的单罐及罐组式因间歇生产，劳动强度大，已日趋淘汰。而平转式、环型拖链式等浸出效率高，工艺先进，已得到普遍应用，但造价较高。

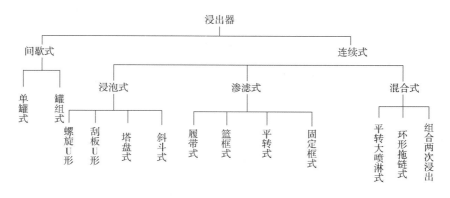

图5-7　浸出器的类型

（四）湿粕脱溶

从浸出器出来的"湿粕"通常含有20%～40%的溶剂。必须经过脱溶与烘干，最后回收粕中的溶剂并降低水分，使之达到规定的残留溶剂量指标［（500～1000）×10⁻⁶］与安全贮存水分。回收溶剂的过程称为脱溶，烘干去水的过程称为烤粕。

1. 脱溶烤粕的基本过程

脱溶阶段主要是利用直接蒸汽穿过料层，两者经过接触传热后使溶剂沸腾而挥发。直接蒸汽既作为加热溶剂的热源，又有压力带着溶剂一起蒸发出来。但同时水蒸气在加热溶剂的同时也会部分凝结成水滴留存于粕中，增加了豆粕的水分，所以需经烤粕处理去除水分，烤粕一般采用间接蒸汽加热，烘除水分。

2. 脱溶烤粕的基本方法

高温脱溶法以表压为 0.05MPa 的直接蒸汽，通过 1.5m 左右厚度的料层，蒸烘 30 ~ 40min，再以表压 0.4 ~ 0.5MPa 的间接蒸汽烘干去水，以达到规定含水量要求。出粕温度在 105℃ 以上。这种粕蛋白质变性严重，不利于蛋白质的进一步加工利用。

闪蒸预脱溶（低温脱溶）法用高速流动的过热溶剂蒸气将湿粕吹至旋风分离器，以极短的时间脱除溶剂，脱溶后的粕借自重进入喂料器，均匀进入蒸烘冷却器。蒸烘冷却器保持 26664.4 ~ 53328.8Pa 的真空度，上部以少量直接蒸汽脱尽残溶，下层吹入干燥冷空气以去除水分。这样，豆粕受热时间短，蒸烘温度低，无水蒸气直接作用，出粕温度不超过 70 ~ 80℃，故蛋白质变性率低，仅 1% ~ 2%，有利于蛋白质的进一步开发利用。

机械预脱溶法为了节约蒸汽，有时运用机械挤压的方式先挤出部分溶剂，再进行热力脱溶和烤粕。

脱溶烤粕设备主要有多段卧式烘干机、高料层烘干机以及蒸烘冷却器等。

（五）混合油蒸发

从浸出工序得到的浓混合油中含油量一般为 10% ~ 30%，要得到毛油必须从混合油中把溶剂蒸脱掉，浸出法制油规定毛油中残留溶剂指标为 $(50 ~ 500) \times 10^6$。

从混合油中脱除溶剂是利用溶剂的沸点比油脂沸点低的特性，采用加热使混合油沸腾，从而使溶剂汽化而保留油脂，但由于溶剂与油脂是均匀互溶液体，在一定的压力或真空的条件下，溶剂的沸点有随着混合油浓度的增加而提高的趋势。例如，在常压条件下，若使混合油提浓至 95% 以上，加热温度需达到 142.8℃ 以上，而在混合油浓度为 50% 时，只需加热至 70℃ 以上。但如果在 21331.52Pa 的真空条件下，将混合油提浓至 95%，只需加热至 73.89℃（表 5 – 3）。

表 5 – 3　　　　　　　　　　　　混合油浓度与沸点的关系

绝压/mmHg[①]	沸点									
	0%[②]	50%	60%	70%	80%	85%	90%	92%	95%	98%
760	66.7	70	72.2	72.2	85.6	93.8	110.6	120.0	142.8	—
460	51.11	54.4	56.1	66.0	67.78	75.0	87.2	95.0	114.4	132.8
160	26.65	27.78	29.44	32.78	38.9	45.0	53.89	61.1	73.89	97.2

注：①mmHg 为非法定计量单位，1mmHg = 133.322Pa；②混合油浓度。

可见，仅靠加热蒸发是除不尽混合油中溶剂的，所以还必须配合汽提的方法。常规的混合油分离可分为两个步骤：

混合油蒸发即以间接蒸汽加热，蒸脱溶剂。经过过滤的浓混合油一般又经过两步蒸发，第一步以 80 ~ 85℃ 的温度，间接蒸汽压力为 0.2 ~ 0.3MPa（表压），将混合油蒸浓至 60% 的浓度。第二步以 100 ~ 105℃ 的温度，间接蒸汽压力为 0.3 ~ 0.5MPa（表压），将混合油蒸浓至 90% ~ 95%。

如采用真空蒸发，温度可以降低。

汽提在 110~115℃ 的温度下，通入压力为 0.02~0.05MPa 的直接蒸汽，使混合油中的少量溶剂随蒸汽一起带走，以脱尽残留溶剂。

蒸发设备常用长管式蒸发器，汽提设备有升膜式、管式汽提塔等。

（六）溶剂回收

浸出法制油过程中，除极少量不可避免的溶剂损失外，按严格的工艺要求都要回收，主要是通过脱溶烤粕和混合油蒸发汽提工序，还要尽量回收尾气。

溶剂回收的设备有冷凝器、分水器、蒸水罐以及尾气回收装置等。

第四节　超临界流体萃取法制油

一、超临界流体萃取法制油的原理

超临界流体萃取技术是用超临界状态下的流体作为溶剂对油料中油脂进行萃取分离的技术。

一般物质，当液相和气相在常压下平衡时，两相的物理特性如密度、黏度等差异显著。但随着压力升高，这种差异逐渐缩小。当达到某一温度（临界温度）和压力（临界压力）时，两相的差别消失，合为一相，这一点就称为临界点。在临界点附近，压力和温度的微小变化都会引起气体密度的很大变化。随着向超临界气体加压，气体密度增大，逐渐达到液态性质：这种状态的流体称为超临界流体。超临界流体具有介于液体和气体之间的物化性质，其相对接近液体的密度使它有较高的溶解度，而其相对接近气体的黏度又使它有较高的流动性能，扩散系数介于液体和气体之间，因此其对所需萃取的物质组织有较佳的渗透性。这些性质使溶质进入超临界流体较进入平常液体有较高的传质速率。将温度和压力适宜变化时，可使其溶解度在 100~1000 倍的范围内变化。一般地讲，超临界流体的密度越大，其溶解力就越强，反之亦然。也就是说，超临界流体中物质的溶解度在恒温下随压力 p（$p > p_c$ 时）升高而增大，而在恒压下，其溶解度随温度 t（$t > t_c$ 时）增高而下降。这一特性有利于从物质中萃取某些易溶解的成分，而超临界流体的高流动性和扩散能力则有助于所溶解的各成分之间的分离，并能加速溶解平衡，提高萃取效率。通过调节超临界流体的压力和温度来选择性地萃取所要的物质。

油脂工业开发应用超临界 CO_2 作为萃取剂。从 CO_2 的相平衡图（图 5-8）可

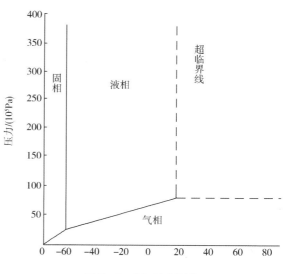

图 5-8　CO_2 的相平衡

以看到，CO_2 的临界温度为 31.1℃，临界压力为 7.3MPa，当温度高于 31.1℃、压力大于 7.3MPa 时，CO_2 即处于超临界流体状态，而这样的条件在现代工业中是完全可以实现的。

超临界 CO_2 萃取技术的发展为油脂加工提供了新的、有前途的工艺。近 30 年来，国内外在超临界 CO_2 萃取植物油脂的基础理论研究和应用开发上都取得了一定的进展，对超临界 CO_2 提取大豆油、小麦胚芽油、玉米胚芽油、棉籽油、葵花籽油、红花籽油等都做了系统的研究，制造出容积超过 10000L 的提取装置，并在特种油脂方面已有工业化生产，德国、日本、美国在这方面处于领先地位。国内近年来也对超临界提取植物油脂进行了大量的开发性研究，在提取设备方面，已生产出了 1~10000L 的超临界 CO_2 提取装置，供实验和生产使用。植物油脂的 CO_2 超临界流体萃取制油技术，可以说是该技术领域最有商业价值的应用技术，在不久的将来必然会得到迅速的推广和应用。

二、 超临界流体萃取工艺

超临界流体萃取工艺是以超临界流体为溶剂，萃取所需成分，然后采用升温、降压或吸附等手段将溶剂与所萃取的组分分离。所以，超临界流体萃取工艺主要由超临界流体萃取溶质和被萃取的溶质与超临界流体分离两部分组成。根据分离过程中萃取剂与溶质分离方式的不同，超临界流体萃取可分为 3 种加工工艺形式（图 5-9）。

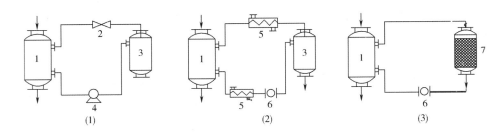

图 5-9　超临界萃取基本流程
（1）恒温萃取　（2）恒压萃取　（3）吸附萃取
1—萃取罐　2—膨胀阀　3—分离罐　4—压缩机　5—换热器　6—输送泵　7—吸附罐

1. 恒压萃取法

从萃取器出来的萃取相在等压条件下，加热升温，进入分离器溶质分离。溶剂经冷却后回到萃取器循环使用。

2. 恒温萃取法

从萃取器出来的萃取相在等温条件下减压、膨胀，进入分离器溶质分离，溶剂经调压装置加压后再回到萃取器中。

3. 吸附萃取法

从萃取器出来的萃取相在等温等压条件下进入分离器，萃取相中的溶质由分离器中吸附剂吸附，溶剂再回到萃取器中循环使用。

第五节　水溶剂法制油

水溶剂法制油是根据油料特性、水和油物理化学性质的差异，以水为溶剂，采取一些加工技术将油脂提取出来的制油方法。根据制油原理及加工工艺的不同，水溶剂法制油有水代法制油和水剂法制油两种。近年来，在水溶剂法制油的基础上，采用添加纤维素酶、α - 淀粉酶以及蛋白酶等酶制剂的方法，提高水溶剂法制油的出油率。因为通过这些酶对油脂原料中纤维素、淀粉以及蛋白质的部分水解作用，促进了油脂与非油脂成分的分离。

一、水代法制油

（一）水代法制油原理

水代法制油是利用油料中非油成分对水和油的亲和力不同，以及油水之间的密度差，经过一系列工艺过程，将油脂和亲水性的蛋白质、糖类等分开。水代法制油主要运用于传统的小磨芝麻油的生产。芝麻种子的细胞中除含有油分外，还含有蛋白质、磷脂等，它们相互结合成胶状物，经过炒籽，使可溶性蛋白质变性，成为不可溶性蛋白质。当加水于炒熟磨细的麻酱中时，经过适当的搅动，水逐步渗入麻酱之中，油脂就被代替出来。

（二）工艺流程

芝麻水代法制油工艺流程见图 5 – 10。

芝麻→ 筛选 → 漂洗 → 炒籽 → 扬烟 → 吹净 → 磨酱 → 对浆搅油 → 振荡分油 ↗芝麻油
↘麻渣

图 5 – 10　芝麻油水代法工艺流程

（三）操作要点

1. 筛选

清除芝麻中的杂质，如泥土、沙石、铁屑等杂质及杂草籽和不成熟芝麻粒等。筛选越干净越好。

2. 漂洗

用水清除芝麻中与芝麻大小差不多的并肩泥、微小的杂质和灰尘。将芝麻漂洗浸泡 1 ~ 2h，让芝麻均匀地吃透水分。浸泡后的芝麻含水量为 25% ~ 30% 。将芝麻沥干，再入锅炒籽。若芝麻尚湿就入锅炒籽，容易掉皮。浸泡有利于细胞破裂。芝麻经漂洗浸泡，水分渗透到完整细胞的内部，使凝胶体膨胀起来，再经加热炒籽，就可使细胞破裂，油体原生质流出。

3. 炒籽

采用直接火炒籽。开始用大火，此时芝麻含水量大，不会焦煳；炒至 20min 左右，芝麻外表鼓起来，改用文火炒，用人力或机械搅拌，使芝麻熟得均匀。炒熟后，往锅内泼炒籽量 3% 左右的冷水，再炒 1min，芝麻出烟后出锅。泼水的作用是使温度突然下降，让芝麻组织酥散，有利于磨酱，同时也使窝烟随水蒸气上扬。炒好的芝麻用手捻即出油，呈咖啡色，牙咬芝麻有酥脆均匀、生熟一致的感觉。这里值得一提的是，专为食用的芝麻酱要用文火炒籽，而专为提取小磨香油的香味芝麻要火大一些，炒得焦一些。

炒籽的作用主要是使蛋白质变性，利于油脂取出。芝麻炒到接近200℃时，蛋白质基本完全变性，中性油脂含量最高，超过200℃烧焦后，部分中性油溢出，油脂含量降低。此外，在对浆搅油时，焦皮可能吸收部分中性油，所以，芝麻炒得过老则出油率降低。炒籽生成香味物质，只有高温炒的芝麻才有香味。高温炒籽后制出的油，如不再加高温，就能保留住浓郁的香味。这就是水代法取油工艺的主要特点之一。

4. 扬烟

吹净出锅的芝麻要立即散热，降低温度，扬去烟尘、焦末和碎皮。焦末和碎皮在后续工艺中会影响油和渣的分离，降低出油率。出锅芝麻如不及时扬烟降温，可能产生焦味；影响香油的气味和色泽。

5. 磨酱

将炒酥吹净的芝麻用石磨或金刚砂轮磨浆机磨成芝麻酱。芝麻酱磨得愈细愈好。把芝麻酱点在拇指指甲上，用嘴把它轻轻吹开，以指甲上不留明显的小颗粒为合格。磨酱时添料要匀，严禁空磨，随炒随磨，熟芝麻的温度应保持在65~75℃，温度过低易回潮，磨不细。石磨转速以30r/min为宜，石磨的磨纹很细，磨几批芝麻后就需要凿磨一次。

磨酱的作用可使内部油脂聚集，处于容易提取的状态（油脂黏度降低），经磨细后形成浆状。由于芝麻含油量较高，出油较多，此浆状物是固体粒子和油组成的悬浮液，比较稳定，固体物和油很难通过静置而自行分离。因此，必须借助于水，使固体粒子吸收水分，增加密度而自行分离。

磨酱要求越细越好，这有两个目的：一个是使油料细胞充分破裂，以便尽量取出油脂；另一个是在对浆搅油时使水分均匀地渗入麻酱内部，油脂被完全取代。

6. 兑浆搅油

用人力或离心泵将麻酱泵入搅油锅中，麻酱温度不能低于40℃，分4次加入相当于麻酱重80%~100%的沸水。第一次加总用水量的60%，搅拌40~50min，转速为30r/min。搅拌开始时麻酱很快变稠，难以翻动，除机械搅拌外，需用人力帮助搅拌，否则容易结块，持水不匀。搅拌时温度不低于70℃。到后来，稠度逐渐变小，油、水、渣三者混合均匀，40min后有微小颗粒出现，外面包有极微量的油。第二次加总用水量的20%，搅拌40~50min，仍需人力助拌，温度约为60℃，此时颗粒逐渐变大，外部的油增多，部分油开始浮出。第三次约加总加水量的15%，仍需人力助拌约15min，这时油大部分浮到表面，底部浆成蜂窝状，流动困难，温度保持在50℃左右。最后一次加水（俗称"定浆"）需凭经验调节到适宜的程度，降低搅拌速度到10r/min，不需人力助拌，搅拌1h左右，又有油脂浮到表面，此时开始"撇油"。撇去大部分油脂后，最后还应保持7~9mm厚的油层。

7. 振荡分油、撇油

经过上述处理的湿麻渣仍含部分油脂。振荡分油（俗称"墩油"）就是利用振荡法将油尽量分离提取出来。工具是两个空心金属球体（葫芦），一个挂在锅中间，浸入油浆，约及葫芦的2/3；另一个挂在锅边，浸入油浆，约及葫芦的1/2。锅体转速为10r/min，葫芦不转，仅做上下击动，迫使包在麻渣内的油珠挤出升至油层表面，此时称为深墩。约50min后进行第二次撇油，再深墩 50min 后进行第三次撇油。深墩后将葫芦适当向上提起，浅墩约 1h，撇完第四次油，即将麻渣放出。撇油多少根据气温不同而有差别。夏季宜多撇少留，冬季宜少撇多留，借以保温。当油撇完之后，麻渣温度在 40℃ 左右。

二、 水剂法制油

（一）水剂法制油原理

水剂法制油是利用油料蛋白（以球蛋白为主）溶于稀碱水溶液或稀盐水溶液的特性，借助水的作用，把油、蛋白质及糖类分开。其特点是以水为溶剂，食品安全性好，无有机溶剂浸提的易燃、易爆之虑。在制取高品质油脂的同时，可以获得变性程度较小的蛋白粉以及淀粉渣等产品。水剂法提取的油脂颜色浅，酸价低，品质好，无需精炼即可作为食用油。与浸出法制油相比，水剂法制油的出油率稍低，与压榨法制油相比，水剂法制油的工艺路线长。

水剂法制油主要用于花生制油，同时提取花生蛋白粉的生产。将花生仁烘干、脱皮，然后碾磨成浆，加入数倍的稀碱溶液，促使花生蛋白溶解，油从蛋白质中分离出来，微小的油滴在溶液内聚集，由于密度小而上浮，部分油与水形成乳化油，也浮在溶液表层。将表面油层从溶液中分离出来，加热水洗，脱水后即可得到质量良好的花生油。另外，在蛋白溶液中加盐酸，调节溶液的氢离子浓度（pH），在等电点处使蛋白质凝聚沉淀，最后经水洗、浓缩、干燥而制成花生蛋白粉。

（二）工艺流程

花生水剂法制油工艺流程见图 5 – 11。

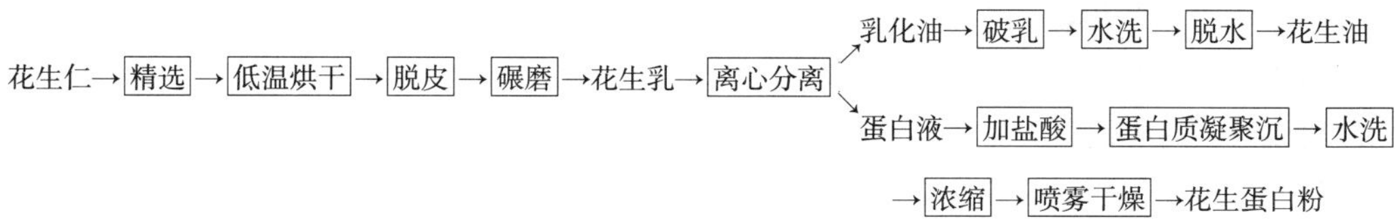

花生仁→ 精选 → 低温烘干 → 脱皮 → 碾磨 →花生乳→ 离心分离 →乳化油→ 破乳 → 水洗 → 脱水 →花生油

蛋白液→ 加盐酸 → 蛋白质凝聚沉 → 水洗 → 浓缩 → 喷雾干燥 →花生蛋白粉

图 5 – 11 花生水剂法制油工艺流程

（三）操作要点

1. 花生仁清理和脱皮

清理采用筛选的方法除杂，清理后的花生仁要求杂质 <0.1%。清理后的花生仁在远红外烘干设备中进行二次低温烘干，原料温度不超过 70℃，时间 2~3min，水分降至 5% 以下，如此处理既有利于脱除花生红皮；又使蛋白质变性程度轻。烘干后的物料立即冷却至 40℃ 以下，然后经脱皮机脱皮。通常采用砻谷机脱除花生红皮。仁皮分离后要求花生仁含皮率 <2%。

2. 碾磨

碾磨可以破坏细胞的组织结构。碾磨后固体颗粒细度在 10μm 以下，使其不至于形成稳定的乳化液，有利于分离。碾磨可用湿法碾磨或干法碾磨，将花生仁按仁水比 1：8 的比例，在 30℃ 的温水中浸泡 1.5~2h，然后直接用磨浆机或电动石磨磨成花生浆。碾磨的方式以干磨为佳。磨后的浆状液以油为主体；其悬浮液不会乳化。

3. 浸取

浸取是利用水将料浆中的油与蛋白质提取出来的过程。要求油和蛋白质充分进入溶液，不使它们在浸取过程中形成稳定的乳状液，以免分离困难。浸取采用稀碱液，因为稀碱液能溶解较多的蛋白质，又能起到一定的防腐和防乳化作用。干法碾磨浸取时固液比为 1∶8，调节氢离子浓度到 pH8 ~ 8.5，浸取温度为 62 ~ 65℃，浸出设备一般采用带搅拌的立式浸出罐，浸取过程中不断搅拌以利于蛋白质充分溶解。浸取时间为 30 ~ 60min，保温 2 ~ 3h，上层为乳状油，下层为蛋白液。

4. 分离工序

蛋白浆与残渣的混合液，必须分步骤把它们分开。根据实践，凡固液分离（如残渣和蛋白浆）选用卧式螺旋离心机，而液体分离（如油与蛋白溶液）则选用管式超速离心机或碟片式离心机效果较好。最好选用新型高效的三相（蛋白浆、油与残渣）自清理碟式离心机，以达到减少分离工序设备与降低损失的目的。

5. 破乳

浸取后分离出的乳状油含水分24% ~ 30%，含蛋白质1% 左右，很难用加热法去水，因而破乳工序是十分必要的。破乳的方法以机械法最为简单。此法是先将乳状油加盐酸调节氢离子浓度到 pH4 ~ 6，然后加热至 40 ~ 50℃并剧烈搅拌而破乳，使蛋白质沉淀，水被分离出来。接着再用超高速离心机将清油与蛋白液分开。清油经水洗、加热及真空脱水后便可获得高质量的成品油。

6. 蛋白液的浓缩

干燥经超高速离心机分离出来的蛋白液，在管式灭菌器内75℃下灭菌后，进入升膜式浓缩锅中，在真空度88 ~ 90.66kPa（680mmHg）、温度 55 ~ 65℃的条件下浓缩到干物质含量占30% 左右，接着用高压泵泵入喷雾干燥塔，在进风温度 145 ~ 150℃、排风温度 75 ~ 85℃（负压0.9kPa）的条件下，干燥成花生浓缩蛋白产品。

7. 淀粉残渣处理

淀粉残渣经离心机分离后，再经水洗、干燥后得到副产品淀粉渣粉，淀粉渣粉含有 10% 的蛋白质和30% 的粗纤维，可应用于食品或饲料生产。

近年来，在水剂法制油的基础上，采用添加纤维素酶、α - 淀粉酶以及蛋白酶等酶制剂的方法，以提高水剂法制油的出油率。因为通过这些酶对油脂原料中纤维素、淀粉以及蛋白质的部分水解作用，促进了油脂与非油脂成分的分离。

第六节　其他植物油料的制油特点

除大豆以外，我国还有许多种重要的植物油料，如油菜籽、棉籽、葵花籽、花生、米糠、玉米胚芽等。从这些油料中提取油脂也是我国油脂工业的重要组成部分。这些油料制油的基本工艺，也和大豆制油相似，但由于它们各自在原料特征特性、含油量以及副产品利用价值等方面又都具有一定的差异，所以在原料的预处理、制油工艺及工艺要求上又都具有各自的特点。本节分别进行简要说明。

一、 油菜籽制油

油菜籽含油率为33%～48%，含蛋白质20%～30%，是一种高油分油料，由于油菜籽中含有约4%的芥子苷（硫代葡萄糖苷），在制油过程中受热分解产生有毒物质，同时菜籽油中芥酸含量较高，从而影响了油、饼的利用价值。目前，世界上许多国家，包括我国广泛培育低芥酸、低芥子苷的"双低"油菜品种，正在有效地解决这一问题。

油菜籽的预处理过程要特别注意除去"并肩泥"，可采用反复筛选－打泥－筛选的过程，也可采用水洗的方式，使含杂量降低到0.5%以下。

预处理过程中，软化温度70～80℃，水分9%左右，轧坯厚度为0.3mm，蒸炒温度为100～105℃。

制油工艺多采用预榨－浸出工艺，预榨饼含油率为9.5%～12%，再以浸出法提取剩余的油脂。也可采用一次压榨法或二次压榨法。

二、 棉 籽 制 油

棉籽整籽含油15%～25%，棉籽仁含油32%～46%和30%的蛋白质，但棉籽仁中含有游离棉酚等有毒物质，故利用棉籽蛋白需进行脱毒处理。

棉籽外壳占棉籽整籽的40%～55%，外壳上还带有10%～14%的短绒。所以棉籽的预赴理首先要进行脱绒和去壳。棉籽脱绒需先将水分调节至11%左右，再经脱绒机进行2～4道脱绒，脱掉的短绒可用于纺织工业、化学工业和国防工业。脱绒后的棉籽经圆盘剥壳机或刀板剥壳机进行剥壳处理，得到较纯净的棉籽仁。

预处理中，棉籽仁的软化温度为60℃左右，轧坯厚0.3～0.4mm，蒸炒温度为125～128℃。

棉籽油的制取主要采用压榨工艺，棉籽原料含壳率高些（6%～10%），采用压榨工艺有利于提高出油率。

三、 花 生 制 油

花生仁中含油40%～51%，含蛋白质25%～31%，是一种高脂肪、高蛋白质油料。花生果含壳30%～35%，所以预处理要先经过清理、剥壳和仁壳分离工序。花生剥壳普遍采用刀笼式剥壳机、仁壳分离组合设备。该设备剥壳率可达98%以上。花生剥壳后，果仁亦可干燥脱掉"红衣"，即种皮。"红衣"是一种可供药用（制取血宁片）的副产品。

花生质地较软，预处理可不经软化，经适当热处理即可轧坯，轧坯厚0.5mm，蒸炒温度为107～121℃。花生油制取一般采用预榨－浸出法，预榨使饼中残油降至12%～14%，再以浸出法提取残油。也可采用二次压榨工艺。

四、 葵花籽制油

葵花籽属带壳油料，专门作为油料的油葵多为黑色小籽，壳薄饱满，全籽含油高达45%～54%，含壳率低，约为22%，仁中含蛋白质21%～31%。

葵花籽制油的预处理首先经清理、剥壳、壳仁分离工序。剥壳设备较多，以离心式剥壳机的使用效果较好。壳仁分离一般利用比重筛。欲提高剥壳率，应保持合适的含水量（7%～8%）和籽粒的均匀度。

葵花籽仁在轧坯和蒸炒工序中,应注意水分的调节,入榨水分以 1.2% ~ 1.8% 为宜。轧坯厚 0.5mm 左右,蒸炒温度 100 ~ 113℃。

葵花籽仁制油宜采取预榨—浸出工艺和二次压榨工艺。

五、 米 糠 制 油

米糠是稻谷加工的副产品,每加工 50kg 大米能出 3 ~ 5kg 米糠,米糠主要是稻谷的皮层、糊粉层和胚,含油 14% ~ 24%。米糠油也是优良的食用油脂,适合于烹调用。

米糠油提取工艺包括压榨法和浸出法两种。米糠不同于其他油料,具有淀粉含量高(36% ~ 43%)、易酸败不宜久存、体积质量小、颗粒细、粉末度大等特点。所以预处理应采取以下措施。

(1) 要保证新糠及时入榨,减少米糠中脂肪酸败带来的一系列不良后果。

(2) 由于米糠中含有解脂酶,如不能及时入榨,需采用合理的贮存方法,延缓或阻止脂肪酸败,可通过低温贮藏、加热干燥以及化学处理等途径解决。采用挤压膨化法可起到钝化解脂酶的作用。

(3) 筛选去杂,主要是通过筛选去除对制油影响较大的粗糠和碎米。

(4) 静态压榨需先轧坯,用螺旋榨油机压榨可不经轧坯。

(5) 蒸炒后糠坯入榨温度,静态压榨为 105 ~ 110℃,动态压榨为 110 ~ 130℃,浸出为 60 ~ 70℃。

(6) 浸出法制取米糠油,还需经过造粒成型,目前主要采用挤压膨化法。

六、 玉米胚芽制油

玉米胚芽是玉米淀粉生产或玉米制粉、制渣加工的副产品,玉米胚芽占玉米籽粒的 8% ~ 15.4%,纯胚芽含油达 34% ~ 57%,含蛋白质 15% ~ 25.4%,胚芽油中维生素 E 含量高,精炼后也是优良的食用油脂。

胚芽制油宜采用预榨浸出工艺,也可采用一次螺旋压榨工艺。预处理过程包括挤干、烘干脱水、蒸炒以及成型等工序。

第七节　油脂的精炼

由压榨法、浸出法或水代法制取的毛油中成分比较复杂。除甘油三酸酯外,还含有磷脂、游离脂肪酸、色素、过氧化物、蜡质以及各种机械杂质等。这些杂质的存在对于油脂的贮存、食用或加工都有不利的影响。为满足食用或工业用途的要求以及贮存、应用和保持营养成分与风味等方面的需要,必须有效地去除毛油中的各种杂质,毛油去杂的工艺过程称为油脂的精炼。

一、 毛油中机械杂质的去除

毛油中的机械杂质包括饼粉、壳屑与沙土等固体物,可以采取沉降、过滤或离心分离等方法加以去除。

（一）沉降法

凡利用油和杂质之间的密度不同并借助重力将它们自然分开的方法称为沉降，所用设备简单，凡能存油的容器均可利用。但这种方法沉降时间长、效率低，生产实践中已很少采用。

（二）过滤法

借助重力、压力、真空或离心力的作用，在一定温度条件下使用滤布过滤的方法统称为过滤法。油能通过滤布而杂质留存在滤布表面从而达到分离的目的。过滤设备主要有箱式过滤机、板框式压滤机、圆盘过滤机和真空叶滤机等，但多为间歇式操作，劳动强度大，过滤效率不高。

（三）离心分离法

凡利用离心力的作用进行过滤分离或沉降分离油渣的方法称离心分离法，离心分离效果好，生产连续化，处理能力大，而且滤渣中含油少，但设备成本较高。

二、脱　胶

毛油中或多或少都含有磷脂、蛋白质以及多种树脂状胶质。如浸出大豆油中含磷脂高达3%~4%，热榨大豆油磷脂含量也达 2.5%~3.5%，其他植物浊脂中磷脂含量相对低些，在0.3%~0.9% 的范围内。

磷脂吸水性强，磷脂和其他胶体物质的存在对油脂的贮藏加工均有不利影响，但提取出来的磷脂具有很高的营养及应用价值。所以，脱除磷脂等胶体物质是油脂精炼的重要工序。

（一）水化法脱胶

水化就是利用热水或稀碱、盐或其他电解质溶液处理毛油，使毛油中的磷脂等胶质吸水膨胀，凝聚沉淀而从油中分离出来，在沉淀胶质的同时，也能使机械杂质及某些其他杂质一起沉淀出来，沉淀出来的胶质称油脚。

水化法脱胶的基本流程见图 5-12，操作中可根据情况采取不同的水化温度和加水量。一般低温水化（20~30℃）加水量为油中含磷量的 0.5~1 倍，高温水化（80~90℃）加水量为油中含磷量的 3~4 倍。

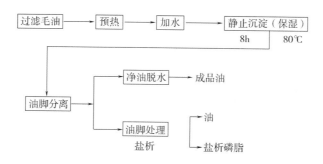

图 5-12　水化法脱胶流程

水化法操作简单易行，但只能除去亲水性磷脂，大多数油料中含有 0.2%~0.8% 的非亲水性磷脂，需采取另外的脱胶方法。

（二）加酸脱胶

加酸脱胶就是在毛油中加一定量的无机酸或有机酸，使油中的非亲水性磷脂转化为亲水性磷脂，或使油中的胶质结构变得紧密，达到容易沉淀和分离的目的。

1. 磷酸脱胶

在毛油中加入磷酸后能将非亲水性磷脂转变为亲水性磷脂，从而易于沉降分离。操作过程是添加油重0.1%~1%的磷酸，磷酸浓度为85%，在60~80℃条件下充分搅拌。接触时间视设备条件和生产方式而定。然后将混合液送入离心机进行分离脱除胶质。离心分离的操作温度应控制在80~85℃。

2. 浓硫酸脱胶

利用浓硫酸具有脱水的作用，使蛋白质变性和黏液质树脂化而沉淀。具体操作过程是在油温30℃以下，加入油重0.5%~1.5%的浓硫酸，经强力搅拌，待油色变淡（浓硫酸能破坏部分色素），胶质开始凝聚时，添加1%~4%的热水稀释，静置2~3h，即可分离油脂，分离得到的油脂再以水洗2~3次。也可利用稀硫酸（2%~5%浓度）脱胶。

3. 其他脱胶

采用加柠檬酸、醋酐等凝聚磷脂，或以磷酸凝聚结合白土吸附等方法脱胶。

三、脱　　酸

未经脱酸工序的油脂往往含有一定量的游离脂肪酸，游离脂肪酸含量增加则导致油脂酸价提高，油质下降。所以，欲提高油脂质量，需脱除游离脂肪酸。

（一）碱炼法

碱炼过程就是利用加碱，与油中游离脂肪酸起中和反应，生成脂肪酸盐和水，将其分离提纯的过程，形成的沉淀物称皂脚。

碱炼工序产生的主要作用：中和脂肪酸生成皂脚沉淀；皂脚吸附蛋白质及少量机械杂质一起沉淀；皂化部分磷脂，对于酸价较高而含磷量较少的毛油可用一步碱炼法同时脱磷和脱酸。加碱量是碱炼操作的关键因素。理论耗碱量通常根据测定油脂酸价［单位油中所含的烧碱量（kg/t）］或游离脂肪酸含量来换算：

$$理论烧碱量 = 0.713 \times 酸价值$$

或：

$$烧碱量（\%） = \frac{烧碱相对分子质量（40）\times 游离脂肪酸含量（\%）}{油酸相对分子质量（282）}$$

生产中实际耗碱量常比理论值多0.05%~0.35%。

碱炼操作过程包括进油（脱胶处理）、加碱、升温、加水、静置沉淀、水洗、真空干燥以及皂脚撇油等步骤。碱炼操作按加碱浓度与油温的不同又分为低温浓碱法（初温20~30℃，碱液浓度20~25°Bé）与高温淡碱法（初温75℃，碱液浓度10~16°Bé）。根据设备条件不同；还分为间歇式碱炼、连续式碱炼以及半连续式碱炼。

（二）蒸馏脱酸法

蒸馏脱酸法又称为物理精炼，这种脱酸法不用碱液中和，而是借助直接蒸汽加热，在真空条件下使游离脂肪酸与低分子气味物质随着蒸汽一起排出。这种方法适合于高酸价油脂。

蒸馏脱酸基本工艺过程是在残压为266.644~666.61Pa的真空条件下，将油加热到163~260℃，通入0.1~0.2MPa（表压）直接蒸汽，处理15~60min进行脱酸处理。

蒸馏脱酸的优点：不用碱液中和，中性油损失少；减少碱消耗与环境污染；精炼率高；具有脱臭作用；成品油风味好。

但由于高温蒸馏难以去除胶质与机械杂质，所以蒸馏脱酸前必先经过滤、脱胶程序。对于高酸值毛油，也可采用蒸汽蒸馏与碱炼相结合的方法。

四、脱　色

毛油中由于含有多种色素，致使油脂具有很深的颜色，为了改善油脂色泽，清除杂质，需要去除油脂中的色素。

植物油中的色素成分很复杂，主要包括叶绿素、胡萝卜素、黄酮色素、花色素，以及某些糖类、蛋白质的分解产物等。棉籽油中含有棕红色的棉酚色腺体，是一种有毒成分。植物油中的各种色素成分性质不同，多数色素成分相对稳定性较强，需用专门的脱色工序进行处理。

（一）脱色方法

油脂脱色的方法有多种，按作用原理可分为吸附脱色、萃取脱色、氧化加热、氧化还原、氢化、离子交换树脂吸附等。应用最为普遍的是吸附脱色法，而其他方法均具有一定的局限性。

吸附脱色法就是利用某些吸附力强的吸附剂，如天然白土（漂土）、活性白土、活性炭与硅藻土等，这些吸附剂在热油中能吸附色素及其他杂质，然后经过滤除去吸附剂连同被吸附剂吸附的色素及杂质，从而达到油脂脱色净化的目的。

（二）吸附脱色的一般条件

1. 对吸附剂的要求

吸附力强，选择性好，吸油率低。对油脂不发生化学反应，无特殊气味和滋味，以及价格低，来源丰富。活性白土是应用最广泛的吸附剂。

2. 脱色温度

温度低时有利于表面吸附，温度高时可进行化学吸附，但易使皂质分解产生脂肪酸，所以最高脱色温度一般在常压下控制为 104～110℃，在真空条件下（残压 6933Pa）温度应高于 82℃。

脱色时间间歇式操作 15～30min，连续脱色为 5～10min。

油脂水分油脂水分在 0.2% 以下，达到 0.3% 时就会影响白土吸附，含磷量小于 10～30mg/kg。

白土用量以达到规定的脱色效果为限。不同油脂用活性白土脱色的一般条件如表 5-4 所示。

表 5-4　　　　　　活性白土脱色的一般条件（接触时间 15～30min）

油脂种类	脱色温度/℃	活性等级	白土用量/%
大豆油	90～95	高度酸化	0.4～1.5
棉籽油	85～95	高度酸化	0.5～2.0
花生油	80～85	中度	0.8～2.0
葵花籽油	90	中度	0.6～1.0
菜籽油	90～95	高度	0.8～1.5
玉米胚芽油	85～90	低度	0.50

五、脱　　臭

各种植物油都有它本身特有的风味和滋味。经脱酸、脱色处理的油脂还会有微量的醛类、酮类、烃类、低分子脂肪酸、甘油酯的氧化物，以及白土、残留溶剂的气味等。除去这些不良气味的工序称脱臭。

脱臭的方法有真空汽提法、气体吹入法、加氢法等。最常用的是真空汽提法，即采用高真空、高温结合直接蒸汽汽提等措施将油中的气味成分蒸馏出去。但经极度脱臭的油脂必然会使油中的某些营养成分及特有风味除掉，一般应考虑回收维生素 E，再添加到油脂中。脱臭的步骤与前面的蒸馏脱酸相似。

六、脱　　蜡

某些油脂中含有较多的蜡质，如米糠油、葵花籽油等。蜡质是一种一元脂肪酸和一元醇结合的高分子酯类，具有熔点较高（78～82℃）、在油中溶解性差、人体又不能吸收的特点。室温下在油中呈雾状，使油变浑浊。蜡质的存在影响油脂食用的气味和透明度，对加工也不利。一般应从毛油中除去蜡质。

油脂脱蜡是利用油脂与蜡质熔点相差很大的特性，通过冷却、结晶，然后用过滤或离心分离的方式进行油蜡分离。一般将油脂冷却到 4～6℃，并在此温度下保持 12～24h，油中的蜡在低温下结成蜡晶，即可经加压过滤设备滤除。

思考题

1. 植物油料主要有哪些种类？
2. 植物油脂提取的主要方法有哪些？
3. 机械压榨法和溶剂浸出法的工艺特点与制油效果有什么不同？
4. 溶剂浸出法对溶剂有哪些要求？
5. 溶剂浸出法制油工艺都有哪些主要环节？
6. 溶剂浸出法制油都要求哪些工艺条件？
7. 油脂为什么要进行精炼？油脂的精炼一般要经过哪些环节？

第六章

大豆蛋白质提取

第一节　大豆蛋白质的基本特性

大豆中蛋白质含量高达 40% 以上，是农作物中蛋白质含量最高的豆科植物，是人类摄取植物蛋白质的重要来源。大豆中蛋白质不仅含量高，而且生物价值高，功能性好，利用大豆蛋白质可以制备多种蛋白食品，还可作为多种食品的辅料，为这些食品赋予良好的功能特性。

一、　大豆蛋白质的分类和组成

（一）大豆蛋白质的分类

大豆蛋白质是指存在于大豆种子中多种蛋白质的总称。大豆蛋白质分类如下。

1. 根据溶解度分类

大豆蛋白质可分为两大类，即清蛋白（Albumin）和球蛋白（Globulin），二者在大豆中因品种及栽培条件不同其比例有所差异。清蛋白一般占大豆蛋白质的 5% 左右，球蛋白占 90% 左右。

2. 按免疫学法分类

从免疫学角度上，用电泳法可以将大豆蛋白质分为 4 种，即大豆球蛋白（Glycinin，占 41.9%）、α-伴大豆球蛋白（Crconglycinin，占 15.6%）、β-伴大豆球蛋白（占 30.9%）以及 γ-伴大豆球蛋白（占 3.1%）。

3. 根据生理功能分类

大豆蛋白质可分为贮藏蛋白和生物活性蛋白两大类。贮藏蛋白是主体，占蛋白质的 75% 左右（如 7S 球蛋白、11S 球蛋白等），它与大豆制品的加工性质关系比较密切；而生物活性蛋白主要有胰蛋白酶抑制素、β-淀粉酶、血细胞凝集素、脂肪氧化酶等，它们在总蛋白质中所占的比例虽不多，但对大豆制品的质量起着重要的作用。

4. 按超速离心法分类

将大豆或脱脂豆柏用水提取，通过超速离心分析，可得到2S、7S、11S和15S（S为沉降系数，$1S = 1Svedberg$，单位 $= 1 \times 10^{-13}s$）4个组分，其中主要成分为11S球蛋白和7S球蛋白，两者占全部蛋白质的70%，约有80%的蛋白质相对分子质量在10万以上。大豆中的蛋白质大部分存在于子叶中，其中80%~90%具有水分散性，一般称这部分为水溶性蛋白。水溶性蛋白分为大豆清蛋白和球蛋白两部分。大部分蛋白质在pH4~5范围内从溶液中沉淀出来，称这部分蛋白质为大豆酸沉淀蛋白，占全部大豆蛋白质的80%以上（主要是大豆球蛋白）。这些蛋白质真正的等电点在pH4.5左右，但由于大豆中含有植酸钙镁，其在酸性条件下与蛋白质结合，所以表面看来蛋白质的等电点是pH4.3左右。在等电点不沉淀的蛋白质称为乳清蛋白，占大豆蛋白质总量的6%~7%，这些蛋白质的主要成分是清蛋白。大豆蛋白质大部分在偏离pH4.3时可溶于水，但受热时，特别是蒸熟等高温处理时，其溶解度急剧降低，因此在豆腐和大豆分离蛋白加工中，清蛋白一般在水洗和压滤过程中流失。

（二）大豆蛋白质的组成

大豆蛋白质主要为大豆球蛋白，其主要组分及其含量和分子质量如表6-1所示。

表6-1 大豆球蛋白主要组分及其含量和分子质量

组分	占总蛋白含量/%		主要成分	分子质量/ku
	离心沉降法	电泳法		
2S	9.4	10	胰蛋白酶抑制素	8.0~21.5
			细胞色素C	12
7S	34.0	31	血球凝聚素	110
			解脂酶	102
			β-淀粉酶	61
			7S球蛋白	180~210
11S	43.6	40	11S球蛋白	360
15S	4.6	14	15S球蛋白	600
其他	8.4	5	—	—

1. 2S球蛋白

2S球蛋白的分子质量为8000~21500u，占蛋白质总量的20%。在大豆乳清中分离出分子质量为26000u的2S蛋白，其N-末端结合天冬氨酸。在2S成分中还含有胰蛋白酶抑制素、细胞色素c、尿素酶等。

2. 7S球蛋白

7S球蛋白是含有3.8%的甘露糖和1.2%葡萄糖的糖蛋白，分子质量为61000~110000u，占蛋白质总量的1/3左右。含有脂氧合酶、血细胞凝集素、β-淀粉酶和7S球蛋白4种不同的蛋白质。

3. 11S球蛋白

11S球蛋白结合有不足1%的糖，是大豆中主要的贮藏蛋白，分子质量为350000u，占蛋白质总量的1/2左右，等电点为5.0。11S球蛋白最大的特征是冷却后发生沉淀。将脱脂豆粕的水提取液放在 0~2℃的环境下，会有蛋白质沉淀析出，11S 成分中约有 86% 发生沉淀，利用这一特征可以分离 11S 球蛋白。

4. 15S 球蛋白

15S 球蛋白由多种成分构成，分子质量达 600000u，占蛋白质总量的 1/10。用酸沉淀或用透析法沉淀时，15S 成分首先沉淀出来。

7S 球蛋白和 11S 球蛋白是大豆分离蛋白的主要成分，生产过程中小分子的 2S 组分会分散于乳清水中，大部分的 15S 组分残留于粕渣之中。

11S 球蛋白和 7S 球蛋白在食品加工中性质不同。7S 和 11S 球蛋白加热后均能形成凝胶，或借助"钙桥"形成凝胶；但 11S 球蛋白形成的凝胶呈乳酪状，有较大的拉力、剪切力及吸水能力，而 7S 球蛋由和大豆分离蛋白形成凝胶的拉力、剪切力及吸水能力较低。此外，11S 球蛋白制得的碱性亚基在酸性饮料中的 pH 范围内易溶解。

二、 大豆蛋白质的溶解特性

将大豆或低温脱溶豆粕粉碎后，用足量的溶液溶出可溶物质，并将不溶物质滤掉，定量测定滤液中的含氮量，就可以知道它的溶出程度。用水可以溶出原料中 80%~90% 的氮，但用酸或碱溶出时，与用水溶出的情况有很大的差异。以横轴为溶出液的 pH，纵轴为氮溶解指数，可绘制出一条大豆蛋白质溶解度与 pH 曲线，如图 6-1 所示。

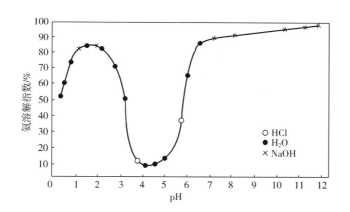

图 6-1　大豆蛋白质随 pH 变化的溶解度曲线

从图 6-1 可以看出，当溶液 pH 为 0.5 时，有 50% 左右的蛋白质被溶解，当溶液的 pH 为 2.0 时，大约 80% 的蛋白质被溶解。其后 pH 的增加，蛋白质的溶解度逐渐降低，直至 pH 为 4~5 时，蛋白质的溶解度约为 10%。随着溶液 pH 的逐渐增加，蛋白质的溶解度再次迅速增加，在 pH 为 6.5 时，蛋白质的溶解度可达到 80% 以上，在 pH 为 12 时，达到最大值，为 90% 以上。

pH 为 4~5 时，溶解度最低，这与大豆蛋白质的等电点一致。在等电点处，蛋白质所带的电荷被中和，由电荷引起的各残基之间的静电排斥力消失，蛋白质分子紧密地排列在一起，降低了与水分子的结合能。

大豆蛋白质属于球蛋白，精制的大豆球蛋白几乎不溶于水，在大量的水中由于其亲水基团的作用在蛋白质周边形成水层，可以均匀分散在水中，大豆球蛋白的所谓溶解性实际上就是指这种水分散作用。制作豆腐时向豆乳中加入一些 Ca^{2+}、Mg^{2+}，会破坏蛋白质水层，使蛋白质溶解度降低而产生凝聚。与 β – 伴大豆球蛋白相比，大豆球蛋白在低 Ca^{2+} 浓度下，更容易产生凝聚。另外，也可以利用二者在盐析中的反应差异将大豆球蛋白和 β – 伴大豆球蛋白分开。

球蛋白的溶解同时受到植酸盐（菲丁）的影响，因此必须在大豆蛋白质溶解之前将植酸盐除去。

提取大豆蛋白质的溶剂主要是水和稀碱溶液（pH 7 ~ 9），这些都是比较有效的抽提溶剂。豆粕与溶剂的比值一般采用 1∶10，浸提的温度为 20 ~ 90℃。

三、 大豆蛋白质的变性

由于物理和化学条件的改变而引起大豆蛋白质内部结构的改变，导致蛋白质物理、化学和功能性的改变的现象，称为大豆蛋白质的变性。引起蛋白质变性的因素有物理因素和化学因素两种。物理因素包括过度加热、剧烈振荡、冷冻、高压、辐射、过分干燥、超声波处理等。化学因素有极端的 pH、与水混合的某些有机溶剂、重金属盐、尿素、巯基乙醇、亚硫酸盐、十二烷基磺酸钠等物质的作用。

（一） 大豆蛋白质的变性机理

从分子结构来看，变性主要是蛋白质分子多肽链特有的有规则排列发生了变化，成为较混乱的排列。变性作用不包括蛋白质的分解。变性前后蛋白质的化学成分及氨基酸的排列顺序并未发生改变，也不破坏蛋白质的营养成分，仅涉及蛋白质的二、三、四级结构的变化。主要是维持蛋白质分子空间构象的二、三、四级结构的次级键被破坏，二硫键转化为巯基，使紧缩的肽键充分舒展，形成新的构型。

大豆蛋白质的许多特性都是由它特殊的空间结构决定的，因此发生变性作用后，蛋白质的许多性质发生了改变，包括溶解度降低、发生凝结、形成不可逆凝胶、—SH 等反应基团暴露、对蛋白酶水解的敏感性提高、失去生理活性等。在某些情况下，变性过程是可逆的，当变性因素除去后，蛋白质可恢复原状。一般来说，在温和条件下，比较容易发生可逆的变性，而在高温、强酸、强碱等比较强烈的条件下，蛋白质分子的三维结构改变大时，结构和性质难以恢复，趋向于不可逆变性。可逆变性一般只涉及蛋白质分子结构的四级和三级结构，不可逆变性则包括二级结构的变化。

在大豆蛋白食品加工过程中，许多工艺都涉及大豆蛋白质的变性问题，只有很好地控制大豆蛋白质的变性，掌握其变性机理和影响因素，才能生产出理想的大豆蛋白制品。

（二） 蛋白质变性程度的测定

蛋白质变性后，会发生一系列功能性的变化，比如溶解性、凝胶性、吸水性、保水性等，但比较明显的是溶解及水分散性。所以测定蛋白质变性程度一般采用两种方法，一种为氮溶解指数（NSI），另一种为蛋白质分散指数（PDI）。

$$NSI = \frac{水溶氮}{样品中的总氮} \times 100\%$$

$$PDI = \frac{水中分散的蛋白质}{样品中总蛋白质} \times 100\%$$

（三） 影响蛋白质变性的因素

1. 热变性

热变性是指加热导致蛋白质的变性，是大豆蛋白质在加工过程中常见的一种变性形式。热变性主要是在较高温度下，肽链受过分的热振荡，保持蛋白质空间结构的次级键（主要是氢键）受到破坏，蛋白质分子内部的有序排列被解除，原来在分子内部的一些非极性基团暴露在分子表面。

热变性后大豆蛋白质的溶解度降低，胰蛋白酶抑制剂、脂肪氧化酶、血细胞凝聚素等物质的活性下降。所以，在实际生产中，常通过测定产品或原料中蛋白质的溶解度（氮溶解指数和蛋白质分散指数）来考察其变性程度。

加热时间、方式、原料含水量不同，大豆蛋白质的变性程度也不同。

（1）时间　大豆或低温脱脂大豆粉中的蛋白质在水或碱性溶液中，溶出量为 80% ~ 90%。若将低温脱脂大豆粉利用蒸汽进行加热，可发现大豆蛋白质的提取率会随加热时间的延长而迅速降低，仅 10min 时间，可溶性氮从原来的 80% 以上下降到 20% ~ 25%。瞬间高温对蛋白质变性程度较小。

（2）温度　一般认为，大豆蛋白质开始变性的温度为 55 ~ 60℃，在此基础上，温度每提高 10℃，变性作用的速度大约提高 600 倍。

（3）含水量　大豆含水量对蛋白质变性起着重要作用，在相同温度条件下，含水量越高越容易发生变性。

加热处理，特别是湿热处理能够很快使蛋白质变性，而在脱溶、钝化大豆中抗营养物质和改进大豆制品风味时，又必须进行一定的加热处理。因此，在制备大豆制品，如生产豆乳时，需要采用适当的加热处理，既要钝化大豆中的抗营养物质，除去大豆中的不良风味，又要尽量不使蛋白质过度变性，如可以采用干加热或短时间热烫、短时间蒸汽处理大豆等措施。

2. 冷冻变性

将大豆浸提液或大豆蛋白质溶液进行冷冻，并在 -3 ~ -1℃ 进行冷藏，解冻后，一部分蛋白质变得不溶解，并有聚合物存在。不溶解程度受溶液的蛋白质浓度、加热条件、冷藏时间的影响。蛋白质浓度越高，加热条件越激烈，冷藏时间越长，不溶性程度越显著。巯基乙醇等解离剂则有缓解冷冻变性的作用。

冷冻变性主要是分子间二硫键的形成：在不太低的温度下，水慢慢地结成冰，蛋白质随着冰晶的成长慢慢地被浓缩，这种高度浓缩的蛋白质分子有更多的机会将分子内的二硫键转换成分子间的二硫键，从而发生结聚，解冻后，增加了不溶性。但有巯基乙醇等存在时，二硫键被破坏，故解冻时显示不出不溶性，也可以认为没有发生冷冻变性。

而当上述蛋白质溶液在 -20℃ 冷冻、解冻后，蛋白质冷冻变性并不明显。这很可能是由于在此条件下，全体被冻结，失去了液态水分，蛋白质分子之间不能很好地接近，侧链不能发生反应，而阻碍了冻结聚合性。

3. 有机溶剂

引起的变性利用各种溶剂处理大豆或低温大豆粉，除掉溶剂后观察蛋白质的水溶性，发现：利用醇类等亲水溶剂处理，蛋白质的水溶性降低，蛋白质发生变性，并受温度的显著影响；而用疏水性溶剂处理，如正己烷、苯等，即使在高温下，变性的影响也很小。亲水性溶剂，如甲醇、乙醇、丙醇等醇类，以及丙酮、二氧杂环乙烷等对蛋白质变性影响较大。这是由于在蛋白质分子内部，存在着由疏水性氨基酸残基紧密聚集的疏水性区域，其周围被亲水性的氨基酸残基包围，在醇类分子内部疏水基和亲水基两者都存在，因此，不仅能侵入分子外侧，也能侵入内部的疏水性区域，从而破坏其结构。另一方面，由于大豆蛋白质分子的外侧有亲水基，所以疏水性溶剂，如正己烷、乙醚不能侵入内部，因此不能使其发生变性。

4. 酸碱引起的变性

随着 pH 的变化，大豆蛋白质溶解性也会发生变化。在常温下，蛋白质在一定的 pH 范围内保持天然状态。在强酸、强碱条件下发生不可逆变性，在较温和的酸碱条件下则可引起可逆变性。这是由于处于极端的酸性和碱性条件下的蛋白质分子全部带有正电荷或负电荷，相互之间发生静电排斥作用，破坏了蛋白质的高级结构。

酸沉淀蛋白质在 pH11 以下时产生凝聚及水合反应，使溶液黏度增加，这时通过透析可得到未变性的蛋白质。但当 pH 达到 11 ~ 12 时，蛋白质发生解离，分子被完全解开，露出疏水基，S—S 键也被破坏。如果透析时蛋白质浓度较高，则会发生凝胶化现象，而低浓度时则不产生凝胶化。当 pH 达到 12.0 时，露出的疏水基和 S—S 键均被破坏。

四、 大豆蛋白质的功能性

蛋白质的功能性是指其在配制、加工、贮藏和制取过程中，对食品系统能产生影响的那些物理、化学性质。大豆蛋白质具有良好的功能性质，不仅对食品质量起决定作用，而且有利于加工工艺。大豆蛋白质的功能特性是多种多样的。各种不同的功能特性对于不同用途的重要程度是不相同的，如胶凝作用对于制作肉糜很重要，乳化作用对于制作咖啡乳脂很重要，发泡性对于制作甜点很重要，在某些用途中又需要一系列的特性，如饮料的溶解度、黏度、清晰度和混浊度等都很重要，熟肉制品中的含水率、乳化稳定性以及胶凝性都很重要。除了以上物理、化学性能外，大豆蛋白质还显示出化学和生物化学作用，如脂肪氧化酶的活力和抗氧化性能，前者表现为利用活性大豆粉或低温豆粕对面包的漂白作用，后者则利用其在配制食品中增加脂质的稳定性。

功能性为蛋白质本身固有的物理性质（成分、氨基酸序列、形态结构）的反映，它们能与某些食物组分（水、离子、蛋白质、脂类、气味等）相互作用，同时还受所接触环境（如温度、pH、电离强度等加工条件）的影响，因此，蛋白质的功能性是由多个因素所共同决定的。例如，球蛋白中那些极性较大的氨基酸都转向反面，便于蛋白质的水化和溶解；容易在油水界面伸展的蛋白质显示出良好的乳化性能；那些由长链、线圈型多肽组成的蛋白质加热时会引起松解和伸展，能够形成凝胶。

大豆蛋白质的功能性介绍如下。

（一） 溶解度

蛋白质的溶解度是指在一定条件下，蛋白质中可溶性蛋白质所占的百分比。主要采用氮溶解指数（NSI）和蛋白质分散指数（PDI）来表示。一般来说，同一样品的 PDI 要略大于 NSI。

大豆蛋白质的其他功能特性均与 NSI 具有紧密的相关性，溶解度是充分发挥大豆蛋白功能特性的基础条件。例如，用于加工大豆分离蛋白的原料豆粕，要求 NSI≥80%；用于加工速溶豆粉的原料大豆，要求 NSI≥75%；用于面制品添加的粉状大豆蛋白要求 NSI≤40%。由于高溶解度蛋白质具有良好的凝胶性、乳化性、发泡性和脂肪氧化酶活性，比较容易掺和到食品中，而低溶解度蛋白质的功能性和使用范围则受到限制。

蛋白质的溶解度主要取决于体系的 pH、温度、离子强度和溶剂的类型。

1. pH 的影响

蛋白质的溶解度受 pH 影响主要是由于其内在因素所决定的。一般来说，随着溶液 pH 增大，蛋白质溶解度逐渐增加；但 pH 超过一定数值时，蛋白质发生解离与解聚；降低溶液 pH，蛋白质溶解度也随着降低。在等电点时，蛋白质溶解度最低，这是生产大豆分离蛋白的理论依据；再继续降低 pH，蛋白质溶解度又增加；过低的 pH 也会使蛋白质发生部分解离。

2. 温度的影响

在 0～50℃范围内，适当提高加热温度，有助于蛋白质溶解度的提高，但当温度超过 50℃时，溶解度随着温度的升高、加热时间的延长而迅速下降。这是由于高温加热时，分子运动剧烈，破坏了蛋白质稳定的二级和三级结构的化学键，导致蛋白质因热变性而聚集。

3. 离子强度的影响

中性盐溶液的离子在 0.5～1mol/L 能提高蛋白质的溶解度，此现象称为"盐溶"效应。这是由于离子同蛋白质电荷相互作用和降低相邻分子的相反电荷之间的静电作用。这些离子的溶剂化有助于提高蛋白质的溶剂化，从而提高了蛋白质的溶解度。

中性盐的浓度大于 1mol/L，蛋白质的溶解度降低，导致蛋白质沉淀的现象称为"盐析"效应。高浓度盐时，由于大多数水分子同盐类强烈地结合，因而没有足够的水分子可供蛋白质水化，蛋白质分子之间相互作用比蛋白质和水相互作用更为强烈，导致蛋白质分子的聚集和沉淀。

不同盐类的盐析作用随它们的水化能和空间位阻的增加而增加。按照 Hofmeister 次序，离子能排成下列顺序：

硫酸根＜氟离子＜乙酸根＜氯离子＜溴离子＜硝酸根＜碘离子＜高氯酸根＜氰硼酸根，铵离子＜钾离子＜钠离子＜锂离子＜镁离子＜钙离子，在顺序向左侧的离子促进盐析、聚集和天然构象的稳定，向右侧的离子则促进蛋白质分子展开、解离和盐溶效应。

4. 溶剂的类型

乙醇或丙酮等溶剂能降低溶解蛋白质的水的介电常数，降低蛋白质分子间的静电排斥力，导致蛋白质的聚集和沉淀。这些亲水性溶剂同蛋白质竞争水分子，进一步降低了蛋白质的溶解度。

蛋白质的溶解度大小是蛋白质展现其他功能性的先决条件，因此，蛋白质溶解度的大小是考察加工工艺条件是否合适、产品是否可进一步应用的依据。

（二）水化作用

大豆蛋白质分子沿着它的肽链骨架，含有许多极性基团，例如—COO—、—OH、—CONH$_2$、—NH$_2$、—NH—等，由于这些极性基团同水分子之间的吸引力，使蛋白质分子在与水分子接触时很容易发生水化作用。水化作用是指蛋白质分子通过直接吸附和松散结合，在其分子周围形成水化层的能力。蛋白质水化作用的直接表现是蛋白质的吸水性、保水性和膨胀性。

吸水性是指在一定温度、湿度的环境中，蛋白质（干基）达到水分平衡时的水分含量。保水性是指离心后蛋白质中残留的水分含量。膨胀性是指蛋白质吸水后不溶解，在保持水分的同时能赋予制品以一定强度和黏度的一种性质。大豆蛋白质具有良好的膨胀性。

影响蛋白质水化性质的因素很多，如 pH、温度、离子强度、蛋白质浓度、时间和共存的其他组分，这些因素决定着蛋白质与蛋白质和蛋白质与水之间的相互作用力，从而影响蛋白质的水化性质。

1. pH 影响

溶液的 pH 对蛋白质的水化作用有显著的影响。pH 的改变会影响蛋白质分子的离子化作用和静电荷数值，从而改变蛋白质分子间的吸引力和斥力，以及蛋白质分子同水分子结合的能力。

2. 温度的影响

随着温度的升高，由于氢键减少，被蛋白质结合的水分子减少。加热时，蛋白质产生变性和聚集作用，后者会降低蛋白质的表面积和能结合水的极性氨基酸的有效性；另一方面，结构很紧密的蛋白质加热处理时，由于离解和开链，导致原先埋藏在内部的肽键和极性侧链转向表面，从而改进了蛋白质结合水的性质。

3. 离子强度的影响

离子的浓度和种类对蛋白质的吸水性和膨胀性等均有显著的影响。在水、盐类和氨基酸侧链基团之间一般会产生竞争性结合。低浓度时，盐类一般能提高蛋白质的水化能力。这可能是电解质的正、负离子吸附在蛋白质分子表面，增加了蛋白质分子表面电荷的缘故。高浓度时，水和盐类相互作用超过了水和蛋白质相互作用，因而蛋白质可能"脱水"。

4. 蛋白质浓度的影响

蛋白质的水化作用随其浓度的增加而增加。

在食品加工过程中，向肉制品、面制品中添加大豆蛋白质，由于大豆蛋白质具有吸水性与保水性，可改善食品的品质，增加产品的得率，降低生产成本，延长产品的保质期。但在食品中添加大豆蛋白质后，食品中的水分含量提高，在温度和湿度合适的条件下，也容易促进细菌、霉菌等有害微生物活动能力的增强，引起食物变质；另外，由于大豆蛋白质具有较强的吸水性，添加大豆蛋白质后的加工品，易产生大豆蛋白质从食品中的其他原辅料中吸取水分的现象，而影响产品的质量。因此在添加大豆蛋白质的食品加工生产过程中，应相应调整加工工艺，加强卫生安全措施，防止因水分含量提高、微生物活动加强而引起食品变质现象的发生。

（三）黏度

一种流体的黏度反映了它对抗流动的阻力，即当液体流动时所表现出来的内摩擦力。蛋白质是高分子化合物，相对分子质量一般为 1 万 ~ 100 万，它分散在溶液中所形成的颗粒都在胶体范围内，由于蛋白质的水化作用，在蛋白质颗粒外形成一层水化层，在无外界条件的影响下，能以稳定的胶休形式存在，这种胶体具有较高的黏结性、塑性和弹性。

影响蛋白质黏度的主要因素如下。

1. 蛋白质的形状和变性程度

球形分子蛋白质溶液的黏度一般低于纤维状蛋白质溶液，变性蛋白质溶液的黏度一般大于天然蛋白质溶液。

2. 蛋白质的水解程度

采用酸法、碱法或酶法可以水解蛋白质。随着蛋白质水解度的增加，蛋白质溶液的流动性增加，黏度降低。

3. 蛋白质浓度

蛋白质的黏度随其浓度的增加而增加。

4. 温度

从 80℃ 开始，蛋白质的黏度随温度上升而增加，超过 90℃ 时黏度反而下降。

5. pH

当蛋白质的结构处于最稳定的 pH，即 pH6 ~ 8 时；黏度值最高；当 pH 由 5 升高到 10.5 时，黏度增加；但当 pH 达到 11 以上时，黏度会急剧减小，这是因为蛋白质缔合遭到破坏的结果。

6. 离子强度

在一定浓度以下时，离子强度提高可以增加蛋白质溶液的黏度；但如果超过这一浓度，离子强度提高反而使蛋白质的黏度下降。

蛋白质的黏度在调整食品的物性等方面具有重要作用。如增加汤类、肉汁、饮料等流食的黏度；在选择蛋白质溶液的运输泵、喷雾干燥压力时应考虑蛋白质的黏度；蛋白质结构的变化往往导致溶液黏度的改变，可根据蛋白质变性前后黏度的改变推测其变性程度。

（四）乳化性

乳化性是指两种以上的互不相溶的液体，例如油和水，经机械搅拌，形成乳化液的性能，一般来说，简单的乳化液因界面上的张力产生正的自由能，而不易稳定，放置后，会很快分层，如果加入乳化剂，则情况会明显好转。因为在乳化剂的化学结构中，既有亲水基团，又有疏水基团。蛋白质分子也具有乳化剂的特征结构，在油水混合液中，蛋白质分子有扩散到油－水界面的趋势，并且使疏水性基团转向油相，而亲水性基团转向水相。大豆蛋白质用于食品加工时，聚集于油－水界面，使其表面张力降低，促进乳化液的形成。形成乳化液后，被乳化的油滴因蛋白质聚集在其表面，形成一种保护层，可以防止油滴的集结和乳化状态的破坏，提高乳化稳定性。

影响蛋白质乳化性的主要因素如下。

1. 蛋白质的组成和浓度

一般来说，大豆蛋白质中 7S 组分的乳化性要比 11S 的好。大豆分离蛋白的乳化性明显好于大豆浓缩蛋白，大豆浓缩蛋白好于大豆粉。

2. 蛋白质的变性程度

随着蛋白质变性程度的增加，乳化性往往明显下降。利用酸法生产大豆浓缩蛋白的乳化性好于醇法生产。

3. 蛋白质的水解程度

利用酶或酸水解后的蛋白质，在某些条件下，其乳化性有所提高，但乳化稳定性明显降低。

4. pH

随着溶液 pH 的升高，蛋白质的乳化性逐渐增强。

5. 温度

加热处理能降低吸附在界面上蛋白质膜的黏度和硬度，而降低乳化液的稳定性。

6. 离子强度

随着溶液中含盐量的减少，蛋白质的乳化性逐渐增强。

7. 表面活性剂

由于表面活性剂能降低蛋白膜的硬度，减弱使蛋白质保留在界面上的作用力，加入小分子表面活性剂有损于蛋白质乳化液的稳定性。

利用蛋白质的乳化作用可在水包油型乳化液的分散系（油）中加入油溶性的风味料、色素和维生素等物质；还可将油加入食品体系中形成乳化液，而不会造成油腻的感觉。

（五）凝胶性

蛋白质的凝胶作用是指适当变性的蛋白质分子聚集，形成一个有规则的蛋白质网状结构的过程。大豆蛋白质分散在水中能够形成胶体溶液，这种胶体溶液在一定条件下可以转变成凝胶。胶体溶液是将大豆蛋白质分散在水中形成的分散体系，具有流动性。而凝胶是将水分散在蛋白质中形成的分散体系，即由蛋白质分子相互结合以各种方式交联在一起，形成一个高度有组织的空间网状结构的毛细管作用，使得凝胶能保持大量水分。凝胶具有较高的黏度、可塑性和弹性，它在一定程度上具有固体的性质。蛋白质形成凝胶后，既是水的载体，也是糖、风味剂以及其他配合物的载体，因而对食品制造极为有利。

蛋白质网状结构的形成是蛋白质与蛋白质和蛋白质与水相互作用，以及相邻多肽链吸引力和斥力之间达到平衡的结果，其实质是蛋白质胶体溶液及蛋白质沉淀的中间状态。疏水作用、静电相互作用、氢键和二硫键代表吸引力。它们对凝胶作用的相对贡献随蛋白质的性质、环境条件和凝胶过程的不同阶段而改变。静电斥力和蛋白质与水相互作用能将多肽链保持在分离的状态。

大豆蛋白质凝胶的形成受多种因素的影响，例如，蛋白质浓度、加热时间、冷却情况、pH以及有无盐类和巯基化合物存在等。

1. 蛋白质浓度和组成

大豆蛋白质的浓度和组成是凝胶能否形成的决定性因素。浓度为8%～16%的大豆蛋白质溶液，经加热、冷却后即可形成凝胶，而且浓度越高，形成的凝胶强度越大。这是由于蛋白质分子间接触的概率较高。在高浓度下，凝胶作用甚至能在不特别有利于聚集作用的环境条件下产生。当蛋白质浓度低于8%时，仅采用加热的方法是不能形成凝胶的。如果要使其形成凝胶，必须在加热后及时调节pH或离子强度。即便如此，所形成的凝胶强度也要比前者低得多。

在相同浓度的情况下，大豆蛋白质的组成不同，其凝胶性也不相同。大豆蛋白质中，只有7S和11S组分才具有凝胶性，而且11S组分凝胶的硬度、组织明显好于7S凝胶。这可能是由于两种组分所含的巯基和二硫键数量不同，及其在凝胶形成过程中的变化不同所致。

2. 蛋白质适度变性

加热处理是蛋白质形成凝胶的必要条件。在蛋白质溶液当中，蛋白质分子通常呈一种卷曲的紧密结构，其表面被水化膜所包围，因而具有相对的稳定性。由于加热处理使蛋白质分子呈舒展状态，原来包埋在卷曲结构内部的疏水基团暴露在外面，从而使原来处于卷曲结构外部的亲水基团相对减少。同时，由于蛋白质分子吸收热能后，运动加剧，使分子间接触和交联机会增多。随着加热过程的继续，蛋白质分子间通过疏水键、二硫键的结合，形成中间留有空隙的立体网状结构。但只有当蛋白质的浓度高于8%时，才有可能在加热之后出现较大范围的交联，形成真正的凝胶状态。当蛋白质浓度低于8%时，加热之后，虽能形成交联，但交联的范围较小。在这种情况下，只能形成所谓"前凝胶"。而这种"前凝胶"，只有通过pH或离子强度的调整，才能进一步形成凝胶。

3. pH

产生凝胶作用的pH范围一般随蛋白质浓度的增大而增大，这是由于在高浓度下，形成众多的疏水键和二硫键能补偿远离蛋白质等电点pH，由于高的静电荷而产生静电斥力。

4. 离子强度

钙离子可以加快凝胶的形成，提高凝胶的强度。这是由于此时的凝胶是借助"钙桥"来完成的。

总之，形成凝胶必须具有高浓度的蛋白质和适当的变性，两者缺一不可。对于热固凝胶，加热温度可略高于发生变性的温度，但如加热温度太高，就发生蛋白质变性过度或者分子分解，也难形成凝胶。蛋白质的变性温度可用差示扫描热法（DSC法）来测定，如大豆分离蛋白在

DSC 图上有两个峰，变性温度分别为 67℃ 和 82℃。

蛋白质的凝胶性可广泛应用于肉制品、焙烤制品、豆制品、糖果、乳制品和蛋制品中。

（六）吸油性

蛋白质的吸油性是指蛋白质具有吸收液体脂肪的能力，在许多食品和生物体系中，蛋白质和脂类之间存在着相互作用，这种作用不是共价键，而是脂类的非极性基团和蛋白质的非极性区之间的疏水相互作用。

影响蛋白质吸油性的主要因素如下。

1. 蛋白质的种类和粒度

不溶性的和较为疏水性的蛋白质能结合较多的油；小颗粒的、低密度的蛋白质粉比高密度的蛋白质粉能吸收或截留较多的油。

2. 蛋白质含量

蛋白质的吸油能力随食品中蛋白质含量的升高而相应地增加。

3. pH

蛋白质的吸油能力随 pH 的增大而减小。

4. 温度

温度升高时，由于油的黏度降低，而使得蛋白质结合油的数量降低。

5. 高压均质

高压均质处理能增加两相之间的界面，从而提高蛋白质与脂类相互作用的程度。

蛋白质的吸油性在肉制品、香肠、油饼、油榨丸子中广泛应用。如在火腿中添加 2% 大豆分离蛋白，不仅能保持鲜肉的水分和风味，而且由于蛋白质的吸水性、吸油性很强，产品可以增重 15%~20%。

（七）发泡性

在大豆制品（如豆腐）的生产过程中，常常通过加入消泡剂来消除气泡的产生。大豆蛋白质分子中同时具有亲水基团和疏水基团，因而具有较强的表面活性。它既能降低油 - 水界面的张力，呈现一定程度的乳化性，又能降低水 - 空气的界面张力，呈现一定程度的发泡性。大豆蛋白质分散于水中，形成具有一定黏度的溶胶体。当这种溶胶体受急速的机械搅拌时，会有大量的气体混入，形成大量的水 - 空气界面。溶胶中的大豆蛋白质分子被吸附到这些界面上来，使界面张力降低，形成大量的泡沫，即被一层液态表面活化的可溶性蛋白薄膜包裹着的空气水滴群体。同时，由于大豆蛋白质的部分肽链在界面上伸展开来，并通过分子内和分子间肽链间的相互作用，形成了二维保护网络，使界面膜被强化，从而促进了泡沫的形成与稳定。所谓"稳定"就是指泡沫形成以后能保持一定的时间，并具有一定的抗破坏能力，这是发泡性实际应用的先决条件。

影响蛋白质发泡性的因素有蛋白质分子结构的内在因素和外界条件两个方面，具体介绍如下。

1. 蛋白质的浓度

蛋白质溶胶的浓度低，黏度小，容易搅打，易发泡，但泡沫稳定性差；蛋白质浓度高，溶液黏度大，不易发泡，但泡沫稳定性好。

2. 蛋白质的变性程度

天然未变性的大豆蛋白质只有一定的起泡性和泡沫稳定性，但若将大豆蛋白质进行适当的水解，其发泡性和泡沫稳定性会大大提高，尤以胃蛋白酶水解物的发泡性为佳，但泡沫稳定性略差，如水解过度，发泡性反而降低。大豆蛋白质的酰化作用也有助于提高发泡性和泡沫稳定性。

3. 温度

温度主要是通过影响蛋白质在溶液中的分布状态来影响发泡性的。温度过高，蛋白质变性，不利于发泡；温度过低，溶液黏度小，且吸附慢，也不利于泡沫的形成与稳定。一般大豆蛋白质的最佳发泡温度为30℃左右。

4. pH

偏碱性的 pH 有利于蛋白质的溶解，也有利于蛋白质的发泡和泡沫稳定性。

5. 盐的浓度及其种类

氯化钠能增加蛋白质的发泡性，降低泡沫稳定性。钙离子能够改善泡沫的稳定性。

6. 糖类

蔗糖等糖类可以提高体系的黏度，增加泡沫的稳定性。

7. 脂类

低浓度的脂类（浓度在0.1%以下）会严重降低蛋白质的发泡性。

8. 搅拌时间和强度

适度搅拌会增加蛋白质的发泡性，过度搅拌会降低发泡性和泡沫稳定性。

蛋白质的发泡性可广泛应用于搅打奶油、充气糖果、泡沫点心、蛋糕、泡沫蛋白食品、发泡乳饮料等泡沫食品的生产。

（八）组织形成性

大豆蛋白质的组织形成性是指大豆蛋白质在一定条件下加工处理后，形成有序的组织结构的性质。大豆蛋白质组织化的方法很多，如纺丝法、挤压蒸煮法、湿式加热法、冻结法以及胶化法等。

（九）结团性

大豆粉、大豆分离蛋白、大豆浓缩蛋白和大豆组织蛋白等与一定量的水混合后，可以形成生面团似的物质，即具有结团性。这一特性可以应用于面粉制品中，以提高制品的蛋白质含量并改善产品的组织结构。

大豆蛋白形成的面团没有小麦面团那种弹韧性和延伸性。单独用脱脂豆粉制作生面团时的加水量为生豆粉的4.0%~60%，加水少了面团易碎，加水多了面团太软，表面发黏甚至呈浆状。

（十）调色性

大豆蛋白制品在食品加工中的调色作用主要是漂白和增色作用。在面包生产过程中，添加活性大豆粉可以使面包心变白，面包皮颜色变深。漂白作用是由于大豆粉中的脂肪氧化酶氧化多种不饱和脂肪酸，产生氧化脂质，氧化脂质对小麦粉中的类胡萝卜素有漂白作用，使之由黄色变白色。增色作用是由于大豆蛋白质与面包中的糖类受热发生美拉德反应。

除此以外，大豆蛋白质还具有成膜性、黏着性、附着性、弹性、与风味物质结合等特性。在食品加工过程中，往往需要大豆蛋白质的几种功能同时发挥作用。例如，生产饮料时，添加的大豆蛋白质既要求有较高的溶解度，又要黏度小。又如，在肉类制品生产中对所添加的大豆蛋白质的水化性、吸油性、乳化性以及凝胶性等都有要求。因此要根据实际生产的具体要求来确定大豆蛋白质的使用量、使用方法和使用形式。

五、 大豆中抗营养物质的作用及处理

大豆中的抗营养物质是指大豆中那些阻碍人和动物吸收、利用蛋白质或其他营养成分的微量成分。如胰蛋白酶抑制素、血细胞凝集素、植酸等，这些物质在一定程度上降低了大豆的营养价值，并对人体的消化吸收产生不良的影响。

（一）胰蛋白酶抑制素

胰蛋白酶抑制素（Trypsin inhibitors，TS）可以抑制胰蛋白酶与某些蛋白酶的活性。大豆胰蛋白酶抑制素是一种大分子的蛋白质，能够使人体摄入蛋白质的消化率下降，造成氨基酸比例失调和营养效价降低，导致消化不良，食欲下降。胰蛋白酶抑制素对胰蛋白酶抑制的结果，使人体内部器官应激产生自身调控功能、刺激胰腺分泌活性增加，从而引起甲状腺与胰腺的亢进、增生、肥大。胰蛋白酶抑制素在大豆中含量一般在2%左右，比较耐热，若要较快地降低其活性，则要经100℃以上的温度处理。

一般认为，要使大豆中蛋白质的生理价值比较高，至少要钝化80%以上的胰蛋白酶抑制素。在生产中，通常采用在100℃水蒸气下加热10min的方法去除。

（二）血细胞凝集素

血细胞凝集素（Hg）是一种与糖结合的蛋白质，能使动物血液中的红细胞凝固，从而抑制人或动物的生长发育。脱脂豆粕中大约含有3%的血细胞凝集素，大豆血细胞凝集素受热很快失去活性。去除血细胞凝集素的方法是在酸性条件下（pH1.6）处理或在湿热条件下加热使之失活。

（三）植酸

植酸在大豆中以盐的形式存在，能与食品中的金属元素（锌、铁、钙、镁等）形成络合物，降低金属元素的吸收率。60%的植酸都是以植酸钙镁的形式存在的，因此植酸的存在会影响对这些物质的吸收。研究表明，植酸对微量金属元素锌的吸收有一定影响，加入一定量的铁可减少植酸对锌的络合。

植酸还可以与蛋白质结合，使大豆蛋白质的功能性发生改变。植酸的存在可降低大豆蛋白质的溶解度，改变大豆蛋白质的等电点，使其等电点从pH4.5降低到pH4.3，并降低大豆蛋白质的发泡性。因此，应设法在大豆蛋白质制取过程中减少和除去植酸。

（四）尿素酶

尿素酶（又称脲酶）属于尿素酰胺基水解酶，能催化酰胺类物质、尿素分解，产生氨气和二氧化碳。氨会加速肠黏膜细胞的老化，从而影响肠道对营养物质的吸收。反刍动物需添加尿素来强化饲料中的氮，尿素酶的存在将直接影响反刍动物对营养的吸收和自身重量的增加。尿素酶对热较为敏感，受热容易失活。

在这些抗营养物质中，胰蛋白酶抑制素对大豆制品的营养价值影响最大，耐热性也较强，故在选择加工条件时，以破坏胰蛋白酶抑制素为参考。

第二节 大豆蛋白质提取工艺

大豆蛋白质是以大豆或食用大豆粕为原料，加工生产的蛋白质含量≥50%的粉状大豆制品。按 GB/T 20371—2006《GB/T 20371—2006 食品工业用大豆蛋白》，大豆蛋白产品分为 3 类，即大豆蛋白粉、大豆浓缩蛋白和大豆分离蛋白，三类产品的主要理化指标如表 6-2 所示。

表 6-2　　　　　　　　　　食品工业用大豆蛋白主要理化指标

分类	蛋白质/%	水分/%	灰分/%	粗纤维/%
大豆蛋白粉	50~65（不含65）	≤10.0	≤7.0	
大豆浓缩蛋白	65~90（不含90）			≤5.0
大豆分离蛋白	≥90			≤0.5

脱脂豆粕中含有蛋白质、可溶性糖类、纤维素、半纤维素、灰分及其他微量成分等，若不同程度地把蛋白质和其他成分分开，可得到大豆浓缩蛋白、大豆分离蛋白及大豆组织蛋白等新型大豆蛋白产品。

一、 大豆浓缩蛋白的生产

大豆浓缩蛋白（Soy protein concentrate，SPC）是以低温脱溶豆粕为原料，通过不同的加工方法，除去原料中的可溶性糖、灰分以及其他微量可溶性成分，使蛋白质的含量从 45%~50%（干基）提尚到 70% 左右而得到的制品。

生产大豆浓缩蛋白的方法主要有稀酸浸提法、酒精浸提法和湿热浸提法 3 种。其中最常用的是稀酸浸提法和酒精浸提法。

（一）稀酸浸提法

1. 提取原理

根据大豆蛋白质溶解度曲线，蛋白质在 pH4.3~4.5 溶解度最低。利用大豆蛋白质的这一性质，将低温脱溶豆粕中的低分子可溶性非蛋白质成分浸洗出来，使蛋白质沉淀，然后离心分离，将分离出的浆状物中和、干燥，即可得到大豆浓缩蛋白。

2. 提取工艺

稀酸浸提法生产大豆浓缩蛋白的工艺流程如图 6-2 所示。首先将低温脱溶豆粕粉碎，过100 目筛，将豆粕粉加入酸洗罐中，加入 10 倍质量的水搅拌均匀后，加入 37% 的盐酸，调节pH 至 4.5，搅拌 1h，这时大部分蛋白质沉析，与粗纤维形成浆状物。

一部分可溶性糖及低分子蛋白质形成乳清液。而浆状物送入碟式离心机中进行固液分离，分离得到的浆状物流入一次性水洗罐，在此罐内连续加水洗涤，然后经泵注入第二部碟式离心机中分离。接着将浆状物流入二次水洗罐，在此罐内加水洗涤，再由泵注入第三部碟式离心机中分离废水，浆状物流入中和罐，加入适量碱液调节 pH 为中性（pH6.5~7.1），再经泵压入干

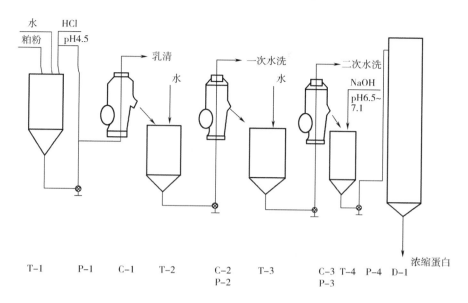

图 6-2　稀酸浸提法生产大豆浓缩蛋白的工艺流程

T-1—酸洗罐　T-2—一次水洗罐　T-3—二次水洗罐　T-4—中和罐　C-1—碟式离心机

C-2——次水洗分离机　C-3—二次水洗分离机　P-1—浆液输送泵　P-2—浆液输送泵

P-3—浆液输送泵　P-4—浆液输送泵　D-1—干燥塔

燥塔，脱水干燥，得到大豆浓缩蛋白。

3. 产品质量

这种方法生产的大豆浓缩蛋白，色泽浅，异味小，蛋白质的氮溶解指数高，功能性好。但在水洗过程中，多肽和氨基酸及清蛋白也被除去，影响了蛋白质的营养价值。

（二）酒精浸提法

1. 提取原理

一定浓度的乙醇溶液可使大豆蛋白质变性，失去可溶性。根据这一特性，利用含水乙醇液对豆粕中的非蛋白质可溶性物质进行浸提，剩下的不溶物经脱乙醇、干燥得到大豆浓缩蛋白。

2. 提取工艺

酒精浸提法生产大豆浓缩蛋白的工艺流程如图 6-3 所示。

首先将低温豆粕经风机吸入集料器，再经螺旋输送机送入酒精洗涤罐进行洗涤。洗涤罐有两只，内装摆动式搅拌器，可轮流使用。每次装低温豆粕的同时按料液比 1:7 的比例由酒精泵从暂存罐内吸入 60%~65% 乙醇溶液。操作温度为 50℃，搅拌 30min。每个生产周期为 1h。

洗涤过程中，可溶性糖、灰分及一些微量组分便溶解于酒精溶液中。为尽量减少蛋白质损失，选 60%~65% 酒精，因为这时蛋白质的氮溶解指数不足 10%，低于任何浓度的酒精。

洗涤后，从罐中将蛋白质浆状物由泵送入管式超速离心机中进行分离，分离出固形物和酒精溶液。分离出来的酒精要回收进行再利用，分离出来的浆状物首先被送入一效酒精蒸发器中进行初步浓缩，再由泵送入二效酒精蒸发器中进一步蒸出酒精，其操作真空度为 66.7 ~ 73.3kPa，温度为 80℃，最后浓缩浆状物由二效酒精蒸发器底部排出。从一效、二效酒精蒸发器

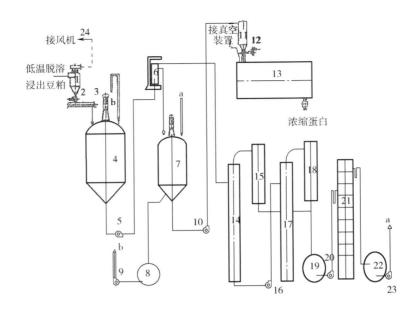

图 6 - 3　酒精浸提法生产大豆浓缩蛋白的工艺流程

1—集料器　2—封闭阀　3—螺旋输送机　4—酒精洗涤罐　5—离心泵　6—管式离心机

7—二次洗涤罐　8—酒精暂存罐　9—酒精泵　10—浆液泵　11—暂存罐　12—闸板阀

13—真空干燥器　14—一效酒精蒸发器　15—分离器　16—酒精泵　17—二效酒精蒸发器

18—分离器　19—浓酒精暂存罐　20—酒精泵　21—蒸馏塔

22—酒精暂存罐　23—酒精泵　24—吸料风机

出来的酒精流入浓酒精暂存罐，通过泵送入工作温度为 82.5℃的酒精蒸馏塔中蒸馏，一方面制取浓酒精，另一方面脱除酒中的不良气味。

　　从离心机中分离出的浆状物进入二次洗涤罐，以 80% ~ 90% 的酒精洗涤。研究报道，用 95% 热酒精洗涤，可使蛋白质具有较好的气味、氮溶解指数和色泽。一次洗涤后泵入内装搅拌器的二次洗涤罐，在温度 70℃的条件下进行二次洗涤 30min。经过两次洗涤后的浆状物，经由泵送入真空干燥器上的暂存罐，经闸门阀流入卧式真空干燥器进行脱水干燥，脱水时间为 60 ~ 90min，真空度为 77.3kPa，工作温度为 80℃，即得到酒精法大豆浓缩蛋白。

　　3. 产品质量

　　这种方法生产的大豆浓缩蛋白，色泽浅，异味小，这主要是因为含水酒精不但能很好地浸提出豆粕中的呈色、呈味物质，而且有较好的浸提效果。这种大豆浓缩蛋白由于蛋白质发生了变性，功能性差，使用范围受到了一定限制。

　　（三）湿热浸提法

　　1. 提取原理

　　利用大豆蛋白质对热敏感的特性，将豆粕用蒸汽加热或与水一同加热，蛋白质因受热变性而成为不溶性物质，然后用水把低分子物质浸提出来，分离除去。

　　2. 提取工艺

　　湿热浸提法生产大豆浓缩蛋白的工艺流程如图 6 - 4 所示。

图 6 - 4　湿热浸提法生产大豆浓缩蛋白的工艺流程

首先将低温豆粕进行粉碎，过 100 目筛。将豆粕粉用 120℃ 左右的蒸汽处理 15min，或将豆粕粉与 2 ~ 3 倍的水混合，边搅拌边加热，然后冻结，放在 - 2 ~ - 1℃ 冷藏。这两种方法均可使 70% 以上的蛋白质变性而失去可溶性。

将湿热处理后的豆粕粉加 10 倍的水，洗涤 2 次，每次搅拌 10min。然后过滤或离心分离。干燥可以采用真空干燥，也可以采用喷雾干燥。采用真空干燥时，干燥温度最好控制在 60 ~ 70℃；采用喷雾干燥时，在两次洗涤后再加水调浆，使其浓度在 18% ~ 20%，然后用喷雾干燥塔干燥即可生产大豆浓缩蛋白。

3. 产品质量

这种方法生产的大豆浓缩蛋白，由于在加热处理过程中有少量糖与蛋白质反应，生成一些呈色、呈味物质，产品色泽深，异味大，且由于蛋白质发生了不可逆的热变性，部分功能特性丧失，使其用途受到一定限制。加热冷冻的方法虽然比蒸汽直接处理的方法能少生成一些呈色、呈味物质，但产品得率低，蛋白质损失大，而且氮溶解指数也低。

由于大豆浓缩蛋白除去了原料中的一部分糖类和有味成分，蛋白质的营养价值有所提高，且口味温和，风味较好。利用以上 3 种方法提取大豆浓缩蛋白的产品质量不同，尤其是氮溶解指数差异较大，见表 6 - 3。

表 6 - 3　　　　　　　　　用不同方法生产大豆浓缩蛋白品质比较

指标	提取方法		
	乙醇浸提法	稀酸浸提法	湿热浸提法
氮溶解指数/%	5.0	69.0	3.0
1:10 水分散时的 pH	6.9	6.6	6.9
蛋白质含量/%	66.0	67.0	70.0
水分/%	6.7	5.2	3.1
脂肪含量/%	0.3	0.3	1.2
粗纤维含量/%	3.5	3.4	4.4
灰分含量/%	5.6	4.8	3.7

二、 大豆分离蛋白的生产

大豆分离蛋白（Soy protein isolate，SPI）是把脱皮脱脂大豆中的除蛋白质以外的可溶性物质和纤维素、半纤维素类物质都除掉，得到的蛋白质含量不低于 90% 的制品，又称等电点蛋白。与大豆浓缩蛋白相比，生产大豆分离蛋白不仅要从低温脱溶豆粕中除去低分子可溶性糖等成分，而且还要去除不溶性纤维素、半纤维素等成分。其生产方法主要有碱溶酸沉法、超过滤法和离子交换法 3 种。

（一）碱溶酸沉法

1. 提取原理

低温豆粕中的蛋白质大部分能溶于稀碱溶液。将低温豆粕用稀碱溶液浸提后，用离心分离法除去原料中的不溶性物质，然后用酸把浸出物的 pH 调至 4.5 左右，蛋白质由于处于等电点状态而凝聚沉淀，经分离可得到蛋白质沉淀，再经洗涤、中和、干燥得到大豆分离蛋白。

2. 提取工艺

碱溶酸沉法生产大豆分离蛋白的生产工艺流程如图 6 – 5 所示。

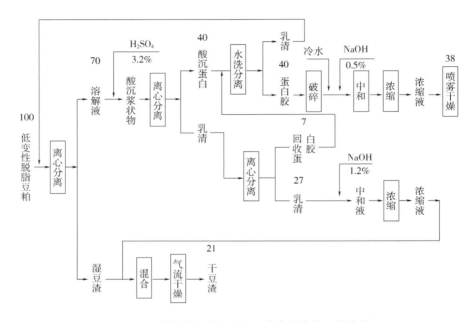

图 6 – 5　碱溶酸沉法生产大豆分离蛋白的工艺流程

豆粕的品质直接影响大豆分离蛋白的功能特性和提取率，只有高品质的豆粕才能获得高品质和高得率的大豆分离蛋白。要求原料无霉变，豆皮含量低，残留溶剂少，蛋白质含量高（45% 以上），脂肪含量低，氮溶解指数高（不低于 80%）。豆粕粉碎后过 40 ~ 60 目筛。

首先利用弱碱溶液浸泡低温豆粕，使可溶性蛋白质、糖类等溶解出来，利用离心机除去溶液中不溶解的纤维素和残渣。在已溶解的蛋白质溶液中加入适量的酸液，调节溶液的 pH 达到 4.5，使大部分蛋白质从溶液中沉析出来，这时只有大约 10% 的少量蛋白质仍留在溶液中，这部分溶液称为乳清。乳清中除含有少量蛋白质外，还含有可溶性糖、灰分和其他微量成分，然后将用酸沉析出的蛋白质凝聚体进行搅动、水洗，送入中和罐，加碱中和溶解成溶液状态。将蛋白质溶液调节到合适浓度，由高压泵送入加热器经闪蒸器快速灭菌后，再送入喷雾干燥塔脱水，制成大豆分离蛋白。

3. 产品质量

利用碱溶酸沉法生产的大豆分离蛋白产品，水分含量 6%，蛋白质含量 90% 以上，粗纤维含量 0.2% 以下，灰分含量 3.8% 以下，氮溶解指数 85%~95%，pH5.2 ~ 7.1。

利用碱溶酸沉法生产的大豆分离蛋白产品的质量好、色泽浅。但分离出的乳清随废水排放未回收，造成了低分子蛋白质的浪费，产品中可溶性成分去除也不彻底。

（二）超过滤法

1. 提取原理

超滤技术（UF）是20世纪70年代发展起来的新技术，又叫作超滤膜过滤技术，简称膜过滤技术，最初应用于水的分离方面，如海水脱盐淡化。超滤技术在植物蛋白领域的应用，开始于大豆乳清的处理，继而发展到大豆分离蛋白的提取。

用于膜过滤技术提取大豆蛋白质，其原理是基于利用纤维质隔膜的不同大小孔径，以压力差为动力使被分离的物质小于孔径者通过，大于孔径者滞留。最小孔径可达 $1\mu m$ 左右，因而有较好的分离效果。超滤的特点是同时具有浓缩和分离的作用，特别适用于大分子、热敏感物质的分离。超滤膜的截留作用；使得大分子蛋白质经过超滤膜可以得到浓缩，而低分子可溶性物质则可随超滤液进一步被滤出。

2. 提取工艺

超滤 – 反渗透技术生产大豆分离蛋白的工艺流程如图6 – 6所示。

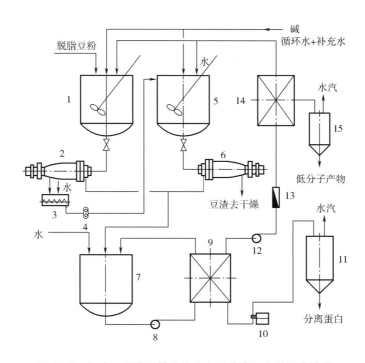

图6 – 6　超滤 – 反渗透技术生产大豆分离蛋白的工艺流程

1—浸提罐　2—离心机　3—浸提槽　4—齿轮泵　5—二次浸提罐　6—离心机　7—暂存罐　8—泵
9—超滤装置　10—高压泵　11—干燥器　12—泵　13—流量计　14—反渗透装置　15—干燥器

利用超滤 – 反渗透技术生产大豆分离蛋白包括两次微碱性溶液（pH9）浸提（浓度控制在13%～14%）、离心分离、水稀释、超滤（温度40～50℃）、反渗透以及干燥等。这种工艺的特点是，不经过酸沉析工序和中和工序。

3. 产品质量

把超滤技术引入大豆蛋白质生产领域，不仅可以改善产品的风味（无咸味）和色泽，提高蛋白质的溶解度，除去或降低产品中脂肪氧化酶的含量，提高蛋白质的消化率，而且还可以大大提高蛋白质的得率，减少废水排放的污染，有利于保护环境，节约能源，减少用水量。

（三）离子交换法

1. 提取原理

利用离子交换法生产大豆分离蛋白的原理与碱溶酸沉法基本相同。其区别在于离子交换法不是用碱调整溶液的 pH 使蛋白质溶解；而是通过离子交换法来调节 pH，使蛋白质从豆粕中溶出及沉淀，得到大豆分离蛋白。

在低温脱溶豆粕中含有一定量的有机酸盐，当用阴离子交换树脂处理脱脂大豆浆料时，会有离子交换反应发生。交换一定时间后，提取液呈碱性，大豆中的蛋白质逐渐溶解到碱性溶液中，形成蛋白质盐类，而阴离子交换树脂将低温脱溶豆粕中的有机酸根吸附住，这样通过固液分离就可以得到含有蛋白质的提取液。再把含有蛋白质的提取液，用阳离子交换树脂进行交换处理，又会发生离子交换反应。反应的结果是离子交换树脂吸附蛋白质盐类中的金属离子，释放出氢离子，使液体逐渐趋于中性。然后再用盐酸回调至等电点，蛋白质即可沉淀下来。

2. 提取工艺

离子交换法生产大豆分离蛋白的工艺流程如图 6 – 7 所示。

图 6 – 7 离子交换法生产大豆分离蛋白的工艺流程

首先将低温豆粕进行粉碎，过筛，以 1 : (8 ~ 10) 比例加水调匀，送入阴离子交换树脂罐，在抽提罐与阴离子交换树脂罐之间，其提取液循环交换，直至 pH 达到 9 以上，即停止交换。提取一定时间后，离心除渣。再将浸出液送入阳离子交换罐进行交换处理，方法与阴离子交换浸提相似，待 pH 降至 6.5 ~ 7.0 时，停止交换处理，其余工序与碱提酸沉法相同。

3. 产品质量

这种工艺生产的大豆分离蛋白具有纯度高、灰分少、色泽浅的优点；但其生产周期过长，有待于进一步开发和应用。

三、 大豆组织蛋白的生产

大豆组织蛋白（Structured protein）是指大豆蛋白质经加工成型后，其分子之间发生了重新排列，形成具有相同方向、相同组织结构的纤维状蛋白。大豆组织蛋白生产工艺主要包括原料粉碎、加水混合、挤压膨化等工序。膨化后的组织蛋白形同瘦肉，且具有咀嚼感，所以又称为膨化蛋白、植物蛋白肉或人造肉。

由于产品具有组织化构造，并在加工过程中进行了热处理，大豆组织蛋白产品具有以下特点：

（1）蛋白质呈粒状或纤维状结构，具有多孔性肉样组织，并有优良的保水性与咀嚼性，适用于各种形状的烹饪食品、罐头、灌肠、仿真营养肉等。

（2）短时、高温、高水分与压力条件下的加工，消除了大豆中所含的胰蛋白酶抑制素、尿素酶、血细胞凝集素等多种有害物质的生理活性，显著提高了蛋白质的消化吸收能力。

(3) 膨化时，由于出口处迅速减压喷爆，除去了大豆制品中产生的不良气味成分。

(一) 挤压膨化法

1. 生产原理

脱脂大豆蛋白粉或大豆浓缩蛋白加入一定量的水分，在挤压膨化机里强行加温、加压，在加热和机械剪切力的联合作用下蛋白质发生变性，结果使大豆蛋白质分子定向排列并致密起来，在物料挤出瞬间，压力降为常压，水分子迅速蒸发逸出，使大豆组织蛋白呈现层状多孔而疏松的结构，外观显示肉丝状。

组织蛋白的生产过程是在挤压膨化机（单螺杆挤压膨化机或双螺杆加压膨化机）里以物理化学的方法完成的。它通过膨化机膛内的高温、高湿对低温豆粕粉进行机械揉和和挤压，改变蛋白质分子的组织结构，使其成为一种易被人体消化吸收的食品。用来膨化的原料可以是低温豆粕粉、大豆浓缩蛋白或大豆分离蛋白等。生产时，将蛋白质原料与适量水分、添加物混合搅拌后，送入挤压膨化机，强行加温、加压。经一定时间后，蛋白质分子排列整齐，成为具有同方向性的组织结构，同时凝固成为纤维蛋白，其咀嚼感与肉类相似。低温脱溶豆粕有胰蛋白酶抑制素、尿素酶以及血细胞凝集素等一些抗营养物质，影响动物及人体的消化吸收，经过在膨化机内的高压、高温处理后，胰蛋白酶抑制素等抗营养物质的活性被破坏，因而改善了大豆蛋白质的消化吸收性，提高了大豆蛋白质的营养效能。

2. 生产工艺

挤压膨化法分为一次挤压膨化和二次挤压膨化两种方法。生产工艺流程下。

(1) 一次挤压膨化法工艺　一次挤压膨化工艺流程如图 6－8 所示。

辅料
↓
原料→[粉碎]→[调和]→[挤压膨化]→[切割]→[干燥冷却]→[拌香着色]→[包装]→成品

图 6－8　一次挤压膨化法生产大豆组织蛋白的工艺流程

经过粉碎的豆粕或大豆浓缩蛋白等，加入辅料后混合均匀。必要时，需要加入适量水进行调节，一般加水量为 20%～30%，为改善产品的营养价值、风味及口感，在膨化前后可以适当添加一些盐、碱、磷脂、色素、漂白剂、香料及维生素 C、B 族维生素、氨基酸等。大部分添加物一般先在调和缸中溶解，然后打入膨化机。另一些添加物，如色素、香料、维生素等需在物料膨化、切割、干燥、冷却后再加入，因为这些物料在高温条件下易发生变性或挥发。

(2) 二次挤压膨化法工艺　二次挤压膨化是在第一次膨化的基础上，将预膨化的蛋白质制品再进行一次膨化，这样得到的产品无论在口感还是在营养方面都更接近肉制品，因此，该法广泛用于仿肉制品的生产。二次挤压膨化法生产大豆组织蛋白的工艺流程如图 6－9 所示。

低温豆粕经风力吸运进集料器 1，再经清理筛 2、密度去石机 3、吸铁器 4 处理后流入粗料仓 5 贮存。由粗料仓出来的物料经粉碎机 6 粉碎吸入集料器 7，再流入料仓 8，经混合器 9 将物料均匀混合后，由吸运系统吸入集料器 12。再由集料器使豆粕粉流入膨化机 13 的喂料装置内，经预调和、混合、加水、加添加物等充分混合后进入膨化机 13 进入初步膨化，膨化粒出来后立刻进入二次膨化机 14 进行再度膨化。二次膨化物料流入风力吸运管，经集料器 16 进入烘干机 17 干燥，再经输送机 18、19，入冷却器 20，冷却后经分筛 21 流入成品仓 22。

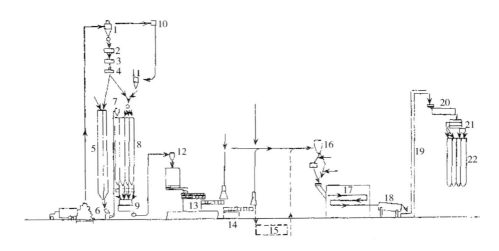

图6-9 二次挤压膨化法生产大豆组织蛋白的工艺流程

1—集料器 2—清理筛 3—密度去石机 4—吸铁器 5—粗料仓 6—粉碎机 7—集料器 8—料仓
9—混合器 10—风机 11—集尘器 12—集料器 13—膨化机 14—二次膨化机 15—暂存箱
16—集料器 17—烘干机 18、19—输送机 20—冷却器 21—分级筛 22—成品仓

(二) 水蒸气膨化法

1. 生产原理

采用高压蒸汽，将原料在0.5s内加热到210~240℃，使蛋白质迅速变性组织化。

2. 生产工艺

水蒸气膨化法生产大豆组织蛋白的工艺流程如图6-10所示。

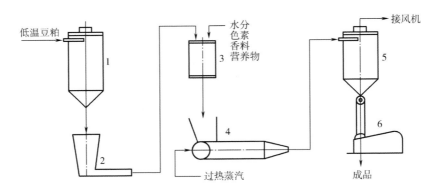

图6-10 水蒸气膨化法生产大豆组织蛋白的工艺流程

1—暂存料斗 2—计量喂料器 3—混合器 4—蒸汽组织化装置 5—旋风分离器 6—切碎机

首先利用风机将低温豆粕粉吸入暂存料斗1，然后经容积式喂料器2把豆粕粉均匀地融入混合器3，并在混合器内加入适量的水分、色素、香料、营养品等，使其与料均匀混合，再落入蒸汽组织化装置4中进行膨化。膨化机所用的过热蒸汽温度为210~240℃，压力在1MPa以上。膨化后的组织状蛋白进入旋风分离器5，在此，排除废气，再落入切碎机6切割成标准大小的颗粒体，即为组织状蛋白制品。

3. 工艺特点

利用高压过热蒸汽加压、加热，在较短时间内促使蛋白质分子变性凝固化，能明显地除去原料中的豆腥味，以保证产品质量。同时，产品中水分含量只有7%～10%，节省了干燥装置，简化了工艺过程。

（三）纺丝黏结法

1. 生产原理

将高纯度的大豆分离蛋白溶解在碱溶液中，大豆蛋白质分子发生变性，许多次级键断裂，大部分已伸展的亚单位形成具有一定黏度的纺丝液。将这种纺丝通过有数千个小孔的隔膜，挤入含有食盐的醋酸溶液中，在这里蛋白质凝固析出，在形成丝状的同时，使其延伸，并使其分子发生一定程度的定向排列，从而形成纤维。

首先将大豆分离蛋白用稀碱液调和成浓度10%～30%、pH9～13.5的纺丝液。纺丝液黏度直接影响着产品的品质，在一定条件下纺丝液的黏度越大，可纺丝性越高，而其黏度主要取决于蛋白质的浓度、加碱量、老化时间及温度。通常情况下，在一定温度下老化一段时间后（一般约1h）可出现纺丝性，而纺丝液的pH一般都较高（pH10以上），在这种条件下蛋白质容易发生水解，一般pH越高，老化时间越长，老化温度越高，越容易生成有毒物质。为了保证大豆蛋白质的高营养性及安全性，应尽量缩短纺丝液的老化时间，一般情况下，纺丝操作应在调浆后1h内完成。

另一方面，纺丝液的黏度随着老化时间延长而降低，若在1h内完成纺丝操作，会由于纺丝液的黏度差异而影响蛋白纤维的品质，轻者出现纤维粗细不均，重者会出现断丝或不成丝，为了解决这个问题，可以在纺丝液中加入适量的二硫键阻断剂，常用的有半胱氨酸、亚硫酸钠、亚硫酸钾、巯基乙醇等，这样，纺丝液在老化过程中，黏度不仅不会降低，而且还会提高，并且黏度在1h内变化不明显。

100g蛋白质中二硫键阻断剂的添加量：半胱氨酸添加量为0.3～3.0mg，亚硫酸钠或亚硫酸钾添加量为5.0～50mg，巯基乙醇添加量为0.4～40mg。

经调浆后老化的喷丝液，经喷丝机的喷头被挤压到盛有食盐和醋酸溶液的凝结缸中，蛋白质凝固的同时进行适当的拉伸，即可得到蛋白纤维。挤压喷丝时，压力要稳定，大小要适当，否则不仅蛋白纤维粗细不均，还会降低喷丝头的使用寿命。

对蛋白纤维进行一定程度的拉伸可以调节纤维的粗细和强度。在拉伸过程中，蛋白质分子发生定向排列，蛋白纤维的强度增强，在一定限度内，拉伸度越大，分子定向排列越好，纤维强度越高。另外，纤维强度还受原料品质、碱液的浓度、蛋白质法度、醋酸的浓度以及共存盐类的影响。将单一的或复合的蛋白纤维加工成各种仿肉制品，需经黏结和压制等工序完成。

2. 生产工艺

纺丝黏结法生产大豆组织蛋白的工艺流程如图6-11所示。

将大豆分离蛋白倒入溶解罐用稀减液调节成蛋白质含量为10%～30%的纺丝液，与从碱液罐1中定量出来的碱液在螺旋混合泵3中混合均匀，控制pH为9～13.5，而后通过过滤器5进入喷浆器6喷成丝状后在凝结槽7中凝结，再通过辊子压延拉伸变细，经水洗、黏结成型5最后涂抹脂肪、香料等各种添加剂后成为模拟肉产品。

常用的黏合剂有蛋清蛋白以及具有热凝固性的蛋白质、淀粉、糊精、海藻胶、羧甲基纤维素钠等，也有利用蛋白纤维碱处理后表面自身黏度来黏合的。为了使仿肉制品具有良好的口感

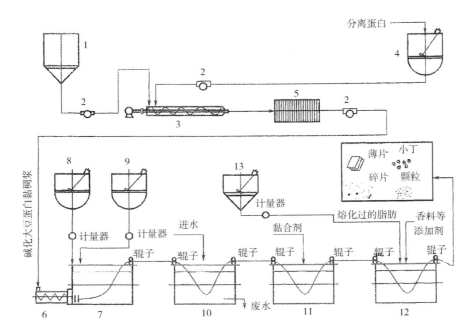

图 6-11　纺丝黏结法生产大豆组织蛋白的工艺流程

1—碱液罐　2—定量泵　3—螺旋混合泵　4—溶解罐　5—过滤器　6—喷浆器　7—凝结槽
8—盐水槽　9—酸液罐　10—水洗槽　11—黏结罐　12—包脂肪罐　13—脂肪贮罐

和风味，可在调制黏结剂时加入一些风味剂、着色剂及品质改良剂、植物油，使仿肉制品柔软且具有良好风味。将调好的凝结剂混合，进行整形后加热，切成适当的形状，干燥或冷藏即为成品。

第三节　大豆蛋白质在食品中的应用与处理

近年来，随着大豆蛋白质营养价值与经济价值研究的深入，大豆蛋白制品在食品中的应用范围越来越广，同时添加的目的也从以往的简单添加、替代，发展到科学合理地利用大豆蛋白质的功能性。

一、蛋白制品的应用

（一）在肉制品中的应用

在肉制品加工中添加大豆蛋白，主要是利用它的营养性、功能性和经济性。大豆蛋白制品中的全脂大豆粉、脱脂大豆粉、大豆浓缩蛋白、大豆分离蛋白、大豆组织蛋白都可以应用于肉制品中。

将大豆蛋白制品应用于肉制品，从营养学角度讲，可以起到低脂肪、低热能、低胆固醇、低糖、高蛋白、强化维生素和矿物质等合理营养的作用。

　　大豆蛋白制品应用于肉制品，既可作为非功能性填充料，也可作为功能性添加剂，改善肉制品的质构，增加风味，充分利用不理想或不完整的边角原料肉。利用大豆蛋白质的凝胶性和黏着性，使肉质组织细腻，结合性好，富有弹性，切片性好，切面光润，提高肉制品的嫩度，使之口感良好。利用大豆蛋白的吸油性和乳化性可提高肥肉利用率，降低产品的油腻感，并能防止脂肪析出。

　　大豆蛋白制品应用于肉制品，可以提高产品得率，降低生产成本，增加企业的经济效益。利用大豆蛋白的亲水性和持水性（1份大豆蛋白可以和5份或更多的水结合），可以减少肉制品加热处理时水分的损失及收缩率。每加入1kg大豆蛋白，可以增加5kg或更多的成品。一些价格较低、营养价值较高的大豆蛋白制品，如大豆粉、大豆组织蛋白可以替代一些肉，从而降低产品的成本。将其应用在碎肉制品中，如汉堡牛肉饼、肉丸子、肉汤、灌肠类，不仅可以提高产品蛋白质的含量，而且可降低动物脂肪及胆固醇的含量。另外，由于其良好的吸水性和吸油，可减少加工中损失和降低油腻感。由于大豆浓缩蛋白和大豆分离蛋白的价格较高，在使用时可以利用其乳化性、吸油性、吸水性、凝胶性和黏着性等功能性来改善肉制品。在传统的中国食品，如馅饼、肉包子、饺子等中添加适量的（30%左右）大豆组织蛋白代替部分猪肉、牛肉、羊肉，其大豆制品不损害食品的营养及适口性。在档次较高的肉制品中加入成本较高的大豆浓缩蛋白、大豆分离蛋白，由于其功能性较强，即使使用量为2%~5%，也可以起到保水、保脂、防止肉汁离析、提高品质、改善口感的作用。最近，一些资料介绍，已经开发了多种防止火腿类加工和流通过程中肉汁损失的方法，并开始广泛利用。这就是将大豆分离蛋白分散液注入像火腿那样的肉块中而不破坏肌肉组织的制品中。例如，将8%左右的大豆分离蛋白分散于以往用于火腿发色及调味的浸渍液中，然后将这种液体强制注入肉块，再将肉块在特定条件下处理，使浸渍液完全浸透到肉组织中。通过这种方法，火腿得率可增加20%，同时，还可以把过去在贮藏室的浸渍作业时间由数天缩短为1天。这种明显的效果主要在于大豆蛋白的保水性和凝胶形成性。

　　近年来，对加工食品已严格限制使用防腐剂，因此，食品杀菌时的加热条件变得更加严格。高温加热会使肉的组织遭到破坏，变得很柔软，失去了肉的触感，但大豆组织蛋白不会因加热而出现以上问题，其口感使人感到仍有肉的特点和食欲。另外，在加工过程中，利用泵输送原料时，肉的组织易遭到破坏，从而使成品的口感遭到破坏。但如果添加机械耐性强的大豆组织蛋白，便可以保证制品品质的稳定。由此看来，大豆组织蛋白在碎肉制品加工中，不仅是肉的代用品，而且是一种必需的原料。

（二）在面制品中的应用

　　我国很多地区以面制品消费为主，而面制品中的主要原料小麦蛋白质含量较低，而且必需氨基酸组成比例也不平衡，添加一些大豆蛋白，可以补充小麦的蛋白营养价值。由于价格原因，在面制品中主要用大豆粉，而很少用大豆分离蛋白和大豆浓缩蛋白。大豆蛋白质的乳化性、吸油性、吸水性和调色性在面制品的加工、销售、贮藏中起着非常重要的作用。

　　在面制品中适量添加大豆蛋白，可增加产品中蛋白质含量，并可利用蛋白质的互补作用，提高蛋白质的生物价，从而提高面制品的营养价值。还可利用其良好的乳化性、吸油性、吸水性、黏弹性、气泡性及调色作用（漂白及着色）等功能性，提高产品质量，增加企业的经济效益。

1. 在面包中的应用

在面包中添加大豆蛋白，不仅能提高产品的蛋白质含量，而且能根据氨基酸互补的原理，提高面包的蛋白质质量，增大面包体积，改善表皮色泽和质地，增进面包风味。面包在贮存、销售过程中容易老化变硬，失去其特有的疏松柔软感，如果在面粉中添加一定量的大豆蛋白粉，由于它具有吸水性、保水性，不但生产出的面包质地柔软，而且能够防止面包老化，延长货架期。

小麦粉含有面筋性蛋白质，其面筋的形成决定着面团的质量及面包的体积，由于大豆蛋白中不含面筋性蛋白质，因而在面团中添加大豆蛋白制品，会直接影响面筋的形成。一般如果面粉中添加的大豆蛋白制品不超过 3%，不需添加改良剂，只需增加一些水，即可保证面包体积不缩小；如果添加大豆蛋白制品达到了 5%，需要添加一定的面粉品质改良剂。在面包生产中添加适量（5% 以下）大豆蛋白，容易制成光滑的面团，面团的机械耐性得到改善，面包体积增大，表皮的色泽好，表皮薄而柔软，风味变好。

2. 在面条加工中的应用

加工面条时，在面粉中加入适量的大豆蛋白粉，面团吸水性好，面条水煮后断条少，煮的时间长。由于大豆蛋白吸水量大，可以提高面条的得率，而且面条色泽好，口感与强力粉面条相似。面条中大豆蛋白粉的添加量以 2%～3% 为宜，添加量过多时，豆腥味加重，容易煮断条，且水煮后面条颜色过深。

3. 在其他焙烤食品中的应用

另外，大豆蛋白制品还可应用于饼干、蛋糕等焙烤食品加工中。在饼干、蛋糕中添加大豆蛋白制品，对焙烤食品的加工性能可起到的作用包括：改善机械操作性，促进面团混合，降低产品的硬化速度，增加体系的乳化效果，改良产品焙烤时的持水性，促进产品色泽的形成，使产品质地柔软及组织结构良好，减少产品的吸油，提高产品的新鲜度及延长贮存时间等。

生产饼干时，在面粉中添加 15%～30% 的大豆蛋白粉，可以大幅度提高蛋白质的含量，增加其营养价值，并且能够增加饼干酥脆性，还具有保鲜作用。

在炸面圈时，加入一些脱脂大豆蛋白粉，既可以防止产品透油，又可以节省油脂的消耗，另外由于大豆蛋白吸水性好，可以调节混合面的水分含量，改善产品的风味、色泽及组织状态。

（三）在乳制品中的应用

大豆蛋白制品，尤其是粉末状大豆分离蛋白和大豆提取蛋白，具有与脱脂奶粉极相似的特性。在冷饮（如冰淇淋）咖啡乳、小吃食品、糖果中，可直接利用大豆蛋白的乳化性、起泡性、黏性等功能性。大豆分离蛋白和乳清结合起来使用，其乳化作用比脱脂奶粉好，且价格也较低，因此在许多糖果的配方中，可部分代替脱脂奶粉。大豆分离蛋白应用于冰淇淋生产时，可用来代替脱脂奶粉，由于陈化使黏度显著增加，对冷冻时气泡的稳定有效果，此外还可以起到改善冰淇淋的乳化性质、推迟冰淇淋中乳糖的结晶、防止起沙现象的作用。大豆蛋白制品在乳制品及饮料方面的应用有豆奶、豆牛奶、代牛奶、咖啡牛奶、代奶酪、代奶油、冰淇淋等。

在乳制品中应用大豆蛋白时，出现的共同缺点是风味和色泽的变化，即乳制品特有的风味变淡，代之而来的是豆腥味，色泽也有由明快的乳白色变成灰白色的倾向。此外，干酪和酸奶发酵过程中所产生的风味会出现差异，同时组织或口感也出现变化，这些都是有待今后要解决的问题。

（四）在其他食品中的应用

1. 早餐食品

在早餐食品中加入一些大豆蛋白粉，可改善食品的氨基酸平衡，提高蛋白质的含量。将大豆浓缩蛋白加入燕麦粉中，可使食品的蛋白质含量增加到18%。

2. 快餐食品

在膨化快餐原料中添加一定量的大豆粉或其他大豆制品，可使膨化前的面团柔软，容易处理，并且能够改良外皮的组织状态，延长产品的贮藏时间。另外添加10%~15%的大豆粉，可以提高以淀粉质为主的快餐食品的营养价值，增加蛋白质含量，改善谷类蛋白氨基酸的平衡。

3. 婴儿食品

大豆蛋白可以不同的形式存在于很多婴儿食品中，如可用谷类和脱脂大豆粉为主要的配料形式和蔬菜、肉食一起制作食品，也可将大豆浓缩蛋白和分离蛋白添加到配制食品中。而且对喝牛奶不适应的婴儿，可用脱脂豆粉生产的高蛋白乳代替一部分牛奶，或用含有大豆分离蛋白、维生素和蛋氨酸生产的其他食品喂养幼儿。

4. 饮料

近年来，各种各样的大豆蛋白饮料发展很快，以大豆蛋白为原料可制作人造乳、咖啡、豆奶、豆奶酪、果汁豆奶等，并可添加一系列调味香精，如果汁、巧克力、植物油、糖、柠檬酸等，味道及营养成分都良好。

5. 蛋黄代用品

利用大豆浓缩蛋白、大豆分离蛋白制成的蛋黄填充剂，产品质量好。蛋黄填充剂的制备是把大豆蛋白与小麦粉混合，然后添加保湿剂、卵磷脂、乳化剂和香料，混合后磨碎而成。

6. 发酵食品

利用大豆或脱脂豆粉生产发酵食品，已有很久的历史。主要应用在生产酱油、豆酱、啤酒等一些方面。豆粕一直被用作啤酒发酵生产的培养基，由于低温豆粕的氮溶解指数高，用于啤酒发酵效果好。豆粕作为酵母营养剂，能提供微生物生长所需要的氨基酸、肽、无机物和维生素，通常以磨碎液的形态使用。另外，将加水分解的蛋白直接添如到啤酒中，可以增强啤酒泡沫的稳定性，改善啤酒的风味和品质。

7. 罐头

大豆组织蛋白又称素肉，其蛋白质含量在50%以上，含有人体所必需的8种氨基酸，是一种高蛋白营养食品，将它加工成植物蛋白肉罐头，就可以成为可随身携带、方便食用、具有高营养价值的食品。

8. 作发泡剂

大豆分离蛋白经80%~90%的乙醇洗涤后可形成稳定的气泡，未加热的脱脂大豆在pH4.5时的水浸出液，即通常被称为乳清的部分，能形成稳定的气泡。

经酶分解的大豆蛋白可作为起泡剂单独使用。大豆蛋白发泡慢，但体积大，即使长时间发泡体积也不会减少。一般情况下与卵清蛋白或全卵配合使用，作为起泡速率、容积和稳定性的改良剂。与卵清蛋白比较，大豆蛋白发泡剂具有以下优点：具有良好的溶解性，不需预先浸泡；起泡快；受热后仍很稳定，适合于进行连续充气作业；具有良好的机械搅打性，形成泡沫稳定；与脂肪同时存在时也很稳定，有利于加入含脂肪高的糖果；操作简便，价格低。

9. 糖果

在糖果生产中添加大豆蛋白，可利用其良好的营养特性及功能特性，达到提高蛋白质含量和产品质量及降低成本等作用。利用大豆蛋白粉生产糖果，如生产砂性奶糖，可全部代替奶粉。如生产胶质奶糖，可代替 50% 的奶粉。添加大豆蛋白粉的奶糖，一般具有甜度降低、不黏牙、香气增加、成本降低、蛋白质含量提高的优点。

大豆蛋白发泡粉作为糖果起泡剂，能将黏稠的气泡引入含有糖浆或其他可溶食品的连续液相或固相中，使糖果体积增大，相对密度变小。在棉花软糖中，发泡剂产生泡沫状结构，能大幅度降低表面张力，将大量空气引入液体。在充气糖果生产中，大豆蛋白质除具有发泡功能外，还具有乳化性、吸水性、吸油性和成膜性等作用。在巧克力生产中，添加大豆蛋白具有以下作用：口味独特，具有可可、牛奶、豆香浑然一体之混合香味，香气独特，更适合中国人的口味；乳化性能好。产品内部分散性好，结构均匀，细腻，滑润。略提高可可脂的熔点，可适当防止气候过热时成品软化。在成品吸潮时，可降低其水分活度，延长保质期。

10. 水产品

在水产品的加工过程中一般应用大豆分离蛋白或大豆浓缩蛋白，利用大豆蛋白粉加工水产制品比较经济，而且能够充分利用大豆蛋白质的机能特性。生产鱼肉香肠和油炸鱼卷时，添加鱼肉质量 3%～10% 的大豆蛋白粉，能够提高加水量，增加制品的弹性及香味，同时降低生产成本。

大豆蛋白在水产加工制品中利用的方法有以下几种：粉末直接添加法、与水混合形成凝乳状的添加法，以及将水与油脂、大豆分离蛋白混合形成乳化状凝乳的添加法。这些添加法对于一些高档产品还不能使用，它主要用于炸鱼糕、鱼卷或鱼肉香肠中，可取代 20%～40% 的鱼肉。

二、 蛋白制品中大豆不良气味的产生及防止

大豆蛋白是一种很好的营养食品，但在生产过程中可能存在一些不良气味，如豆腥味、苦味等，使得大豆蛋白的利用和生产受到很大的限制。多年来，一些学者经研究认为，大豆中的不良气味成分不完全是大豆本身所固有的，多数是由于原料在处理、加工等过程中产生的。了解大豆制品不良气味成分产生的机理，对于在大豆制品生产过程中有效控制产品的气味成分非常重要。

（一）大豆蛋白制品中不良气味的产生

大豆蛋白制品的不良风味包括以下几个方面。

1. 可挥发性气味成分

通过嗅觉器官可以感觉到的，其中正己醛、异戊醛、正庚醇散发有青草味；二甲胺散发鱼腥味，但含量甚少。正己醛、异戊醛、正辛酸有青豆气味，含量也不多。

2. 不挥发性味道成分

通过味觉器官可以感觉到的，具有苦、涩感的成分。

3. 氧化不饱和脂肪酸带来的气味

大豆中亚油酸、亚麻酸等不饱和脂肪酸在脂肪氧化酶的作用下氧化，产生具有豆腥味和青草味的成分，这是大豆产生不良气味的主要原因。

（二）大豆蛋白制品中不良气味的改善

产生大豆不良气味最根本的原因是大豆中含有较高的亚麻酸和存在大量的脂肪氧化酶，如

果对大豆中的脂肪氧化酶进行处理和控制，会使不良气味得到改善和根除。改善大豆制品中不良气味的方法有以下途径。

1. 钝化脂肪氧化酶

大豆产生豆腥味的主要原因是不饱和脂肪酸在脂肪氧化酶的作用下发生氧化。脂肪氧化酶存在于接近大豆表皮的子叶中，当细胞壁破碎后，即使存在很少的水分，脂肪氧化酶也可利用溶于水中的氧，使不饱和脂肪酸氧化，形成过氧化物。当有受体存在时，过氧化物可继续降解形成正己醇、乙醛和酮类等具有豆腥味的物质。这些物质又与大豆中的蛋白质有亲和性，一旦两者结合，即使利用提取和清洗等方式也很难去除大豆制品中的不良气味。因此，为防止豆腥味的产生，必须钝化大豆中的脂肪氧化酶。

（1）加热处理　加热处理是钝化脂肪氧化酶的基本方法，但由于加热会同时引起蛋白质的变性，在实际操作中应平衡好二者的关系。生产中常用100℃沸水或蒸汽加热3~5min，或120℃热烘60min来钝化脂肪氧化酶。

（2）酸、碱处理　利用酸、碱处理仅能够使部分脂肪氧化酶失活。

2. 气味掩盖

在大豆制品中添加砂糖、有机酸、谷氨酸和酱油等风味成分，可以掩盖豆腥味，改善产品风味。

3. 化学添加剂

采用化学添加剂可以使大豆中的不良气味成分分解。常用的化学试剂有过氧化氢、亚硫酸等。多数化学添加剂处理后，要用离子交换树脂将残存的化学试剂除去。

4. 真空脱腥

将大豆制品在高温下抽真空处理，除去大豆中挥发性成分产生的不良气味。

5. 发酵法

大豆制品如豆奶等经过乳酸菌等有益微生物发酵，可有效消除豆腥味，改善制品风味。

6. 发芽法

大豆发芽后，脂肪氧化酶大部分被分解，产品的豆腥味明显减轻。

🔍 思考题

1. 大豆7S球蛋白和11S球蛋白有哪些异同？
2. 简述大豆蛋白质在不同pH条件下的溶解特性。
3. 影响大豆蛋白质变性的因素有哪些？
4. 利用酸法和醇法生产大豆浓缩蛋白有何不同？
5. 简述利用碱溶酸沉法生产大豆分离蛋白的原理。
6. 生产大豆组织蛋白的方法有哪些？
7. 如何去除大豆中的抗营养物质？
8. 大豆蛋白质的功能性有哪些？
9. 简述大豆制品中不良气味产生的主要原因及防止措施。
10. 大豆蛋白制品在食品中有哪些应用？

第七章
发酵调味品酿造

发酵调味品指在食品加工或烹调中能够调整或调和食物口味的食品加工辅料或添加剂，包括以谷物、豆类为原料利用发酵法生产的酱油、酱（豆酱、甜酱、豆瓣酱）、食醋、豆豉、豆腐乳及料酒、味精等。我国发酵调味品生产历史悠久，但多采用自然作曲，自然发酵，使产品质量良莠不一，而今对发酵菌株经分离、选育、诱变获得高酶活、多酶系优良菌株，进行纯种制曲，多酶控制发酵，使发酵调味品达到生产规范化，加工技术自动化，产品质量标准化，品种功能多样化，成为一大行业体系。酱油和食醋作为调味品中的主流产品，在我国调味品行业的发展中占有举足轻重的位。本章主要阐述酱油和食醋的酿造生产技术。

第一节　酱油酿造

一、酱油酿造生产技术概述

（一）酱油的概念及发展过程

酱油起源于中国，是以富含蛋白质的豆类原料和富含淀粉的谷类及其副产品为主要原料经微生物发酵酿制而成的液体调味品。由于酿制过程中有多种微生物参与，经过复杂的生化反应和褐变作用，使酱油含有多种高级醇、酯、醛、酚和有机酸、谷氨酸等，形成酱油特有的香味、鲜味和色素，故酱油是一种色、香、味俱全，营养丰富的调味品。

酱油营养丰富，含有大量的蛋白质水解生成物，其中有氨基酸，B族维生素，水溶性钙、磷、铁、锰、锌等矿物质，还原糖及多种有机酸等，是一种具有生理活性的物质。氨基酸是酱油中最重要的营养成分，其含量的高低反映了酱油质量的优劣。氨基酸是蛋白质分解的产物，酱油中包括了人体所必需的 8 种氨基酸。还原糖是酱油的一种主要营养成分，有机酸也是酱油的一个重要组成部分，主要包括乳酸、醋酸、琥珀酸、柠檬酸等，对增加酱油风味有一定的影响。

传统的酱油生产方法采用野生菌制曲、晒露发酵，生产周期长，原料利用率低，卫生条件差。随着酿造技术的发展，尤其自 1958 年从苏联传入无盐发酵法之后，摆脱了酿造中食盐对蛋白酶的抑制作用，缩短了生产周期，但同时，产品酱香弱、风味差的缺点也显现出来，因此，传统与现代结合的酿造技术得到长足的发展。至今，简易通风制曲法、人工保温发酵法、固态低盐发酵、固稀分酵发酵法等酿造技术被逐渐采纳和完善，酱油生产的机械化水平逐步提高。现代酱油生产在继承传统工艺优点的基础上，在原料、工艺、设备、菌种等方面进行了很多改进，生产能力有了很大的提高，在保证产品风味基础上提高了原料利用率，品种也日益丰富。

酱油是微生物的酶及其代谢所产生的发酵产物，是发酵调味品中最具代表性的产品，也是各种复合调味品的基础原料之一。随着社会经济的发展，酱油的品种在不断地增加，用途也在不断地扩展，它早已不是单纯地服务于家庭烹饪，它越来越多地参与各种食品的生产加工。酱油已经不是单一产品，已经成了复合调味品的组成部分，并会对复合调味品的显味产生重要影响。

（二）酱油的分类

1. 按行业标准分类

（1）酿造酱油 酿造酱油是以蛋白质原料和淀粉质原料为主料，经微生物发酵制成的具有特殊色泽、香气、滋味和体态的调味汁液。

酿造酱油按发酵工艺可分为以下种类。

①高盐发酵酱油 是指原料在生产过程中应用高盐发酵工艺酿造的调味汁液，可供调味及复制用。高盐发酵酱油又可分为高盐固态发酵酱油和高盐固稀发酵酱油。

②低盐发酵酱油 是指原料在生产过程中应用低盐发酵工艺酿造的调味汁液，可供调味及复制用。低盐发酵酱油又可分为低盐固态发酵酱油和低盐固稀发酵酱油。

（2）配制酱油 配制酱油是以酿造酱油为主体，与酸水解植物蛋白调味液、食品添加剂等配制成的液体调味品。

配制酱油中的酿造酱油比例不得少于50%，不得添加味精废液、胱氨酸废液以及用非食品原料生产的氨基酸液。

（3）酱油状调味汁 酱油状调味汁是以含有食用植物蛋白的脱脂大豆、花生粕、小麦蛋白或玉米蛋白水解液为原料，再经发酵后熟制成的调味汁液。

2. 按商业流通中的酱油分类

（1）生抽 生抽是一种不用焦糖色素调色、增色的酿造酱油，它是以优质的黄豆和面粉为原料，经发酵成熟后提取而成，并按提取的先后、次数的多少分为特级、一级、二级。生抽产品色泽较一般酱油浅，棕红鲜艳，光亮不发乌，酱香醇厚，鲜味突出，风味与用法与普通酱油基本相同，多用于色泽要求较浅的食品或菜肴，烹调时加入，可增加食物的香味，并使其色泽更加好看。

（2）老抽 老抽是在生抽中加入焦糖，再加热搅拌、冷却、澄清而制成的浓色酱油。按生抽的级别相应分为特级、一级、二级。其风味和用法与普通酱油基本相同，浓稠度和色泽远高于生抽，多用于色泽要求较深的食品或菜肴，尤其适合肉类增色之用。

（3）花式酱油 花式酱油以酿制酱油为原料，根据需要加入其他配料而成。品种多为香菇抽、鲜虾抽、美味酱油等。

3. 按食用方法分类

（1）烹调酱油 烹调酱油是指不直接食用，适用于烹调加工的酱油。

（2）餐桌酱油　餐桌酱油是指既可直接食用，又可用于烹调加工的酱油。

4. 按色泽分类

（1）浓色酱油　浓色酱油呈棕红色或棕褐色，为我国酱油之大宗。

（2）淡色酱油　淡色酱油又称白酱油，呈淡黄褐色，产量较少。

（三）酱油的酿造原理

酱油酿造主要利用微生物生命活动中产生的各种酶类对原料中的蛋白质、淀粉及少量脂肪、维生素和矿物质等进行多种发酵作用，逐步使复杂高分子物质分解为较简单的低分子物质，又把较简单的低分子物质合成为一种复合食品调味料。

酱油的发酵除了利用在制曲中培养的米曲霉，在原料上生长繁殖、分泌多种酶，还利用在制曲和发酵过程中，从空气中落入的酵母菌和细菌进行繁殖并分泌多种酶。所以酱油是曲霉、酵母菌和细菌等微生物综合发酵的产物，其发酵机理如下。

1. 淀粉的糖化

酱油生产原料中的淀粉在淀粉酶的作用下可分解为糊精、麦芽糖、葡萄糖等。糖化作用后产生的单糖中，除葡萄糖外，还有果糖及五碳糖。果糖主要来源于豆粕（或豆饼）中的蔗糖水解，五碳糖来源于麸皮中的多缩戊糖。

制曲时自空气中落下的一部分细菌，在发酵过程中能使部分糖类变成乳酸、醋酸、琥珀酸等，适量的有机酸存在于酱油中可增加酱油的风味，但含量过多会使酱油呈酸味而影响质量。

米曲霉本身也能在发酵代谢中产生部分有机酸，这些酸与酒精结合能够增加酱油的香气，并使其具有独特风味。但酸度过高在发酵朗间既影响蛋白酶教淀粉酶的分解作用，又会使产品质量降低。

2. 蛋白质的分解

酱油生产原料中的蛋白质在蛋白酶的作用下可分解为胨、多肽、多种氨基酸。其中谷氨酸、天门冬氨酸是酱油鲜味的组成物质；甘氨酸、丙氨酸、色氨酸是酱油甜味的组成物质；酪氨酸、色氨酸和苯丙氨酸的产色效果显著，能氧化生成黑色及棕色化合物。

霉菌、酵母菌和细菌中的核酸，经核酸酶水解后生成鸟苷酸、肌苷酸等核苷酸的钠盐，与谷氨酸钠盐协调作用可提高酱油鲜味数倍。但是，若米曲霉质量不好，污染了杂菌会产生异常发酵，使蛋白质水解作用终止之后再氧化。

3. 脂肪的分解

酱油生产原料中的脂肪在脂肪酶的作用下分解成脂肪酸与甘油，脂肪酸又通过各种氧化作用生成各种短链脂肪酸，这些脂肪酸也是酱油中构成酯类的基物。

4. 纤维素的分解

酱油生产原料中纤维素在纤维素酶及其他多种酶的作用下，产生乳酸、醋酸和琥珀酸，多缩戊糖在半纤维素酶的作用下产生戊糖。

5. 色、香、味、体的形成

酱油在发酵过程中经过各种变化而形成了酱油特有的色、香、味、体。如酱油色素的形成主要是酱醅中的氨基酸和糖类受外界温度、空气和酶的作用，在一定的时间内结合成酱色，各种糖类相比较而言，戊糖最好。

二、酱油酿造原辅料及工艺特性

（一）主要原料

1. 蛋白质

蛋白质是酱油主要成分含氮物的来源，酱油色、香、味、体的前驱物质，又是酱油生产培菌制曲过程中微生物的氮素营养及各种酶生成的主要元素，因此，是酱油生产必不可少的原料之一。

（1）大豆　大豆又称为黄豆，我国各地均有种植，尤以东北大豆产量最多、质量最优。酱油中氮素成分 3/4 来自大豆蛋白质，1/4 来自小麦蛋白质。大豆氮素成分中约有 95% 蛋白质态氮，大豆蛋白质态氮中以蛋白质结构存在约有 84% 大豆球蛋白和 5% 大豆白蛋白，以肽结构存在的有 $\alpha-\gamma-$ 谷氨酰天门冬氨酸与 $\gamma-$ 谷氨酰酪氨酸等，故大豆蛋白质易为人体吸收，也易被微生物酶分解。大豆中的 $\alpha-\gamma-$ 谷氨酰天门冬氨酸与 $\gamma-$ 谷氨酰酪氨酸在谷氨酰胺酶作用下水解为谷氨酸、天门冬氨酸与酪氨酸，前两者是酱油鲜味物质的主要来源。

大豆蛋白质的氨基酸组成种类全面，含人体必需的 8 种氨基酸，为完全蛋白，营养价值高，特别是谷氨酸含量甚高，它是酱油鲜味的主要物质，给酱油提供浓郁的鲜味。

（2）饼粕　饼粕是大豆经压榨法提取油脂后的副产品。因压榨前处理方法不同又分为冷榨豆饼和热榨豆饼两大类。将大豆软化压扁后直接榨油而所得的豆饼称为冷榨豆饼。将大豆经乳片、加热蒸炒再压榨提取油脂得到的豆饼称热榨豆饼。冷榨豆饼未经高温处理，出油率低，蛋白质基本未变性，除可用于作酱油生产原料外，更适宜用作豆腐类制品的生产原料。热榨豆饼由于经过高温处理后压榨，其大豆蛋白质热变性程度较高，不适宜生产豆腐类制品，但热榨豆饼比冷榨豆饼的水分含量低、出油率高，蛋白质含量相对较高，质地疏松，易于破碎，因此适用于酱油酿造。

（3）其他蛋白质原料　酿造酱油时除大豆、豆饼和豆粕之外，还可以利用其他蛋白质原料，只要其蛋白质含量高，脂肪含量低，不含有毒物质，无异味，均可用作酿造酱油的原料，综合利用及经济价值高，如蚕豆、豌豆、绿豆以及它们提取淀粉后的豆渣和粉浆。另外，榨油后的花生饼粕、芝麻饼粕、葵花籽饼粕、脱酚菜籽饼、脱酚棉籽饼、脱脂的蚕蛹粉、鱼粉、玉米蛋白粉等都可用作酱油生产的原料，用来酿造酱油。但这些原料蛋白质种类及氨基酸组成均不及大豆蛋白质好，因此制得的酱油鲜味稍逊。

2. 淀粉质原粉

淀粉是酱油曲霉生长的碳源。淀粉在淀粉酶的作用下生成糊精和葡萄糖，又是酱油色、香、味、体的前驱物质。

（1）小麦　小麦中含有 70% 以上的淀粉。酱油中糖分及微生物代谢产物中碳素来源主要是淀粉。酿造酱油时淀粉在微生物及酶的作用下水解成糊精、低聚糖、双糖、单糖，进行发酵及产生美拉德反应。这些水解物是生成酱油色、香、味的主要成分，是构成酱油体态和甜味的重要成分，使酱油具有稠状、甜味。葡萄糖被酵母菌酒精发酵、乳酸菌乳酸发酵等生成的醇、酸类物质，是芳香酯的前驱物质。小麦中还含有 10%~13% 的蛋白质，酱油中氮素成分约 1/4 来自小麦蛋白质，小麦蛋白质中约 80% 为麦谷蛋白与麦胶蛋白，小麦蛋白分解产生的谷氨酸是酱油鲜味物质的重要来源。酱油酿造生产时选用红皮软质小麦为原料最佳。

（2）麸皮　麸皮是小麦制粉生产的副产物。利用麸皮作酱油酿造的淀粉质原料具有许多优点：首先可以节约大量粮食；其次麸皮体轻，质地疏松，表面积大，含有蛋白质、无氮浸出物及多种维生素、矿物元素，是酱油曲霉菌良好的培养基，能促进微生物的生长及增强酶的活性，既有利于培菌制曲，又有利于淋油；第三，麸皮的无氮浸出物中，多缩戊糖占20%～24%，水解后生成的戊糖与氨基酸的反应产物是形成酱油色素的主要成分，加热后生成游离酚类化合物而可形成酱油的特殊香气——愈创木酚（酱香）。但由于麸皮中的戊糖不能满足酵母菌进行酒精发酵对碳源的需求，因此，单纯使用麸皮为原料酿造的酱油常感酯香不足，甜味较差，所以生产时常在配料上另加适量高淀粉原料，以补不足。

（3）其他淀粉质原料　凡含淀粉而又无毒无异味的原料，如甘薯（干）薯渣、玉米、大麦、高粱、小米及米糠等也可作为酿造酱油的淀粉质代用原料，但上述原料的蛋白质含量与种类、多聚戊糖等与小麦及麸皮有差异，因而制得的酱油色、香、味品质稍逊。

3. 食盐

食盐是酿造酱油的主要原料，有以下作用：能赋予酱油适当的咸味；与谷氨酸化合成谷氨酸钠（味精）更具鲜味，起到增鲜调味的作用；在酱油发酵及保存期中尚有防腐作用；大豆蛋白质在盐水中可增加溶解度，提高原料利用率。食盐有海盐、湖盐、井盐和岩盐。酿造酱油用的食盐以含氯化钠成分高，颜色洁白，杂质、水分、卤质（氯化钾、氯化镁、硫酸镁、硫酸钙及硫酸钠等混合物）少者为宜。卤质多会使酱油带有苦味，卤质多的食盐宜在盐库中让其自然吸潮流失卤质，或煅烧去镁而使其卤质降低，以达到脱苦的目的。

4. 水

酿造酱油生产用水量较大。对水的要求必须符合饮用水标准，湖水、河水、深井水、江水等经澄清消毒净化处理后，各项理化及卫生指标均符合国家饮用水标准方可使用，但以矿泉水为好，其含有较多的矿物质元素，成品风味好。

（二）辅料

1. 增色剂

（1）焦糖色　焦糖色的主要成分是氨基酸、黑色素和焦糖，焦糖色可在酱油、醋等食品中按需适量添加，添加时应根据消费者的需求灵活掌握，但专供儿童食用的酱油不易添加焦糖色。

（2）红曲米　红曲米又称红曲，最早发明于中国，是将红曲霉接种在大米上培养发酵而成的红色素，尤以福建古田所产的最为著名。红曲具有活血化淤、健脾消食、降血压血脂、抗菌等功效。红曲对 pH 稳定，耐热，不受金属离子、氧化剂及还原剂的影响，无毒无害。在酿造酱油时如使用红曲米与米曲霉混合发酵，其色泽可提高30%，氨基酸态氮提高8%，还原糖提高26%。

（3）酱色　酱色是以淀粉水解物为原料，采用氨法或非氨法生产的色素，可用于酱油产品增色。

2. 助鲜剂

（1）谷氨酸钠　谷氨酸钠俗称味精，是酱油中主要的鲜味成分，它在 pH 为 6 左右时鲜味最强。

（2）呈味核苷酸盐　酱油中使用的呈味核苷酸盐主要有肌苷酸盐、鸟苷酸盐等。肌苷酸盐和鸟苷酸盐均能溶于水，用量在 0.01%～0.03% 时就有明显的增鲜效果。为了防止米曲霉分泌的磷酸单酯酶分解核苷酸，通常在酱油灭菌后加入。

（3）天然提取物　食用菌味道鲜美与其含有大量游离氨基酸及核苷酸有关，可以将其作为风味剂用于酱油的增鲜，或提取其中的鲜味氨基酸、核苷酸用作鲜味剂。香菇、平菇、金针菇、凤尾菇等食用菌的氨基酸总量较高（平均为 15.7%），因此最为常用。

3. 防腐剂

防腐剂用于防止酱油在贮存、运输、销售和使用过程中的腐败变质。通常在酱油中使用最普遍的防腐剂是苯甲酸或苯甲酸钠、山梨酸或山梨酸钾等。

（三）酱油酿造生产中的主要微生物

酱油具有独特的风味，其主要呈味物质来源于酿造过程中由微生物引起的一系列生化反应。酱油酿造生产中，与原料发酵成熟快慢、成品色泽的浓淡、味道鲜美的程度有直接关系的是米曲霉和酱油曲霉；对酱油风味有直接影响的微生物是酵母菌和乳酸菌。

1. 米曲霉和酱油曲霉

酱油酿造生产中应用的曲霉菌主要是米曲霉（*Aspergillus orygae*）和酱油曲霉（*Asperillus sojae*），均有较强的蛋白质分解能力及糖化能力。酱油生产中所用的菌种的生理生化作用，是决定酱油品质的重要因素。酱油生产菌种应具备的必要条件：不产生黄曲霉毒素及其他菌毒素；酶系（蛋白酶、淀粉酶、纤维素酶、半纤维素酶、果胶酶及谷氨酰胺酶等）齐全，酶活力高；生长繁殖快，培养条件粗放，对杂菌抵抗力强；发酵后具有酱油固有香气而无异味。

2. 酵母菌

酵母菌对酱油的香气影响最大，在酱油酿造中，与酒精发酵、酸类发酵、酯化等作用有直接关系。与酱油质量关系非常密切的酵母菌是鲁氏酵母菌，它占酵母菌总数的 45% 左右，在空气中自然接种。鲁氏酵母菌是常见的耐高渗透压酵母，能在含 18% 食盐的基质中繁殖，出现在主发酵期，使葡萄糖等生成乙醇、甘油等，再进一步生成酯、糖醇等，增加酱油的风味。随着发酵温度增高，在后发酵期，鲁氏酵母菌开始自溶，促进了易变球拟酵母、埃契球拟酵母的生长，它们是酯香型酵母，参与酱醪的成熟，生成烷基苯酚类香味物质（4 - 乙基苯酚）等，改善了酱油的风味。酵母菌最适生长温度约在 30℃、pH 为 4.5 ~ 5.6。

3. 乳酸菌

酱油酿造中与酱油发酵关系最密切的细菌是乳酸菌。乳酸菌主要有酱油片球菌、嗜盐片球菌，均属革兰阳性，无运动性。乳酸菌的主要作用是利用糖产生大量的乳酸，使酱醪 pH 降至 5.5 以下，利于鲁氏酵母菌迅速繁殖，导致酒精发酵，乳酸和酒精反应生成的乳酸乙酯赋予酱油特殊的香气。一般酱油中乳酸含量为 1.5mg/mL 时，酱油品质较好；乳酸含量为 0.5mg/mL 时，酱油品质较差。

三、 酱油生产工艺

我国地域广阔，各地自然条件（温度、湿度、原料、水质等）差别很大，饮食习惯的差异也大，因此各个地区酱油生产的传统工艺，在原料、原料配比、原料处理（蒸、煮、炒）、酱醪（或酱醅）的盐度、水分的多少、发酵时间的长短及酱油的提取方法（压滤、淋出、抽取）等方面均存在许多不同之处。由于这些工艺上的差异，才产生了许多历史形成的、风味各有特色的不同地区的酱油名特产品，使我国传统的酱油产品并不是全国统一的一种工艺、一种风味的单一产品。

从我国酱油的发展历程来看，其生产经历了从传统的天然晒露发酵到现代工业化生产阶段；从单一菌种的纯种酿造到多菌种的混合发酵；从天然晒露到无盐、低盐发酵，甚至目前的多种酿造工艺并存。酱油按照发酵工艺不同，主要分为天然晒露、稀醪发酵、固稀发酵、固态发酵（固态无盐、固态低盐及固态高盐）。传统的名特优产品仍多采用天然晒露工艺酿制而成，但此工艺原料利用率较低；生产成本较高，因此成品价位也相对较高，其市场占有率不高。目前，我国以低盐固态酿造酱油为主，占全国酱油生产总量的85%以上，此种酱油一般为三级；其色泽、香气、滋味不是很好；酱油香气不及露晒发酵、稀醪发酵和固稀发酵，但以低廉的价格抢占了很大的市场。

（一）工艺流程

以固态低盐发酵法为例，酱油酿造工艺流程见图7-1。

图7-1　酱油酿造工艺流程

（二）操作要点

1. 原料验收

对酱油酿造生产中所用原辅料均进行感官、理化及卫生等方面的检验，检验合格方可用于酱油生产。

2. 粉碎

粉碎的目的是使原料在加水润料时水分易浸透原料颗粒；蒸料时蛋白质易达到适度变性，淀粉糊化；培菌时表面积大，菌丝易渗透到颗粒内部，发挥酶的作用。粉碎度与制曲发酵原料利用率关系密切，最好大部分经粉碎机破碎成1~3mm的小颗粒。原料颗粒小，发酵作用好，原料利用率高，但粉碎过细，润料易结块，蒸料易出现夹心，制曲时通风透气不良，成曲质量差，酱醪发黏，分解率低，淋油困难，降低酱油出品率。

3. 配比混合

粉碎后的各种原料应按一定配比充分搅拌，混合均匀。原料配比对于微生物的生长繁殖、酶活力高低，以及酱油色、香、味、体的形成有直接影响。制曲原料的配比设计，各地有所差异，既要考虑酱油的质量，又要照顾各地酱油风味特点；既要利于微生物充分生长产生较高的酶活力，又要考虑形成产品的各种成分的物质基础。由于酱油的鲜味主要来源于原料中蛋白质分解生成的氨基酸，香甜味主要来源于原料中淀粉分解生成的葡萄糖及其生成的醇类、醇与有机酸结合生成的酯。若配比中蛋白质原料过多，则成品鲜味浓，香气较差色又淡；反之，若淀粉质原料过多，则酱油体态黏稠，香味突出，鲜味不足。因此，原料配比应根据原料中蛋白质原料与淀粉质原料的含量而定。常用的原料［豆粕（饼）：麸皮］配比为8:2、7:3、6:4或5:5。

4. 润水

润水是按原料量加入一定量水，拌和均匀，使原料吸水分布平衡，体积膨胀疏松，便于蒸料时蛋白质迅速达到适度变性，淀粉充分糊化，溶出曲霉生长所需的营养成分并提供所需的水分。

目前润水的方式有三种，即人工翻拌润水、螺旋输送机润水、旋转式蒸煮锅直接润水。润水效果的好坏与加水温度及加水量有关。目前常用热水润水，热水润水可缩短润水时间，使蛋白质受热凝固，提高松散度，防止物料发黏，减少可溶性成分的损失。加水量对成曲质量影响较大，在同样条件下加水量多，曲菌生长旺盛，酶活力高，蛋白质的利用率与氨基酸生成率高，酱油质量好。但加水量过多，制曲时温度升高难以控制，易造成"烧曲"，杂菌易繁殖，出现"酸曲"或"馊曲"。根据实践经验，加水量要根据原料性质及配比、气候条件、蒸料方法及曲室情况而异，一般为豆饼的80%~100%较为合适。原料蒸料冷却后水分含量控制在冬季47%~48%，春秋季48%~50%，夏季50%~52%为宜。

5. 蒸料及冷却

蒸料的目的是使蛋白质适度变性或一次变性，即蛋白质组织结构松弛，易为蛋白酶类酶解成氨基酸；淀粉糊化变为可溶性，易为淀粉酶类酶解成糖；消除和破坏一些对人体有不良影响的生物活性成分，即胰蛋白酶抑制素、血细胞凝聚素、皂角素等；同时消灭原料中污染的微生物，以利制曲安全。蒸料的要求可概括为一熟、二软、三疏松、四不黏手、五无夹心、六具有蒸熟料固有的色泽和香气。目前国内的蒸料设备主要为常压蒸煮锅、高压蒸煮锅及管道式蒸煮设备，分别适用于小、中、大型酿造厂。影响蒸料效果的主要因素有蒸煮温度、时间、压力。蒸料温度高，时间短，脱压时间短，则蒸料质量好；反之，则差。目前国内外均采用"高、短法"或"长、高、短法"（高，即蒸料温度高；短，即蒸料时间短及脱压时间短；长，即润料时间长。）

蒸熟后的原料应立即冷却到接种温度（具体温度视季节而定），冷却时应注意卫生，防止二次污染影响产品质量，同时打碎团块，以利于后续工序的操作。

6. 制曲

制曲是在蒸熟的料中加入种曲，创造曲霉生长繁殖的适宜条件，使之能充分繁殖，同时产生酱油酿造时所需的各种酶类（蛋白酶、淀粉酶、脂肪酶、纤维素酶等），并防止、减少杂菌滋生的过程。制曲是酿造酱油最关键的环节，成曲的好坏直接影响酱油的产量和质量。

（1）种曲的制备 种曲是酱油制曲必需的微生物种子。只有优良的种曲才能培养出优质酱油曲，酿出优质酱油，提高原料利用率。过去酱油种曲多为自然菌源，良莠不一，而今国内外均通过对种曲进行纯培养，采用纯种制种曲。

①种曲制备的工艺流程见图7-2。

原菌种→试管斜面菌种→三角瓶培养菌种
↓
豆饼、麸皮、面粉→加水混合→蒸料→过筛→冷却→接种→装匾→第一次翻曲→第二次翻曲→种曲

图7-2 种曲制备工艺流程

种曲菌种可采用米曲霉、酱油曲霉或适用于酱油生产的其他菌种，符合酱油生产菌种应具备的必要条件。

②豆饼汁培养基制备及试管斜面菌种培养：5°Bé 豆汁 100mL，硫酸铵 0.05g，硫酸镁 0.05g，磷酸二氢钾 0.1g，可溶性淀粉 2.0g，琼脂 2.0g，pH6.0 左右，0.1MPa 蒸汽灭菌 30min，制成斜面试管，冷却置于30℃恒温箱中3d，无菌繁殖者，可供接种用。恒温箱中培养3d后的菌种接入斜面，置于28~30℃的培养箱中培养3d，待长出茂盛的黄绿色孢子，并无杂菌，即可作为三角瓶菌种扩大培养。

③三角瓶菌种扩大培养：三角瓶固体曲菌种扩大培养基配方：麸皮80g，面粉20g，水80~

90mL；或麸皮 85g，豆饼粉 15g，水 95mL。原料混合均匀分装入带棉塞的三角瓶，瓶中料厚 1cm 左右，在 0.1MPa 蒸汽压力下灭菌 30min，灭菌后趁热摇松曲料。曲料冷却后接入试管斜面菌种，摇匀，置于 30℃ 培养箱内培养 18～20h，当瓶内曲料已发白结饼，摇瓶一次，将结块摇碎，继续培养 4h 左右再摇瓶一次，经过 2d 培养，把三角瓶倒置，以促进底部曲霉生长，继续培养 1d，待全部长满黄绿色的孢子即可使用。

④种曲培养：目前一般曲料配比有两种，麸皮 80kg，面粉 20kg，水 70kg 左右；或麸皮 100kg，水 95～100kg。加水量应视原料的性质而定，根据实践经验，使拌料后的原料能捏成团，触之即碎为宜。原料拌匀后过 8 目筛，堆积润水 1h，在 0.1MPa 蒸汽压下蒸料 30min 或常压蒸料 1h 再焖 30min，要求熟料疏松，含水量 50%～54%，经摊晾、搓散，待曲料品温降至 40℃ 左右即可接入三角瓶纯种，接种量为原料量的 0.1%～0.2%。曲料常用竹匾培养，料厚 1.2cm。种曲室温前期为养，料厚 1～1.2cm。种曲室温前期为 28～30℃，中、后期为 25～28℃，相对湿度为 90%。培养过程翻曲 2 次，当曲料品温达 35℃ 左右、稍呈白色并开始结块时，进行首次翻曲，翻曲要将曲料搓散，当菌丝大量生长，品温再次回升时，要进行第二次翻曲。每次翻曲后要把曲料摊平，并将竹匾位置上下调换，以调节品温。当生长嫩黄色的孢子时，要求品温维持在 34～36℃，当品温降到与室温相同时开窗排除室内湿气。自装盘入室至种曲成熟整个培养时间约 72h。

⑤种曲质量要求：种曲外观菌丝整齐健壮，直立菌丝上都有顶囊和孢子，孢子肥大稠密，呈鲜艳黄绿色，无异色及杂菌生长，内部无麸皮本色和硬心，手感疏松光滑，手指捏碎时有孢子飞扬；种曲应具有曲香味，无异味；种曲镜检孢子数要求每克种曲孢子数湿基计 25 亿～30 亿个，干基计 50 亿～60 亿个。

（2）成曲的制备　成曲是酱醅发酵的物质基础，制曲中所培养的米曲霉分泌多种酶，其中最重要的蛋白酶和淀粉酶使原料中的蛋白质分解成氨基酸，把淀粉分解成各种糖类。制曲的目的就是提供给米曲霉最佳的生长条件，使其大量繁殖，分泌各种酶类而且酶活力最高。

①成曲制备工艺流程见图 7－3。

图 7－3　成曲制备工艺流程

②制曲操作归纳起来有"一熟、二大、三低、四均匀"四个要点。

一熟：要求原料熟透好，原料蛋白质适度变性，淀粉全部糊化。

二大：大风、大水。曲料熟料水分要求在 45%～50%（具体根据季节确定），有利于曲霉菌生长，曲层厚度一般不大于 30cm，通风量与曲料比为 5∶1，风压高以利于气体交换，曲层吹透。

三低：装池料温低，制曲品温低，进风风温低。装池料温保持在 28～30℃，有利于米曲霉孢子的生长；制曲品温控制在 30～35℃，有利于蛋白酶、淀粉酶等酶类的生成；进风风温一般为 30℃ 左右，以便在较低的温度下制曲。

四均匀：原料混合及润水均匀，接种均匀，装池疏松均匀，料层厚薄均匀，以保证温度、水分、营养、曲种分布均匀及通风均衡。目前常用的制曲设备有长方形制曲箱与圆盘式回转制曲装置。制曲时曲室、曲池及用具必须经清洁，并经灭菌处理。种曲接种量为投料量的0.3%～0.5%，种曲应先与少量经过熟化的麸皮充分拌匀，然后再充分混入其他熟料中，以利接种均匀。

③成品质量：成曲曲料蓬松柔软有弹性，表里菌丝生长茂密粗壮，质地均匀，孢子刚现绿色呈淡黄绿色，无杂色，无夹心，具有正常的曲香气，微甜，无异味。

水分含量在一、四季度为28%～32%，二、三季度为26%～30%；蛋白酶活力（福林法）为1000U/g（干基）以上；细菌总数小于$5×10^9$个/g（干基）。

7. 发酵

酱油发酵是利用制曲中培养的曲霉、酵母菌、细菌所分泌的各种酶，以及从空气中落入的有益的酵母菌、细菌（或加入人工培养的酵母菌与细菌）等繁殖后，将原料中的蛋白质、淀粉等水解，并形成酱油相应的产物和独具风格的色、香、味、体。

（1）发酵工艺分类

①固态低盐发酵法：固态低盐发酵法原料成本低廉（豆粕、麸皮），发酵周期短（15～30d），温度控制合理，前期温度较高，后期温度较低，蛋白质利用率高，酱油质量好，现在全国各地均普遍采用。其方法有3种类型：一是固态低盐移池发酵法，发酵期间要倒池，浸出时要全部移入浸淋池；二是固态低盐发酵原池浸出法，即发酵池有假底，浸出时在原池浸淋；三是固态低盐浇淋发酵浸出法，将发酵池假底的浸出液用泵反复均匀地浇淋回酱醅表面，还可借此将人工培养的酵母和乳酸菌接种于酱醅内。

固态低盐发酵工艺特点为拌曲盐水浓度小于10%（7%～8%），这种低盐含量对酶活力的抑制作用不大，有利于蛋白质的分解和淀粉的糖化，发酵期短（约1个月）。

②高盐稀态发酵法：高盐稀态发酵法是目前世界上最先进的发酵工艺，以大豆及小麦为主要原料，配比一般为7∶3或6∶4，在成曲中加入2～2.5倍量、18°Bé、20℃盐水，于常温下经3～6个月的发酵，发酵酱醪成稀醪态，酱油酱香液郁，风味好，质量好。高盐稀态发酵工艺特点为稀醪，低温，发酵期长（达6个月）。

③分酿固稀发酵法：分酿固稀发酵法是一种继稀醪发酵后改进的速酿发酵法，此法利用不同温度、盐度及固稀发酵的条件，把蛋白质和淀粉质原料分开制醪，采用高低温分开，先固态低盐发酵，后加盐水稀醪发酵，得到品质较好的产品。

分酿固稀发酵工艺特点为前期保温固态发酵，后期常温稀醪发酵，发酵周期比高盐稀态发酵法短，但酱油质量比固态低盐发酵法好，吸取了这两种发酵工艺各自的优点。

④低盐稀醪保温法：低盐稀醪保温法在南方得到较广泛应用，此法吸收高盐稀醪法的优点，应用于低盐固态发酵法中。所不同的是，加盐水量高于低盐固态法成稀醪态。

（2）发酵工艺　以固态低盐发酵法为例。发酵工艺流程见图7-4。

盐水（盐糖水）→ 加热

成曲→ 粉碎 → 制酱醅 → 蒸料 → 入池发酵 → 保温发酵 →成熟酱醅

图7-4　固态低盐发酵工艺流程

①发酵室：发酵室是容纳发酵容器的场所，应清洁干燥，上水充足，下水通畅，保温绝热性好，有利于取曲，防止曲种污染。

②发酵容器：

a. 发酵缸。体积小，易保温，散热快。缸外设保温层，可采用蒸汽保温和水浴保温。

b. 发酵罐。有钢制夹层水浴发酵罐、水池式钢制水浴发酵罐、钢制移动式水浴发酵罐。

c. 发酵池。由砖和水泥或钢筋混凝土砌成，有水浴保温和假底蒸汽加热保温两种装置。

（3）发酵工艺操作要点

①食盐水的配制：盐溶解后，以波美计测定其浓度。采用波美计检定盐水浓度一般是以20℃为标准温，实际生产上配制盐水时，要根据当时温度换算成标准温度。固态低盐发酵拌曲盐水浓度为12~13°Bé，盐水浓度高，发酵周期会延长，蛋白质分解率降低。

②制醅：将盐水控制在50~55℃，成曲破碎成2mm左右的颗粒，将成曲和盐水充分拌匀入池。盐水用量应根据酱醅要求含水量而定，一般要求酱醅含水量控制在50%左右为宜，因此，盐水用量约为曲料总质量的65%。拌盐水开始时盐水用量略少，以免底部过分潮湿而发黏，不利后期淋油，随后逐渐增加盐水量，最后把剩余盐水浇于酱醅表层，待盐水全部吸入料内，最后封盐加盖。

③发酵管理：

a. 前期保温发酵。曲料入池后，品温保持42~45℃，约经10d，使曲料中的蛋白质、淀粉充分水解。

b. 后期降温发酵。前期保温酶解基本完成，降温至30~32℃，将培养的酵母液浇淋于酱醅表面，酵母液加用量一般约为酱醅总量的1/10，并补加食盐，使酱醅含盐量达15%以上，以利酵母菌和乳酸菌发酵作用及后熟酯化，促进酱油色、香、味、体等物质的形成，使酱油风味得以提高。后期降温发酵时间一般为14~20d，即得成熟酱醅。

成熟酱醅呈紫红色，有酱油的芳香和甜香味，不能有煳味、苦味、酸味、氨臭味等不良气味。一般含水量为50%~52%，食盐含量为7%~8%。

8. 浸出淋油

浸出是指在酱醅成熟后利用浸泡及过滤的方式将其可溶性物质溶出。浸出包括浸泡、过滤两个工序。目前有的小型厂仍用压榨法，但劳动强度大，耗工耗时；大中型厂则采用浸出法。

（1）浸出方式　浸出方式有原池浸出和移池浸出两种方式。原池浸出即在原发酵池中加盐水为溶剂，浸渍酱醅，使有效成分充分溶解于盐水中，再抽滤出酱油。原池浸出方式对原料适应性强，无论何种原料及各种各种原料采用何种配比，都能较好的淋油；可提高氨基酸的生成率和全氮利用率，提高酱油的风味；省去了移醅过程，可以提高劳动生产率和改善劳动条件。移池浸出对原料适应性较差，一般用豆饼（豆粕）麸皮作原料，而且配比在7:3或6:4左右工艺效果较好，否则经过移醅倒池，淋油会不通畅。

（2）浸出工艺　浸出工艺流程见图7-5。

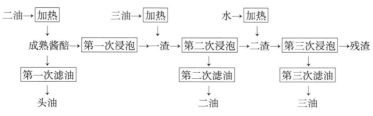

图7-5　浸出工艺流程

（3）浸出工艺要点

①浸泡及滤油：按生产各种等级酱油的要求，酱醪成熟后，先将预热至70～80℃前批生产的二油淋入成熟酱醪，保温60℃以上浸泡20h后，即可由浸淋池底放滤出头油并入贮油池。淋加二油时，可在酱醪表面放一杀菌处理过的竹帘或木板等隔离物，以免酱层被冲散影响滤油。二油用量应根据生产酱油品种、蛋白质总量及出品率等而定，一般为豆饼原料量的5～6倍。二油淋完后，盖紧容器，防止热散失。正常情况下经浸泡2h左右，酱醪会逐渐浮起，慢慢分散。若酱醪整块浮起不分散或底部有黏块，均为发酵不良，滤出的油质量差。放油时，在贮油池上预先用容器装好所需的食盐，让滤出的热头油流经食盐层将食盐溶化，再流入贮油池，污物杂质留在容器内。头油不可放得太干，避免酱渣紧缩影响再次滤油，放到计算定额时关闭，即得头油。抽过头油的头渣中再加入70～80℃的三油，三油加入量仍为豆饼原料量的5～6倍，在保温条件下浸泡8～12h，即可放出二油，入二油贮存池，备下批浸泡用。抽过二油的二渣用热水浸泡2h左右，滤出三油，作下批套二油用，如此循环生产的方式称为"三套淋油法"，即头油是产品，二油套头油，三油套二油。抽完三油的残渣，应及时清除，也可作为饲料。

延长浸泡时间，提高浸泡温度，对提高出品率和加深成品色泽较有利。如为移池浸出，必须保持酱醪疏松，必要时可以加入部分谷糠拌匀，以利浸滤。

②影响浸泡及滤油效果的因素：

a. 酱醪质量。酱醪分解程度高，浸泡效果好，过滤也快。酱醪发黏，过滤缓慢，严重时滤不出油。补救措施为提高浸泡盐水温度，使黏度降低，利于过滤。

b. 酱醪颗粒。颗粒越细，萃取效果越好，但会增加过滤时的阻力。因此，原料粉碎颗粒不宜过细，宜保持料层厚薄一致、平整、疏松，滤油时不抽滤过干。

c. 浸泡温度及时间。浸泡温度高，酱醪黏度小，萃取效果好，滤油快；浸泡时间长，浸出物多，在设备条件允许下，适当延长浸泡时间以提高酱油质量。

d. 料层厚度。酱醪料层厚，滤油慢，但对设备利用率高。

9. 酱油后处理

（1）加热 将浸出（压榨）的头油，补加食盐至规定的含量后，进行加热处理。生酱油加热，可以达到灭菌、调和风味、增进色泽、除去悬浮物、促进酱油澄清、提高酱油保藏稳定性及食用安全性的目的。加热设备有间接蒸汽加热设备与直接蒸汽加热设备。间接蒸汽加热设备如连续式热交换器加热温度一般控制在80～85℃以上（高级酱油可以略低，低级酱油可以略高），5～10min。条件允许可采用高温瞬时灭菌，温度135℃、压力0.78MPa、时间3～5s即可达到灭菌效果。在加热过程中，必须让生酱油保持流动状态，以免焦煳。每次加热完毕后，都要清洗加热设备。

（2）调配 为了严格贯彻执行产品质量标准的有关规定，对于每批生产的酿造酱油，还必须进行适当的调配，使酱油达到产品质量标准，并可根据消费者爱好而调整酱油风味。

理化指标的调整应根据酱油的标准进行计算调配，一般以氨基酸态氮含量为主要指标，再看全氮含量和固形物含量指标。酱油风味的调整通过添加某些风味成分如鲜味成分、甜味成分、芳香成分、色素成分等进行调配。

调配是一项细致的工作，不但要有严格的技术管理制度，而且要有生产上的数量、质量、贮放情况的明细记录，调配得当，可保证质量，降低成本，提高成品率。调配以后还必须坚持进行复验，只有合格的才能出厂。

（3）澄清　经过加热调配的酱油，易产生凝结物使酱油变得浑浊，需置于一定的容器内在无菌条件下自然放置4~7d，让其自然澄清，优质酱油应延长沉淀时间；或采用过滤法除去沉淀，得到澄清酱油。泥状沉淀物俗称酱油脚子，其中还含有一定量的酱油成分，可通过布袋压滤的方法滤出酱油；或重新加入待浸泡的酱醅中。

（4）防腐　为了防止酱油生白霉变，可以在成品中添加一定量的防腐剂。常用的酱油防腐剂有苯甲酸钠、苯甲酸、山梨酸和山梨酸钾，最大添加量不能超过0.1%。

10. 包装、检验及贮存

酱油包装可采用玻璃瓶、聚酯瓶或塑料薄膜袋进行包裹，各种包装材料均要符合食品卫生要求。灌装封口操作尽量采用无菌灌封技术，保证产品不被二次污染。产品应按照国家有关酱油的质量标准和要求进行检验，只有合格的产品才能出厂，成品酱油应当在10~15℃、阴凉、干燥、避光、避雨处存放。

第二节　食 醋 酿 造

一、　食醋的起源与发展

食醋是以粮谷为主要原料，经过糖化、酒精发酵、醋酸发酵以及后熟陈酿等过程，制成的以酸为主，兼有甜、咸、鲜等诸味协调的液态调味品。食醋是人们生活中不可缺少的生活用品，作为"五味之首"，是我国传统的调味品，也是东西方共有的调味品。食醋起源于我国，在我国酿醋至少有3000年的历史，春秋战国时期已有专门酿醋的作坊，到汉代时，醋开始普遍生产，南北朝时的《齐民要术》系统地总结了我国劳动人民制醋的经验和成就，西晋时期酿醋技术开始传入日本，明清年代，我国酿醋生产技术发展到一个高潮。醋性味酸苦、温、无毒、入肝、胃经，具有散淤、止血、解毒、杀虫、治黄疸、疗痈疽疮肿、解鱼肉菜毒等功效。陶弘景《神农本草经注》、李时珍《本草纲目》中均有关于醋的应用方法与功效的记载。

醋的主要成分是醋酸、不挥发酸、氨基酸、糖等。在我国3000多年的酿醋历史中，由于酿造的地理环境、原料与工艺不同，出现了许多不同地区、不同风味、品种繁多的食醋。近年来，我国食醋酿造工业在原料、设备、工艺、发酵方式上得到快速发展，现代生物技术、生料酿酒制醋方法的应用，开发出了许多保健产品、营养产品、风味产品、专用产品等新型食醋品种。

二、　食醋的分类

（一）按所用原料分类

（1）粮醋（米醋）　以粮食为主要原料酿制的食醋称为粮食醋或米醋。

（2）薯干醋　以薯类为主要原料酿制的食醋称为薯干醋。

（3）麸醋　以麸皮为主要原料酿制的食醋称为麸醋。

（4）糖醋　以各种糖类为主要原料酿制的食醋称为糖醋。

（5）果醋　以各种水果为主要原料酿制的食醋称为果醋。

（6）酒醋　以各种酒类为主要原料酿制的食醋称为酒醋。

（7）醋酸醋　以冰醋酸加水兑制成的醋称为醋酸醋。

（8）代用原料醋　以野生植物及中药材等酿制的食醋称为代用原料醋。

（二）按加工方法分类

1. 酿造醋

酿造醋是以粮食等淀粉质为主要原料，经微生物制曲、糖化、酒精发酵、醋酸发酵等阶段酿制而成的食醋。酿造醋主要成分除醋酸（3%～5%）外，还含有各种氨基酸、有机酸、糖类、维生素、醇和酯等营养成分及风味成分，具有独特的色、香、味。各种食醋中，酿造醋的产量最大，我国著名的山西陈醋、镇江香醋、四川麸醋、福建红曲醋、东北白醋、江浙玫瑰米醋等均属酿造醋。

2. 合成醋

合成醋也称醋精，是在冰醋酸或醋酸的稀释液中加入糖类、酸味剂、调味料、食盐、香辛料、食用色素、酿造醋等调制而成的醋。合成醋不含食醋中的各种营养素，醋味很大，但无香味，只能起调味作用，不容易发霉变质。

3. 再制醋

在酿造醋中添加糖类、酸味剂、调味料、食盐、香辛料等进一步加工制成的酿造醋称为再制醋。

（三）按原料处理方法分类

1. 生料醋

粮食原料不经过蒸煮糊化处理，直接酿制成的食醋称为生料醋。

2. 熟料醋

粮食原料经过蒸煮糊化处理酿制成的食醋称为熟料醋。

（四）按生产工艺分类

1. 按制醋用糖化曲分类

（1）麸曲醋　以麸皮和谷糠为原料，人工培养纯粹曲霉菌制成的麸曲作糖化剂，以纯培养的酒精酵母作发酵剂而酿制的食醋称为麸曲醋。用麸曲作糖化剂，出醋率高，生产周期短，成本低，对原料适应性强，但麸曲醋风味不及老法曲醋，麸曲也不易长期贮存。

（2）老法曲醋　以大麦、小麦、豌豆为原料，以野生菌自然培养获取菌种而制成的糖化曲而酿制的食醋称为老法曲醋。老法曲醋风味优良，也便于长期贮存，但老法曲醋耗用粮食多，生产周期长，出醋率低，生产成本高，故除了传统风味的名牌醋使用外，多不使用。

2. 按醋酸发酵方式分类

（1）固态发酵醋　用固态发酵工艺酿制的食醋为固态发酵醋。固态发酵醋风味优良，是我国传统的酿醋方法。其缺点是生产周期长，劳动强度大，出醋率低。山西老陈醋、镇江香醋采用此法酿造。

（2）液态发酵醋　用液态发酵工艺酿制的食醋为液态发酵醋。液态发酵醋包括传统的老法液态醋、速酿塔醋及液态深层发酵醋，其风味和固态发酵醋有较大区别。福建红曲醋、广东果醋米用此法酿造。

（3）固稀发酵醋　食醋酿造过程中的酒精发酵阶段为稀态发酵，醋酸发酵阶段为固态发酵而酿制成的食醋为固稀发酵醋。固稀发酵法酿醋出醋率较高，四川麸醋、北京龙门醋采用此法酿造。

（五）按颜色分类

（1）浓色醋　食醋颜色呈黑褐色或棕褐色的称为浓色醋。熏醋和老陈醋为浓色醋。

（2）淡色醋　食熏酿造过程没有添加焦糖色或不经过熏醅处理，颜色为浅棕黄色的称为淡色醋。

（3）白醋　用酒精为原料生产的氧化醋或用冰醋酸兑制的醋酸呈无色透明状态，称为白醋。

（六）按风味分类

（1）陈醋　以高粱为主要原料，大曲为发酵剂，采用固态醋酸发酵，经陈酿而制成的粮谷醋称为陈醋。

（2）熏醋　将固态发酵成熟的全部或部分醋醅，经间接加热熏烤成为熏醅，再酿制而成的称为熏醋。

（3）甜醋　原料与熏醋相同，先制成熏坯，再以熏坯和白坯各半，并加入花椒、八角、桂皮、草果和片糖等，再熬制而成的醋称为甜醋。甜醋以广东的八珍甜醋最为著名，酸味醇和，香甜可口，兼有补益作用。

三、 食醋生产工艺

（一）食醋酿造原理

食醋酿造需要经过糖化、酒精发酵、醋酸发酵以及后熟与陈酿等过程。在每个过程中都是由各类微生物所产生的酶引起一系列生物化学作用：

$$淀粉 \xrightarrow[\text{淀粉酶}]{\text{曲霉菌}} 葡萄糖 \xrightarrow[\text{酒化酶}]{\text{酵母菌}} 乙醇 \xrightarrow[\text{脱氢酶}]{\text{醋酸菌}} 乙酸（醋酸）$$

曲霉中的糖化型淀粉酶使淀粉水解为糖类，曲霉分泌的蛋白酶使蛋白质分解为各种氨基酸；酵母菌分泌的各种酒化酶使糖分子分解为乙醇；醋酸菌中氧化酶将乙醇氧化成醋酸。整个食醋的发酵过程就是这些微生物产生的酶互相协同作用，发生淀粉糖化、酒精发酵、醋酸发酵一系列生物化学变化的过程。

1. 淀粉糖化

淀粉糖化用淀粉质原料酿造食醋，首先将淀粉水解为糖，水解过程分两步进行。第一步是原料经蒸煮使淀粉糊化变成淀粉糊后，经过冷却，在液化型淀粉酶的作用下，迅速降解成分子质量较小的能溶于水的糊精、低聚糖等水解产物，淀粉糊黏度急速降低，流动性增大，这一过程称为液化。在正常生产中，一般液化液的还原糖值可高达 15%～21%。第二步是糊精等液化液在糖化型淀粉酶作用下水解为可发酵性糖类，这一过程称为糖化（详见第四章）。

2. 酒精发酵

淀粉水解后生成的大部分糖被酵母菌在厌氧条件下经细胞内一系列酶的作用下，完成糖代谢过程，生成乙醇和其他副产物，微量的副产物如甘油、乙醛、高级醇、琥珀酸等留在醋液中：赋予醋特有的芳香。在糖化液中加入成熟的酒母醪进行酒精发酵。

3. 醋酸发酵

（1）醋酸发酵原理　醋酸发酵是指酒精在醋酸菌的作用下被氧化成醋酸。醋酸菌为好氧菌，必须供给充足的氧气以便其正常生长繁殖，生长繁殖的适宜温度为 28 ~ 33℃，最适 pH 为 3.5 ~ 6.5，醋酸菌最适宜的碳源是葡萄糖、果糖等六碳糖，其次是蔗糖和麦芽糖等。醋酸发酵是依靠醋酸菌氧化酶的作用，将酒精氧化生成醋酸，不同醋酸菌的发酵产物不同，其反应式为：

$$C_2H_5OH + O_2 \xrightarrow{\text{氧化酶}} CH_3COOH + H_2O + 485.6kJ$$

实际生产中，由于醋酸的挥发和氧化分解、酯类的形成、醋酸被醋酸菌作为碳源消耗等，醋酸量一般只能达到理论值的 85% 左右。

（2）醋酸发酵中醋酸菌的性能要求　醋酸发酵中主要的细菌是醋酸菌。选用醋酸菌菌种的标准：氧化酒精快，耐酸性强，不再分解醋酸制品，产品风味良好。醋酸菌具有氧化酒精生成醋酸的能力，在繁殖时必须有氧气，它在液面上繁殖并形成菌膜。醋酸菌除了需要氧气外，还需要碳源、氮源和矿物质。发酵原料中的淀粉、糖类、蛋白质以及磷、钾、镁都可为其提供营养。醋酸菌繁殖的适宜温度为 30℃，最适 pH 为 3.5 ~ 6.5，醋酸发酵的适宜温度比繁殖的适宜温度低 2 ~ 3℃。醋酸菌繁殖一般在醋酸浓度 6% ~ 7% 时完全停止，也有些菌种在醋酸浓度 6% ~ 7% 时尚能繁殖。另外，醋酸菌只能耐受 1% ~ 1.5% 的食盐浓度。食醋生产中醋酸菌菌种的选择非常重要，它是保证食醋质量的关键。目前，中科 1.41 醋酸菌和沪酿 1.01 醋酸菌都是高产稳产的菌种，但所分泌酶的种类还不够全面。国外有用多种醋酸菌混合发酵的，食醋的风味很好。例如，用胶醋酸菌、恶臭醋酸菌、巴氏醋酸菌、黑色醋酸菌、玫瑰醋酸菌和氧化醋酸菌混合发酵，由于各自的代谢产物不一，使食醋香味增强，这也是提高食醋品质的一个重要途径。

4. 后熟及陈酿

食醋品质的优劣取决于色、香、味、体等基本要素。酿造过程中色、香、味、体的形成是十分复杂的，除在发酵过程中形成外，还与后熟陈酿过程中一系列生物化学反应有很大关系。

后熟及陈酿的方法有 3 种：一是醋醅陈酿，此法将加盐后熟的醋醅移入缸内砸实，上盖一层食盐密封，放置 1 个月，中间倒醅 1 ~ 2 次；二是生醋经日晒夜露，浓缩陈酿数月；三是将成品醋灌装后封坛陈酿。

食醋在后熟及陈酿期间，主要发生以下生物化学变化。

（1）色素的形成　食醋的色素来源于添加的原料色素和发酵过程以及陈酿过程生成的色素。如用红曲作糖化剂，红曲能赋予食醋红色。酿制过程中色素形成的主要途径是食醋中的糖类与氨基酸经过美拉德反应生成类黑素，葡萄糖在高温下脱水生成焦糖。陈酿时间越长，作用温度越高，空气越充足，色泽变得越深。

（2）香气的形成　食醋的香气主要来源于各种有机酸与醇通过酯化反应形成的酯类。酯类中以乙酸乙酯为主，由于酯化反应较为缓慢，所以酿制周期长的老陈醋，酯类形成较多，香气也浓郁。

（3）味的形成　醋酸是食醋呈酸味的主体酸，是食醋中酸味的主要来源。另外还有一些不挥发酸，如琥珀酸、苹果酸、柠檬酸、葡萄糖酸等，是微生物的代谢产物，它们和醋酸及其他挥发酸共同形成食醋的酸味。不挥发酸含量越高，食醋的滋味越温和。

食醋的甜味是糖分形成的。食醋中糖分的来源是没有被酵母利用的糖分残留在食醋中。

食醋中的鲜味来源于食醋中的氨基酸。氨基酸中以谷氨酸、赖氨酸、丙氨酸、天冬氨酸和缬氨酸的含量为主。将食醋加热，由于酵母菌体的自溶，也增加了食醋的鲜味。

食醋中的咸味是由醋酸发酵完毕之后加入食盐形成的。加入食盐不仅能抑制醋酸菌对醋酸的进一步氧化，使醋的酸味得到缓冲，而且还给食醋带来咸味，并促成各氨基酸给予食醋鲜味。

食醋中的苦味、涩味主要来源于盐卤。微生物在代谢过程中形成的胺类，如四甲基二胺、二氨基戊胺等也是苦味物质，它们赋予食醋苦味。另外，有些氨基酸也呈苦味，过量的高级醇呈苦涩味。

（4）体的形成　食醋的体态决定于它的可溶性固形物的含量。组成可溶性固形物的主要物质有食盐、糖分、氨基酸、蛋白质、糊精、色素等。固形物含量高，体态黏稠；反之则稀薄。

（二）食醋酿造中的主要微生物

食醋的酿造过程以及风味的形成是由于酿造过程各种微生物所产生的酶引起的生物化学作用。在食醋酿造生产中，参与糖化发酵作用的主要微生物为霉菌、酵母菌和醋酸菌。传统酿醋是利用自然界中的野生菌制曲、发酵，因此涉及的微生物种类繁多。新法制醋均采用人工选育的纯培养菌株进行制曲、酒精发酵和醋酸发酵，因而发酵周期短，原料利用率高。

1. 淀粉糖化微生物

在食醋酿造过程中，适合于酿醋的淀粉液化、糖化的微生物主要是曲霉菌。常用的曲霉菌种有以下几种。

（1）甘薯曲霉　甘薯曲霉菌生长适应性好，易培养（培养最适温度为37℃），有强单宁酶活力，有生成有机酸的能力，适合于甘薯及野生植物等酿醋时作糖化菌用，常用的菌株为 AS3.324。

（2）宇佐美曲霉　宇佐美曲霉是日本在数千种黑曲霉中选育出来的。该菌是糖化力极强、耐酸性较高的糖化型淀粉酶菌种。该菌能同化亚硝酸盐，并有较强的单宁酶与耐酸能力。菌丝黑色至黑褐色，孢子成熟时呈黑褐色，对制曲原料适宜性也比较强，较适用于甘薯及代用原料生产食醋。常用的菌株为 AS3.758。

（3）黑曲霉　黑曲霉糖化能力强，酶系纯，最适培养温度为32℃。制曲时，前期菌丝生长缓慢，当出现分生孢子时，菌丝迅速蔓延。常用的菌株为 AS3.4309（UV－11）。

（4）河内曲霉　河内曲霉又称白曲霉，是邬氏曲霉的变异菌株。其主要性能和邬氏曲霉大体相似，但生长条件粗放，适应性强，生长适温为34℃左右，该菌主要在东北地区广泛使用，此酶系也较母株邬氏曲霉单纯，用于酿醋风味较好。

2. 酒精发酵微生物

在食醋生产中，酒精发酵微生物要求产酒率高，发酵迅速，抗菌能力强，适应性好，稳定性强。酿造生产上一般采用子囊菌亚门酵母属中的酵母，但不同的酵母菌株，其发酵能力不同，产生的滋味和香气也不同。目前采用的有酵母 K、酵母 1300、酵母 2109、南阳 5.6 及活性干酵母等。酵母 K 产酒率高，酵母 1300 产酶性能好，南阳 5.6 适应性好。北方地区常用酵母 1300；酵母 K 适用于以高粱、大米、甘薯等为原料而酿制普通食醋；AS2.109、AS2.399 适用于淀粉质原料；AS2.1189、AS2.11 如适用于糖蜜原料；活性干酵母的特点是操作简便，起发快，出品率高。

3. 醋酸发酵微生物

醋酸发酵中主要微生物是醋酸菌，具有氧化酒精生成醋酸的能力，食醋酿造中醋酸菌菌种的选择非常重要，它是保证食醋质量的关键。

醋酸菌其形态为长杆状或短杆状细胞，不形成芽孢，革兰染色幼龄菌阴性，老龄菌不稳定，好氧，喜欢在含糖和酵母膏的培养基上生长。其生长最适温度为28～32℃，最适 pH 为3.5～6.5。酿造厂选用醋酸菌的标准为氧化酒精快，耐酸性强，不再分解醋酸制品，风味良好。目前国内外在生产上常用的醋酸菌有中科 AS1.41、沪酿 1.01、许氏醋酸菌、纹膜醋酸菌等。

（三）食醋酿造的主要原辅料及处理

1. 原辅料选用原则

食醋生产时凡是含有淀粉、糖和酒精而不含有毒有害物质的原料，原则上都可作为酿造食醋原料。但是，为了满足工业生产的要求，选择酿醋原料时最好选用淀粉、糖和酒精含量高，来源广，资源丰富，产地与酿造厂距离近，价格低，易于贮存加工，无腐烂变质，不含有毒有害物质，符合卫生要求的原料。

2. 主料

食醋酿造生产用的主料是指能被微生物发酵而生成醋酸的主要原料，它包括以下几种。

（1）淀粉质原料　淀粉质原料主要指如谷物（玉米、大米等，粮食加工下脚料如碎米、麸皮、谷糠等）、薯类（甘薯、马铃薯等）及野生植物等。

（2）含糖原料　含糖原料主要指糖、糖蜜及葡萄、苹果、梨、桃、柿、枣等各种含糖量较高的水果。

（3）含酒精原料　含酒精原料主要指食用酒精、白酒等。我国传统的酿醋原料，一般长江以南以糯米和大米（粳米）为主；长江以北以高粱和小米为主，现多以碎米、玉米、甘薯、甘薯干、马铃薯、马铃薯干等代用；东北地区以食用酒精、白酒等为主。

3. 辅料

（1）辅料的作用　食醋酿造生产所用的辅料有以下作用：能够提供微生物活动所需要的营养物质，增加食醋中糖分和氨基酸的含量，有助于形成食醋的色、香、味，吸收水分、疏松醋醅及贮藏空气。

（2）常用的辅料

①制曲辅料：制曲辅料主要选用细谷糠、麸皮或豆粕等，能够提供微生物活动所需要的糖类、蛋白质、维生素、矿物质等各种营养素。

②填充料：填充料选用原则：能疏松原料，使发酵料通透性好，好氧微生物能良好生长，有利于醋酸菌进行好氧发酵。填充料要求接触面积大，其纤维质具有适当的硬度和惰性，不得有异味，价格低廉。食醋酿造常用的填充料有谷壳、稻壳（砻糠）、高粱壳、玉米秸、玉米芯、高粱秸、浮石以及多空玻璃纤维等。

③添加剂：食醋酿造所用添加剂主要有食盐（抑制醋酸菌活动，防止醋酸的进一步分解，调和食醋风味）、砂糖（增加甜味）、芝麻、茴香、生姜等（赋予食醋特殊的风味），炒米色（增加色泽和香气）等。

4. 饮用水

食醋酿造所用饮用水必须符合国家饮用水标准，软硬适度，不要使用硬度过大的水。

5. 发酵剂

（1）糖化发酵剂　食醋酿造中糖化发酵剂的作用主要是使淀粉转化成可发酵的糖类。常用糖化发酵剂有以下几种。

①大曲（块曲或砖曲）：采用大麦或小麦、豌豆为原料，利用原料、工具、辅料和周围空气中存在的微生物自然繁殖而成，常有数十种菌栖息在一起，由于菌类多，代谢产物也种类繁多，赋予成品食醋丰富的风味，是我国古老的传统曲种之一。生产时非常强调用陈曲，一般要求存放半年以上。大曲中的微生物以霉菌占绝大多数，酵母菌与细菌比较少。霉菌中以毛霉、根霉、念珠霉为主。

②小曲（酒药或药曲）：小曲品种较多，有药小曲（酒曲丸）、酒曲饼、无药白曲、纯种混合曲及浓缩甜酒药等。小曲以大米、大麦等为原料，有的添加各种中草药，是我国独特的酿醋糖化发酵剂。小曲一般采用经过长期自然培养的种曲进行接种，也有用纯粹培养根霉和酵母菌进行接种的，这样更能保证有用微生物的大量繁殖。

③麸曲：以麸皮为原料，纯种培养黑曲霉或黄曲霉而制成。这类曲多用于普通醋的生产。

④红曲（红米）：采用红曲霉在米饭上纯粹培养而成。有较强的糖化力，并富有红色素与黄色素，红曲主要应用于增色及红曲醋、玫瑰醋的酿造。

（2）酒精发酵剂　酒精发酵剂以酵母菌为主，又称酒母，其主要作用是使糖化液中的糖类转化成酒精。常用的酒精发酵剂有活性干酵母，用量占主料的 0.5% 左右，使用前用白糖溶液进行活化处理。

（3）醋酸发酵剂　醋酸发酵剂以醋酸菌为主，又称醋母，其主要作用是使酒精转化成醋酸，是醋酸发酵中最重要的菌。常用醋酸发酵剂有活性醋酸菌，用量占主料的 0.5% 左右。

6. 原料处理

（1）原料处理目的　原料处理的主要目的是避免杂质磨损机械设备，堵塞管路、阀门和泵等；剔除霉变的原料，提高食醋的产量和质量。

（2）原料处理方法

①除杂：谷物原料多采用风选、筛选方法将原料中的轻杂及大、中、小杂质除去；薯类原料多采用洗涤的方法。

②粉碎：原料首先要进行粉碎，常用的粉碎设备为锤式粉碎机，粉碎得越细，越有利于酿造工艺。

③蒸煮：蒸煮可使淀粉吸水膨胀，由颗粒状态转变为溶胶状态；使原料组织和细胞彻底破裂；使原料中的某些有害物质在高温下遭到破坏；对原料进行杀菌。

（四）食醋酿造的主要加工工艺

1. 固态发酵法

固态发酵法指发酵时物料呈固态的一种酿醋工艺。我国的传统食醋多数采用固态发酵法：产品风味优美，品质优良，色香俱佳。其缺点是成本高，生产周期长，劳动强度大，卫生条件差。

（1）工艺流程　食醋固态发酵法工艺流程见图7-6。

薯干（碎米或高粱）→ 粉碎 → 加麸皮及谷糠混合 → 润水 → 蒸料 → 冷却 → 接种（麸曲、酒母）→ 入缸糖化发酵 → 拌糠接种（醋酸菌）→ 翻醅 → 成熟醋醅 → 加盐陈酿 → 淋醋 → 陈酿贮存 → 配兑 → 加热灭菌 → 包装 → 成品

图7-6　食醋固态发酵法工艺流程

（2）操作要点

①原料配比及处理：甘薯或碎米、高粱等 100kg，细谷糠 80kg，麸皮 120kg，酒母 40kg，水 400kg，麸皮 50kg，砻糠 50kg，醋酸菌种子醅 40kg，食盐 7.5～10kg（夏多冬少）。

原料处理：将薯干或碎米等粉碎，加麸皮和细谷糠拌和，加水润料后以常压蒸煮 1～2h，再焖 1h，或在 0.15MPa 压力下蒸煮 40min，出锅冷却至 30～40℃。

②淀粉糖化及酒精发酵：在冷却的熟料中加入混合干料总重量60%的冷水，同时加入酒母

和打碎的麸曲，充分翻拌，制成含水量为 60%～62% 的醅。把醅移入缸中压实，缸内醅温为24～28℃，室温为 28℃ 左右。入缸次日，当品温升至 38～40℃ 时，进行第一次翻醅（也称倒缸），调节温度和水分，进行淀粉糖化和酒精发酵（也称双边发酵）。发酵期间控制品温在 35℃以下，发酵 5d（冬季可延至 7d），酒醅中酒精含量达 7%～8%（夏季可能在 6% 左右）。

③醋酸发酵：酒醅成熟后，在酒醅中拌入谷糠和醋酸菌种子醅，并充分混匀制成醋醅，进行醋酸发酵。在醋酸发酵期间，控制品温在 38～40℃，每天翻醅 1 次，经 24h 后醅面品温高达40℃ 以上，而中、低层品温与表面相差很大，所以每天必须进行翻醅调温，这样不使表层品温过高，同时使中、底层醋醅也能较好通风，使发酵顺利进行。当醋醅品温下降至 35℃ 左右时，醋酸发酵基本结束，应及时向醋醅内加盐并拌匀，再放置 2d 进行后熟。醋酸发酵周期一般为10～20d。

④淋醋：采用三循环法（也称三次套淋法），即用二醋浸泡成熟醋醅 20～25h，淋出头醋，剩下的渣为头渣；用三醋浸泡头渣 20～25h，淋出二醋，剩下的渣为二渣；用清水浸泡二渣20～25h，淋出三醋，三渣可作饲料。头醋为半成品，二醋和三醋用于淋醋时浸泡之用。

⑤熏醋：把发酵成熟的醋醅放置于熏醅缸内，加盖，用文火加热至 70～80℃，每隔 24h 倒缸 1 次，共熏 5～7d，所得熏醅具有其特有的香气，色红棕且有光泽，酸味柔和，不涩不苦。熏醅后可用淋出的醋单独对熏醅浸淋，也可对熏醅和成熟醋醅混合浸淋。

⑥陈酿：陈酿有醋醅陈酿和醋液（半成品）陈酿两种方法。醋醅陈酿是将加盐的成熟醋醅（醋酸含量在 7% 以上）移入缸内压实，在醅面上盖一层食盐，缸口加盖，放置 15～20d 后翻醅1 次再封缸，陈酿数月后淋醋；醋液陈酿是把醋酸含量在 5% 以上的半成品醋（头醋）封缸陈酿数月。经陈酿的食醋质量有显著提高，色泽鲜艳，香味醇厚，澄清透明。

⑦配兑及杀菌：陈酿醋醅或新淋出的头醋都称为半成品，出厂前应在澄清池内沉淀并按产品质量标准进行配兑，除总酸含量为 5% 以上的高档食醋不需添加防腐剂外，一般食醋均应加入0.06%～0.1% 的苯甲酸钠。在加热杀菌时，采用巴氏杀菌控制温度为 80～90℃，灭菌 20min；采用高温直接杀菌控制温度为 90～95℃，灭菌 15～30min；有条件的可采用超高温瞬时杀菌。杀菌后即得成品醋。

⑧包装及成品贮存：将杀菌冷却后的成品醋在无菌条件下灌装封口，置于干燥阴凉环境中贮存。

2. 酶法液态通风回流法

酶法液态通风回流法是利用自然通风和醋汁回流代替倒醅，同时利用酶制剂把原料中的淀粉液化或利用曲制剂把淀粉液化和糖化，以提高原料利用率。此法采用液态酒精发酵，固态醋酸发酵，发酵时在池底部设假底，假底下的池壁上设有通风孔，保证醋醅通风。与固态法生产相比，此法可提高出醋率，液化、酒精发酵机械化程度也有所提高。

（1）工艺流程 食醋酶法液态通风回流法工艺流程见图 7-7。

碎米 → 浸泡 → 磨浆 → 调浆 → 加热 → 液化（α-淀粉酶、氯化钙、碳酸钠）→ 糖化（加麸曲）冷却 → 液态酒精发酵（加酒母）→ 拌料（加麸皮、砻糠、醋酸菌）→ 固态醋酸发酵（松醅、回流）→ 加盐 → 淋醋 → 加热灭菌 → 包装 →成品

图 7-7 食醋酶法液态通风回流法工艺流程

（2）操作要点

①配料：碎米 1200kg，麸皮 1400kg，砻糠 1650kg，碳酸钠 1.2kg，氯化钙 2.4kg，α - 淀粉酶（以每克碎米 130 酶活力单位计）3.9kg，麸曲 60kg，酒母 500kg，醋酸菌种子 200kg，食盐 100kg，水 3250kg（配发酵醪用）。

②水磨与调浆：将碎米浸泡，使米粒充分膨胀，将米与水以 1∶1.5 的比例送入磨粉机，磨成 70 目以上的细度粉浆，使粉浆浓度在 20% ~ 23%，用碳酸钠调至 pH6.2 ~ 6.4，加入氯化钙和淀粉酶后，送入液化锅。

③液化和糖化：粉浆在液化锅内应搅拌加热，在 85 ~ 92℃ 维持 10 ~ 15min，用碘液检测，显棕黄色表示已达到液化终点，再升温至 100℃ 维持 10min，达到灭菌和使酶失活的目的，然后送入糖化锅。将液化醪冷至 60 ~ 65℃ 时加入麸曲，保温糖化 35min 待糖液降温至 30℃ 左右，送入酒精发酵容器。

④酒精发酵：将糖液加水稀释至 7.5 ~ 8.0°Bé，调 pH 至 4.2 ~ 4.4，接入酒母，在 30 ~ 33℃ 进行酒精发酵 70h，得出约含酒精 8.5% 的酒醪，酸度在 0.3 ~ 0.4。然后将酒醪送至醋酸发酵池。

⑤醋酸发酵：将酒醪与砻糠、麸皮及醋酸菌种拌和，送入有假底的发酵池，扒平盖严。控制进池品温 35 ~ 38℃，此时中层醋醅温度较低，入池 24h 进行 1 次松醅，将上面和中间的醋醅尽可能疏松均匀，使温度一致。当品温升至 40℃ 时进行醋汁回流，即从池底放出部分醋液，再泼回醋醅表面，一般每天回流 6 次，发酵期间共回流 120 ~ 130 次，使醅温降低。醋酸发酵温度，前期可控制在 42 ~ 44℃，后期控制在 36 ~ 38℃。经 20 ~ 25d 醋酸发酵，醋汁含酸量达 6.5% ~ 7.0% 时，发酵基本结束。

醋酸发酵结束，为避免醋酸进一步被氧化成二氧化碳和水，应及时加入食盐以抑制醋酸菌的氧化作用。将食盐置于醋醅的面层，用醋汁回流溶解食盐以使其渗入醋醅。

⑥淋醋：淋醋在醋酸发酵池内进行，用二醋淋浇醋醅，池底继续收集醋汁，当收集到的醋汁含酸量降到 5% 时，停止淋醋。此前收集到的为头醋。然后在上面浇三醋，由池底收集二醋，最后上面加水，下面收集三醋。二醋和三醋供淋醋循环使用。

⑦灭菌与配兑：灭菌是通过加热的方法把陈醋或新淋醋中的微生物杀死，破坏残存的酶，保证醋的品质。同时经过加热处理，醋的香气更浓，味道更和润。灭菌后的食醋应迅速冷却，并按照成品质量标准配兑。

3. 液态发酵法

液态发酵法是指发酵时物料呈液态的一种酿醋工艺，即酒醪或淡酒液接入醋酸菌后，以深层通气或表面静止发酵法酿醋。常见的有表面发酵法、淋浇发酵法、液态深层发酵法等。液态发酵法不用辅料，劳动强度低，可减少杂菌污染，并有利于实现管道输送；机械化程度高，生产周期短，但食醋风味较固态法的醋稍差。

（1）表面发酵法制醋　表面发酵法分为白醋（或酒醋）、糖醋和米醋等不同生产方法。

①白醋：白醋生产是在敞口容器中加入醋种、酒精溶液及少量的营养物质，盖上缸盖，在常温下自然发酵。此时醋酸菌在液面上形成一层薄菌膜，借液面与空气的接触，使空气中的氧溶解于液面内，发酵周期视气温情况而定，在 30℃ 左右时经 20 多天发酵可结束，温度低时需延长发酵周期。成熟醋液清澈无色，100mL 醋液含醋酸 2.5 ~ 3g。

②糖醋：糖醋是以饴糖为原料，先接种酵母，封缸进行发酵，再接种醋母，保持室温 30℃ 左右发酵约 30d 成熟。100mL 成品醋含醋酸 3 ~ 4.5g。

③米醋：米醋是以大米为原料进行液态表面发酵的制品。米醋生产中，有的在大米饭中接种米曲霉后制成米曲，加水进行糖化；有的以小麦面粉接种米曲霉制成面曲，与大米饭一起加水进行糖化。制成糖化液后，接种酵母进行酒精发酵，再接入醋种进行表面发酵。米醋口味纯正，100mL 米醋含醋酸 3~5g。

（2）淋浇发酵法制醋　淋浇发酵法在淀粉质原料加水、加热糊化后，用糖化剂糖化，再接种酵母菌进行酒精发酵，待发酵完毕后接种醋酸菌，通过回旋喷洒器反复淋浇于醋化池内的填充物上。

（3）液态深层发酵法制醋　液态深层发酵法制醋是利用发酵罐通过液体深层发酵生产食醋的方法，此法制醋不用谷糠、麸皮等辅料，具有机械化程度高、操作卫生条件好、原料利用率高、生产周期短、产量高、产品的质量稳定等优点，是食醋生产的发展方向。但生产时微生物种类少，酶系不丰富，酿造周期短缺，醋的风味较差。

①工艺流程：食醋液态深层发酵法工艺流程见图 7-8。

大米→ 浸泡 → 磨浆 → 调浆（α-淀粉酶、氯化钙、碳酸钠）→ 液化（加麸）→ 糖化 → 酒精发酵（加酒母）→

酒醪→ 液体深层醋酸发酵（加醋酸菌）醋醪 → 压滤 → 配兑 → 灭菌 →成品

图 7-8　食醋液态深层发酵法工艺流程

②操作要点：

a. 酒精发酵。向罐中接入醪液量 10% 的酒母，并添加酒母量 2% 的乳酸菌液及 20% 的生香酵母，进行共同酒精发酵，发酵时间为 3~5d。

b. 醋酸发酵。接入醋酸菌种子液 10%（体积分数），由于醋酸菌是好氧性细菌，因此生产过程中应不断通入氧气。醋酸菌繁殖温度在 31℃左右，但发酵温度控制在 32~35℃。醋酸发酵的时间受菌种、酒精浓度、发酵温度及通气搅拌的影响，短者为 40~50h，长者为 65~72h。工业上的发酵大多采用半连续发酵法，即当醋酸发酵结束时，可取出 1/3 的醋醪，余 2/3 留作种子，再补足酒液继续发酵，一般经 24h 左右，可取醋液 1 次，连续 10 次左右换一次种液。

c. 醋酸发酵后处理。为了改善风味，也可用熏醅增香、增色。

d. 压滤。醋酸发酵完毕，为提高食醋的糖分，在醋醪内加入糖液，混合均匀后，用板框压滤机压滤，即得生醋。

e. 成品。生醋经配制合格后，经加热、灭菌后送入成品贮存罐，以便沉淀贮存，再经过滤、检验合格进行包装即为成品。

（五）名特食醋产品工艺

1. 山西老陈醋

山西老陈醋是我国北方著名的熏醋，始创于清代顺治年间，至今已有 300 多年的生产历史。山西老陈醋以优质高粱为酿醋主料，采用大曲糖化发酵，延长酒精发酵，醋化高温接种引火，熏淋醋醪结合，夏日晒，冬捞冰，贮陈老熟等特殊工艺，经过蒸、酵、熏、淋、晒 5 个步骤，产品具有酸、绵、香、甜、醇的独特风味。

（1）原料配比　高粱 100kg，大曲 62.5kg，麸皮 70kg，谷糠 100kg，食盐 8kg，润料用水60kg，焖料用水 210kg，入缸水（酒精发酵时用水）60~65kg，香辛料（包括花椒、大料、桂皮、丁香、生姜等）0.15kg。

（2）工艺流程　山西老陈醋酿造工艺流程见图7-9。

高粱→粉碎→润料→蒸料→酒精发酵（加入大曲）→醋酸发酵（加入麸皮、谷糠）→加盐→成熟醋醅→

熏醋及淋醋→套淋熏醋→半成品醋→陈酿→过滤→成品

图7-9　山西老陈醋酿造工艺流程

（3）工艺要点

①原料粉碎：高粱粉碎成4~6瓣，细粉不超过1/4，最好不要带面粉。

②润料：粉碎好的高粱加入高粱重50%~60%的水进行润料。冬天最好用80℃以上的水润料，静置润料8~12h。润料标准为高粱吸水均匀，手捻高粱糁为粉状，无硬心和白心，水分60%~65%。

③蒸煮糊化：从润料池内或缸内取出高粱糁翻拌均匀（打碎块状物），先在甑底轻轻撒上一层，待上汽后往冒汽处轻轻撒料，一层一层地上料。待料上完，蒸2h左右，停火再焖30min。蒸料要蒸透，无生料。

④焖料：将蒸好的高粱糁趁热取出，直接放入焖料槽内或缸中，加水按高粱糁：开水 = 1:1.5（质量比）混合搅拌，均匀打碎。静置焖料20min，高粱糁充分吸水膨胀后，进行冷却。

⑤拌曲：提前2h按大曲：水 =1:1（质量比）的比例混合，翻拌均匀备用。待高粱糁冷却后，将曲均匀地洒到高粱上，使曲和蒸熟的原料充分混匀。

对蒸好原料的质量要求：润料含水分68%~70%；焖高粱含水分120%~150%；拌曲后原料含水分100%~150%。

⑥酒精发酵：拌好曲的料送到酒精发酵室内的酒精缸中。先在酒精缸中加水 30~32.5kg，再加入主料50kg。发酵室温度控制在20~25℃，料温为28~32℃，开口发酵3d后搅拌均匀用塑料布扎紧缸口，再静置密闭发酵15d。

成熟酒醪的质量要求：呈黄色，酒精浓度在5%以上，100mL酒醪含总醋酸小于2g。

⑦醋酸发酵：在发酵好的酒精发酵醪中添加麸皮、谷糠等，添加比例为酒精液：麸皮：谷糠 =1:0.5:0.8，制成醅料。拌好的醋醅接种醋酸菌，接入量为5%~10%，保温38~42℃发酵，每大翻醅1次，发酵8~9d后，醋酸含量不再增加，即加入食盐终止发酵，食盐加入量为总生料量的4%~5%。

⑧熏醋和淋醋：熏醋的目的是让醋醅在高温时产生类似火熏的味道，增加醋的色泽和醋的熏香味，这是山西老陈醋色、香、味的主要来源。熏醋方法为取一半发酵好的醋醅放入熏缸，用间接火加热，保持品温70~80℃，每天倒缸一次，熏制4~5d，熏醋应闻不到焦糊味，色泽又黑又亮。淋醋是把成熟后的白醋醅和熏醋醅按规定的比例分别装入白醋池和熏淋池，用没有熏制醋醅的淋醋液来淋制经熏制的醋醅。淋醋要做到浸到、焖到、煮到、细淋、淋净。

⑨陈酿：把淋出的半成品老陈醋，打入陈酿缸，置于室外，进行"日晒夜露"和"夏晒冬捞冰"，9个月后制成醋色浓重、醋香浓郁的高级老陈醋。经过滤调配即可出厂。

2. 镇江香醋

镇江香醋以优质糯米为主要原料，以酒药和麦曲为糖化发酵剂，采用固态分层发酵酿醋工艺，产品"色、香、酸、醇、浓"俱佳，为江南最著名的食醋之一。

（1）原料配方　糯米500kg，酒药1.5~2kg，麦曲30kg，麸皮750kg，砻糠（稻壳）400~

500kg。此外，生产1000kg一级香醋耗用辅助材料为米色135kg（折成大米40kg左右），食盐20kg，糖6kg。

（2）工艺流程　镇江香醋酿造工艺流程见图7－10。

糯米→浸渍→蒸煮→淋饭→拌曲→糖化→酒精发酵（酒化）→成品（酒醅）→制醅→醋酸发酵（翻醅）→封醅→陈酿→淋醋→煎醋→成品

图7－10　镇江香醋酿造工艺流程

（3）操作要点

①酒精发酵：选用优质糯米，投料时每次将500kg糯米置于浸泡池中，加入2倍的清水浸泡。一般冬季浸泡24h，夏季浸泡15h，春秋季浸泡18~20h，直至米粒浸透无白心。将浸泡好的糯米蒸至熟透，取出，用凉水淋饭，冷却后均匀拌入酒药1.5~2kg，低温糖化72h后，再加水150kg，麦曲30kg，28℃保温7d即得成熟酒醅。

②醋酸发酵：先投入麸皮750kg，将发酵成熟的酒醅1500kg用水泵打入池内与麸皮拌均匀，即成酒麸混合物（半固体）。取砻糠（稻壳）5kg与池内酒麸混合物拌和。再取在另一处发酵6~7d的醋醅（称为老种）25kg，均匀地接入到酒麸糠混合物中，在池中做成馒头形，上面覆盖大糠25kg即可。第2天（24h后）进行翻醅，以扩大醋酸菌的繁殖。具体的操作如下：将上面覆盖的砻糠和接种后的醋醅与下面1/10层酒麸翻拌均匀；随即上层覆盖砻糠50kg。第3~10天，每天均照上述第2天的操作方法进行，直至池内的酒麸全部与砻糠拌和完毕。在这10d中，每次皆添加适量砻糠，并补加部分温水，保持醋醅内含水分在60%左右。从第11天起，每天不加任何辅料，在池内进行翻醅，将上面的翻到池下，池下的翻到上面，每天翻一次，使品温逐步下降，翻醅到18~20d即可，但从第15天起，每天要检测醋酸上升情况，如酸度不继续上升，应立即加盐、用塑料布密封，进行陈酿，陈酿时间越长，风味越好。经过30~45d密封陈酿，即可转入淋醋工序。

③淋醋：取陈酿结束的醋醅，按比例加入炒米色（优质大米经适当炒制后溶于热水即为炒米色，用于增加香醋色泽和香气）和水，浸泡数小时，然后淋醋。采用套淋法，循环泡淋，每缸淋醋三次。通常醋醅与水的比例为1.5:1。

④配兑、杀菌、包装：醋汁加入糖进行配兑，澄清后，加热煮沸。生醋煮沸时，要蒸发水分5%~6%，所以在加水时，适当多加5%~6%的水。煮沸后的香醋，基本达到无菌状态，降温到80℃左右即可密封包装。

（4）一级香醋质量标准

①感官指标：色泽为深褐色，色泽明亮，无明显沉淀；香气芬芳浓郁；口感酸而不涩，香而微甜，无异味。

②理化指标：浓度11~12°Bé；100mL醋含醋酸≥6.4g，含糖分≥1.5g。

（六）果醋

醋是我国传统的酸性调味品，随着生活水平的提高，人们对既有益于身体健康又口感宜人的新型食醋的需求日益增加。果味清香、酸味柔和、甜酸适口的果醋近年来在市场上应运而生。果醋是以人们普遍喜爱的水果为原料酿制而成，水果营养丰富，含有大量人体所需的糖分、维生素和矿物质成分中还含有醋酸、延胡索酸、乳酸、琥珀酸、苹果酸和柠檬酸等有机酸，经常饮用能促进人体的新陈代谢，消除疲劳，逐渐成为食醋家族的新宠。在国外，特别是欧洲、日本等生产较多。果醋多选用残次水果，经压榨、酒精发酵、醋酸发酵后加工而成。利用水果制醋，不仅可以节约大量粮食，还可调节成果醋饮料。近年来随着我国水果产量的急增；果醋产量和生产厂家也在迅速增加，果醋已成为一种新型保健调味品。

1. 工艺流程

一般果醋酿造工艺流程见图 7 – 11。

图 7 – 11　一般果醋酿造工艺流程

2. 操作要点

①清洗：将水果投入清洗池，除去腐烂变质的果实，用清水洗净后沥干备用。

②榨汁：采用榨汁机榨取果汁，果渣可作为酒精发酵的原料，制取酒精。榨汁操作尽可能在短的时间内完成，以减少果汁的氧化和杂菌污染。不同的水果榨汁率有很大的差异，一般苹果出汁率为 70% ~75% ，葡萄出汁率为 65% ~70% ，柑橘出汁率为 60% ，番茄出汁率为 75% 。

③成分调整：果汁中可发酵性糖的含量常常达不到工艺要求，有时为降低生产成本，也需要提高含糖量。一般果汁含糖量调整为 12% ~14% ，可采用蔗糖或淀粉糖浆，补加时应先将糖稀释，然后加热至 95 ~98℃ 灭菌，降温后再加入到果汁中。

④澄清：果汁加热至 90℃ 以上，然后降温至 50℃ ，加入黑曲霉麸曲 2% 后加果胶酶 0.01% （以原果汁计），40 ~50℃ 保温 2 ~3h ，使单宁和果胶分解，果汁的澄清度明显提高，然后过滤。

⑤酒精发酵：澄清过滤后的果汁冷却至 30℃ 左右，接入 1% 的酒母进行酒精发酵。发酵期间控制品温在 30 ~34℃ 为宜，经 4 ~5d 的发酵，发酵醪酒精含量为 6% ~8% ，酸度为 1.0% ~1.5% ，酒精发酵即可结束。发酵液若酒精度小于 5% ，应适当补加酒精。

⑥醋酸发酵：果醋的醋酸发酵以液态发酵效果最佳，以保持水果的固有果香，成品醋风格鲜明。若采用固态发酵，拌入谷糠及麸皮即可，但成品醋会有辅料的味道，而使香气变差。醋酸发酵时，最好采用人工纯培养的醋酸菌种子，其纯度高，发酵快。

⑦过滤及灭菌：醋酸发酵结束的汁液可采用硅藻土过滤，滤渣可以加水重滤一次，并入一起调整酸度为 3.5% ~5% 。然后经蒸汽加热至 80℃ 以上，趁热灌装封盖，即为成品果醋。

3. 果醋成分

（1）感官品质　色泽淡黄色，澄清无沉淀，具有水果固有香气，无其他异味。

（2）理化指标　总酸（以醋酸计）为 0.3% ~0.6% ，挥发酸为 2% ~4.6% ，还原糖为 0.8% ~1.3% ，固形物为 1.2% ~1.8% 。

🔍 **思考题**

1. 酱油是如何分类的？

2. 酿造酱油的主要原辅料都有哪些？

3. 酱油酿造的主要微生物种类有哪些？

4. 制曲要经过哪些步骤？种曲和成曲的制备工艺有什么不同？

5. 酱油发酵工艺方法有哪些？各自特点是什么？

6. 酱油发酵工艺要点是什么？

7. 食醋酿造的工艺原理是什么？

8. 食醋酿造的主要微生物都有哪些种类？

9. 食醋酿造的工艺流程都有哪些主要环节？

第八章

杂粮食品加工

第一节　杂粮基础知识

　　杂粮是小宗粮豆的俗称，泛指生育期短、种植面积少、种植地区和种植方法特殊，有特种用途的多种粮豆，其特点是小、少、特、杂。

　　一般说来包括的作物有高粱、谷子、荞麦（甜荞、苦荞）、燕麦（莜麦即裸燕麦）、大麦、糜子、薏仁、籽粒苋（千穗谷）以及菜豆（芸豆）、绿豆、小豆（红小豆、赤豆）、蚕豆、豌豆、豇豆、小扁豆（鸡眼、兵豆）、黑豆、山药、芋头等。

　　杂粮中钙含量最多的是籽粒苋，是小麦、大米的近10倍。黍、稗米、大麦、莜麦、木薯中钙含量也较丰富。同时，这些杂粮中的铁含量也超过了大米和小麦。但要注意这些食物中钙、铁的存在状态和植酸对其吸收率的影响，维生素中硫胺素、核黄素的含量也是很丰富的，如大麦中的核黄素为4.8mg/100g，是小麦粉的80倍，大米的48倍。所以，从营养角度说，杂粮具有很好的利用价值。

　　目前国内外对杂粮食品的开发主要侧重于以下几个方面。

　　（1）杂粮面制品的加工　杂粮营养丰富，具有良好的保健功效，直接食用，口感粗糙，味道不佳，所以将一种或几种杂粮与小麦粉搭配制作杂粮面制品是杂粮食品加工的重要内容，并深受欢迎。常见的诸如燕麦饼、麦香包、黑面包、燕麦馒头、莜面团子、莜面猫耳朵、豆沙包、芝麻煎饼；黄米面油糕、豆面糕、红枣切糕；高粱面鱼鱼、高粱面疙瘩等都是人们日常生活中非常喜爱的杂粮食品。

　　（2）杂粮休闲食品　以马铃薯为原料可制成各种休闲食品，如薯米（粒）、脱水马铃薯片（条、泥）、薯粉、马铃薯方便面、油炸马铃薯片等。浙江、福建等省出口的"油炸薯片"和"红心地瓜干"在日本和中国香港的市场上供不应求。目前已经上市的非油炸薯片更是备受青睐。以燕麦为原料可制成燕麦片、燕麦方便粥、燕麦营养粥、燕麦面饼干、燕麦面脆片等。

　　（3）杂粮饮料加工　用鲜绿豆加工制作液体饮料如绿豆杏仁茶和绿豆冰淇淋已有报道，也可用小米制冰淇淋，用大麦生产大麦咖啡饮料和大麦保健茶。以荞麦为辅料，制作的荞麦豆乳也是一种很受欢迎的保健饮品。特色饮料格瓦斯源自俄罗斯，以利用面包屑或玉米发酵而成（属于俄式饮料），格瓦斯饮料在国际上是与可口可乐并驾齐驱的两大饮料之一。其具有天然发酵的醇香味，营养丰富，酒精含量低微，除消暑、解渴外还能增进人体消化功能，是既可作饮料又可代酒助兴的良好保健饮料。利用甘薯制作的格瓦斯风味独特，营养丰富，也是一种理想的保健饮品。

（4）其他　大麦、马铃薯、高粱、小米等可作为酿酒的原料。此外，我国酿制成功的籽粒苋酱油，开创了国内外酱油生产不用人工色素而保证传统酱油色泽的先例，引起了世界的惊奇和关注。

第二节　高粱加工

一、高粱概述

高粱是禾本科草本植物蜀黍的种子，又称木稷、蜀秫、芦粟、荻粱。我国各地均有栽培。秋季采收成熟的果实，晒干除去皮壳用。由于它具有抗旱、耐涝、耐盐碱、适应性强、光合效能高及生产潜力大等特点，所以，又是春旱秋涝和盐碱地区的高产稳产作物。

高粱的主要利用部位有子粒、米糠、茎秆等。其中子粒中主要营养成分含量为：粗脂肪3%、粗蛋白8%~11%、粗纤维2%~3%、淀粉65%~70%。高粱子粒含有比较丰富的营养物质：每100g高粱含蛋白质8.2g、脂肪2.2g、碳水化合物77g、热量1509kJ、钙17mg、磷230mg、铁5.0mg、维生素B_1 0.14mg、维生素B_2 0.07mg、烟酸0.6mg。高粱以膳食纤维、高铁等的营养特点而著称，尚具有令人愉悦的天然红棕色和特有的风味。高粱中蛋白质所含赖氨酸及苏氨酸较少。影响高粱营养特性和生理价值的主要因素是蛋白质、氨基酸、单宁。单宁含量高不仅口味不良，而且还会影响蛋白质的消化吸收，故需碾除。这也使高粱的食用、饲用价值都低于玉米等。但近年来，随着高产优质品种的育成，高粱的应用价值又逐步提高，其子粒除食用、饲用外，还是制造淀粉、酿酒和酒精的重要原料。我国特酿的茅台、泸州特曲和汾酒等名酒都是以高粱子粒为主要原料酿造的。加工后的副产品，如粉渣和酒糟，不仅是家畜的良好饲料，其粉渣还是做醋的上等原料。

高粱具有一定的药用疗效功能，中医认为高粱味甘、涩，性温。能益脾温中，涩肠止泻。用于脾胃虚弱，消化不良，便溏腹泻。如高粱子粒加水煎汤喝、可治疗食积；用高粱米加葱、盐、牛肉汤煮粥吃，可治阳虚自汗等。高粱米糠内含有大量的鞣酸蛋白，具有较好的收敛止泻作用。

高粱的茎叶有较高的饲用价值。青贮高粱平均含无氮浸出物13.4%、蛋白质2.6%、脂肪1.1%。其营养成分又优于玉米。成熟后的茎秆是极好的造纸原料。又是农村建筑材料、蔬菜架构以及编织炕席等的原料。此外，高粱的茎叶还可提取医用氯化钾原料和抗高温的蜡质。粮用高粱和粮糠兼用的高粱茎秆中含有大量糖分，故可加工制糖、酒、酒精、味精、酱油等。帚用高粱脱粒后，其空穗可做扫帚和炊帚，颖壳还可提取天然食用色素。总之，高粱加工在国民经济中占有重要的地位。

二、 高粱的分类

（一）根据用途分类

粒用高粱顾名思义是收获其子粒用做粮食、饲料或是工业原料。这种高粱一般子粒大而外露，易脱粒，品质较优。高粱子粒一般含淀粉60%~70%，蛋白质10%左右，营养价值不是很高。

糖用高粱，又称甜高粱，一般茎秆较高、节间长、茎内多汁，含糖10%~19%。这种高粱在我国长江中下游地区种植较多，此时的高粱实际上是用做糖料作物。甜高粱可以像甘蔗一样直接生食，但也可用于榨汁熬糖，做成糖稀、片糖、红糖粉或白砂糖等。

饲用高粱一般以分蘖力强、生长旺盛、茎内多汁，并有一定的再生能力为好，主要用做青饲、青贮或干草。但应注意，高粱幼嫩的茎叶含有蜀黍苷，牲畜食后在胃内能形成有毒的氰氢酸，所以含蜀黍苷多的品种不宜做青饲。

工艺用高粱的茎皮坚韧，有紫色和红色类型，是工艺编织的良好原料；此外，有的高粱类型适于制作扫帚，穗柄较长者可制帘、盒等多种工艺品。

（二）根据生育期分类

可将高粱分为早熟高粱、中熟高粱和晚熟高粱。

（三）根据胚乳分类

1. 糯质高高粱

俗称软高粱，胚乳中淀粉合直链淀粉和支链淀粉。支链淀粉含量高、黏性较大的为糯质高高粱。它在工业上有特殊用途，能形成一种透明的糊状物。我国贵州茅台和四川泸州特曲就是用这种高粱酿造而成。

2. 糖质高高粱

这类高粱同玉米一样，也有糖质胚乳性状。幼嫩种子从乳熟开始凹陷，大约15d后凹陷结束，这时子粒的食味最佳，化验结果表明，还原糖比非凹陷子粒高3倍多，主要供食用。

3. 粉质高高粱

我国大部分栽培品种属于粉质型，其主要特点是胚乳中含有粉质的淀粉。

4. 爆裂型高粱

与爆裂型玉米一样，爆裂型高粱的子粒较小，种皮较厚，胚乳为非常致密的硬胚乳，基本全是角质胚乳，膨胀后可达15~17个高粱粒大小。蛋白质含量高，一般用于糖果、糕点的制作，在我国这类品种栽培较少。

5. 黄高粱

这类高粱磨成的面粉是黄色的，富含维生素A，一般品质优良。

三、 高粱的加工

（一）高粱白酒

高粱是中国白酒的主要原料，闻名中外的中国白酒多是以高粱作主料或是做佐料配制而成。用高粱酿制的是蒸馏酒，所以又称为烧酒。

一般来说，中国高粱白酒的指标是总酸为 0.1g/100mL，总脂 0.1~0.4g/100mL，总醛 0.05g/100mL，醇类 0.3g/100mL。高粱白酒的组分是，酒精 65%，总酸 0.0618%（其中，乙酸占 68.2%、丁酸 28.68%、甲酸 0.58%），酯类 0.2531%（包括乙酸乙酯、丁酸乙酯和乙酸戊酯等），其他醇类为 0.4320%（其中，戊醇最多，丁醇、丙醇次之），醛类为 0.0956%，呋喃甲醛为 0.0038%。

白酒的感官品质分为色、香、味和风格 4 个指标。所谓风格也称为风味，是指视觉、味觉和嗅觉的综合感觉。名酒的优良品质是绵而不烈，刺激性平缓。只有使多种微量生物物质进行充分的生物化学转化，才能达到这种要求。中国名酒具有甜、酸、苦、辣、香五味调和的绝妙，并具浓（浓郁、浓厚）、醉（醉滑、绵柔）、甜（回甜、留甘）、净（纯净、无杂味）、长（回味悠长、香味持久）等优点。主要香型有酱香、清香、浓香、米香等。酱香型的特点是酱香突出，优雅细腻，酒体醇厚，回味悠长，如茅台酒；清香型的特点是清香纯正、醇甜柔和、自然谐调，余味爽净，如汾酒；浓香型的特点是窖香浓郁，绵软甘洌，香味协调，尾净余长，如泸州老窖特曲。

高粱子粒的化学组成与酒的产量和品味关系密切。淀粉是酿酒的主要原料，也是微生物生长繁殖的主要热源。淀粉含量与出酒率成正相关。粳性高粱直链淀粉含量多，支链淀粉含量少；相反糯性高粱直链淀粉含童少，支链淀粉含量多，或几乎全为支链淀粉。支链淀粉含量多的出酒率高，而且对提高高粱酒的质量也有密切关系。

蛋白质在发酵过程中，经蛋白酶水解生成氨基酸，氨基酸又经酵母转变为高级醇类，高级醇类即是白酒香味的重要组成部分。因此，蛋白质含量除与出酒率有关外，还与酒的风味密切有关。

酿酒用高粱的脂肪含量不宜过多。脂肪过多，酒有杂味，遇冷易呈混浊。单宁除与出酒率有关外，微量的单宁对发酵过程中的有害微生物有一定抑制作用；单宁产生的丁香酸和丁香醛等香味物质，还能增强白酒的芳香风味。因此，含有适量单宁的高粱是酿制优质酒的佳料。但是，单宁味苦涩、性收敛，遇铁盐呈绿色或褐色；遇蛋白质成络合物而沉淀，妨碍酵母生长发育，降低发酵能力，因此单宁含量过高也影响酒的风味。

（二）高粱啤酒

1. 非洲高粱啤酒

高粱啤酒是非洲人的一种传统饮料，有很长的饮用历史。由于各部族都用其特有的土法制作高粱啤酒，因此非洲高粱啤酒的风味也不尽一致。在西非，高粱啤酒为浅黄色的液体；在南非，高粱啤酒则是一种浅红色至棕色的不透明液体。由于这种高粱啤酒都是用传统的酿制方法生产的，一般只能存放 4~5d。目前，高粱啤酒的酿制也变成了大规模的工厂化生产。

高粱啤酒的酿制过程如下。

（1）制高粱麦芽　把高粱子粒放在混凝土大容器内，用水浸泡 6~36h。在此期间要换 1~2 次水。之后，将吸饱水的子粒撒布到床上，12~20cm 厚，并用麻袋盖上，偶尔浇些水以保持湿度。发芽 4~6d，并将子粒翻动几次。当子粒充分发芽时，幼芽至少有 2.5cm 长，这时把子粒摊得薄一些干燥。

现代化的大量制高粱麦芽的方法更为有效。先将高粱子粒弄干净，冲洗和浸泡。在浸泡时水中能通气，并换 1 次水。在浸泡 9~12h 之后，子粒捞出散开 7.5~10.0cm 厚的制麦芽盒子里发芽，并且通过底面通气，每天翻一次。最初的两天里浇一点水，温度保持在 25~35℃ 之间

5~6d。之后，麦芽用热空气干燥。

（2）发酵　工厂化生产高粱啤酒的发酵过程分为两步。第一步为乳酸发酵、第二步是啤酒发酵。用300kg高粱麦芽加2700kg水接种德氏乳酸杆菌，在50℃发酵12~16h，使发酵物的pH达到3.3。使之含有0.8%~1.0%的乳酸。在这种发酵物里，加入去胚的玉米粗粉（脂肪含量要低于1%）2750kg，再加水约15000kg。然后，把这种粥样混合物置于7500MPa压力下蒸煮10min，再冷却到60℃。在此温度下，加800kg高粱麦芽。混合后加水调到24200L。这时，混合物的液体总量约占14%，pH为3.9~4.0，保存45~90min，直到约有6%的发酵糖（即被测的葡萄糖）产生时为止。这种称作麦芽汁的混合物约有22000L，pH为9，含有0.16%的乳酸、6%的葡萄糖，相对密度为1.037。

第二步的啤酒发酵是在上述混合物中加进啤酒酵母菌。在25~30℃生长和发酵。经过48h有活性的高粱啤酒就可以提供给消费者了。这种啤酒pH为3.6，乳酸含量0.26%，固态物质总量6.2%，葡萄糖含量0.15%，酒精2.9%，醋酸0.03%。应当指出的是，酵母菌仍存于啤酒中。由此可见，非洲高粱啤酒与欧洲型啤酒是不一样的。非洲高粱啤酒是带有酸味的混浊液体，是一种浓重的啤酒。啤酒中含有剩余的淀粉，因此非洲人称这种啤酒为食品，营养十分丰富。而欧洲啤酒是唯有啤酒花香味的清澈液体，称为淡啤酒。

2. 中国型高粱啤酒

20世纪80年代初，山西省农业科学院高粱研究所经过试验研究，在传统大麦啤酒工艺的基础上，用高粱作为主要原料，配制出高粱啤酒。高粱啤酒的理化指标基本符合部颁标准。酒精度为3.205，原麦汁浓度11.2，真正发酵度53.75，总酸2.648，相对密度1.0204，泡沫挂杯、洁白、细腻。高粱啤酒中氨基酸含量较普通啤酒为高，特别是赖氨酸含量比普通啤酒高30%，总糖和核黄素与普通啤酒一样。高粱啤酒具备啤酒的风格和典型性。

高粱啤酒配制的工艺流程如下。

（1）原料处理　糖化前高粱和麦芽粉碎，糖化用水进行软化处理，制高粱麦汁。

（2）发酵　前期采取低温发酵，后期用高温快速发酵。

（3）灌装和灭菌　按常规工艺进行。

（三）高粱醋

中国北方的优质醋大都以高粱为原料酿成，山西老陈醋就是用高粱制成的名醋，具有质地浓稠、酸味醇厚、气味清香的特点。贮存较久的山西老陈醋总酸（以醋酸计）为10.08g/100mL（以下单位同）羟基化合物的总含量为49.75g/100mL，其中丙酮为14.88g/100mL，显著高于以糯米或粳米为原料的镇江香醋、上海香醋和北京江米醋；醋类总含量为0.78g/100mL，其中乙酸乙酯为0.68g/100mL，乙酸异丁酯为0.03g/100mL，乙酸异戊酯为0.028/100mL，乙酸戊酯为0.05g/100mL；醇类化合物为0.44g/100mL，主要是乙醇；其他有机化合物有异丁醛（0.30g/100mL）、异戊醇（0.44g/100mL）、糠醛（0.86g/100mL）等。

酿醋的原理是将淀粉发酵成乙醇后，再氧化成醋酸。一般食用醋的含量为3%~5%。醋酸菌对醇类和糖类有氧化作用，能把丙醇氧化为丙酸，把丁醇氧化为丁酸，把葡萄糖氧化为葡萄糖酸等。有些醋酸菌还能利用糖产生琥珀酸和乳酸，这些酸与醇结合产生酯类。老醋中由于酯类物质增多而有特殊清香味；甘油氧化产生的丙酮使醋具有微甜的味道；蛋白质分解产生的氨基酸也是醋香味和色素的基础。

山西老陈醋采用固体发酵法制作，酿造特点是以大麦和豌豆为制曲原料、采用大曲糖化发酵，加曲量大，一般达投料量的 62.5% 以酒基造醋必先酿出好酒。酒精发酵温度较低，养醅温度不高于 30℃，周期 16d。醋化温度较高，可达 43～45℃，培养期 9d。除产生醋酸外，尚有少量乳酸和酪酸。配制的新醋需经过老熟贮陈，即露天开盖陈酿，通过"夏日晒、冬捞冰"的浓缩处理，所得成品陈醋量仅为原有量的 30% 左右。其特点是色泽黑紫，味道清香，质地浓稠，醇厚绵酸，久不沉淀，色、香、味俱佳。

第三节　粟　加　工

粟（*Setaria italica*）为禾本科（Gramineae）狗尾草属一年生草本。俗称谷子、小米、狗尾粟，中国古称"稷"，甲骨文"禾"即指粟。粟谷约占世界小米类作物产量的 24%，其中 90% 栽培在中国，华北为主要产区。主要作为粮食作物，兼作饲草。其他生产粟的国家有印度、苏联、日本等。

一、粟的物理性质

（一）粟的粒度

粟的粒度小，其范围是长 1.5～2.5mm、宽 1.4～2.0mm、厚 0.9～1.5mm。粒度的实际大小随品种、成熟程度的不同而有所差异。品种的混杂以及成熟程度的不同都会造成粒度大小不均。而粒度大小的差异又会给加工带来许多不便和困难，由此，对整齐度差的原粮，有条件时应尽可能采取分粒加工，以确保产品的出率及产品的质量。

（二）体积质量与千粒重

体积质量是评定粟品质好坏的重要标志。它与粟的品质、成熟程度、整齐程度和含杂高低等有关。一般，体积质量大的粟，容易脱壳，且出米率高；体积质量小的粟，脱壳困难，出米率也低。

千粒重与粒度大小、饱满程度及子粒的结构有关。通常可按粟的千粒重的大小将其分为大、中、小粒，千粒重在 3g 以上的为大粒，在 2.2～2.9g 者为中粒，在 1.9g 以下者为小粒。

（三）水分

粟含水量的高低与粟加工有着密切的关系。根据加工要求，其水分一般在 13.5%～16% 较为适宜。粟含水量过高，外壳韧性高，胚乳的强度减小，不仅影响脱壳，还影响产品质量和出品率。因此，对水分大的粟，在加工前要经过晾晒或烘干处理，但要注意，不要暴晒或急速烘干，以免子粒变脆，使得加工时容易产生碎米。如果粟含水量过低，皮层与种仁间的结构较紧，不利于碾白，并易出碎粟，造成产品出率下降，能耗增加。

二、粟的化学成分

粟的化学成分如表 8–1 所示。小米是一种营养价值较高的粮食。小米除含表所列成分外，还含维生素 B_1 0.66mg/100g、维生素 B_2 0.09mg/100g。

表 8 – 1   粟的化学成分

品种	水分	蛋白质	脂肪	无氮浸出物	粗纤维	灰分
北小米	9.40	11.56	3.29	62.99	10.00	2.88
南小米	10.50	9.70	1.10	76.60	0.10	1.40
粗粟糠	10.27	6.68	2.33	19.50	52.50	8.72
细粟糠	8.33	18.06	18.48	35.02	11.09	8.44

三、 粟的加工

（一） 清理方法与设备

原粮粟中的杂质种类很多，主要有泥块、砂石、草秆、瘪粟和杂草种子等，其中以形状、粒度与粟比较接近的石子、草籽最难清理。所有这些杂质的存在，都会影响粟的加工和成品小米的质量，必须除去。粟的清理方法主要有筛选、风选、去石、磁选等。

（二） 砻谷

粟壳是人体不能消化的粗纤维，必须通过砻谷将粟壳与糙小米分离。粟砻谷后得到的混合物主要由糙小米、粟壳和尚未脱壳的粟组成。粟的砻谷与稻谷砻谷极为相似，砻谷方法主要分为挤压搓撕脱壳、端压搓撕脱壳和撞击脱壳3种。目前，常用的设备有胶辊砻谷机、离心砻谷机和胶辊砻谷机，进行粟脱壳时，各有其特点。胶辊砻谷机，碎米少而脱壳率低；离心砻谷机则碎米多而脱壳率高；胶辊砻谷机脱壳率高且碎米少，但产量低，胶耗高。实际生产中，应根据原料情况，选用某一种或某几种进行组合使用，以保证脱壳工艺效果。

由于粟的粒度小，表面光滑且呈球形，脱壳比稻谷难。在粟的砻谷时，应该对砻谷设备的技术参数和操作方法作相应的调整。例如，使用胶辊砻谷机时，必须加大两辊的线速差，另外快辊的硬度一般要求高于慢辊5度左右，多采用四道砻谷机串联组合、连续脱壳工艺。

（三） 谷壳分离

经砻谷机脱壳后应立即将脱下的粟分离除去，否则会影响下一道脱壳设备的产量和工艺效果，且增加胶耗和动力消耗。

目前常用的谷壳分离方法主要是风选法。因为，粟壳与糙小米及粟三者之间的悬浮速度存在一定差异，选用适当的分离风速可以达到谷壳分离的目的。常用设备有吸风分离器，垂直吸风道等。

（四） 谷糙分离

在砻谷、风选后去壳的砻下物中，不仅有糙小米，还有一定量的未脱壳粟粒。由于这部分未脱壳的粟粒具有表面光滑、摩擦系数小等特点，很难只依靠碾米机的碾削作用，将全部带壳粒的壳皮碾去，因此应对谷糙混合物进行谷糙分离，净糙小米送往碾米机碾白，这样才能有效保证产品的品质和产量。

粟的谷糙分离和稻谷的谷糙分离相似，可以依据粟与糙小米的密度、摩擦系数、弹性、粒度等方面的差异，选用适当的设备进行谷糙分离。常用的谷糙分离设备有谷糙分离平转筛、巴基机等。

（五）碾米

经脱壳及谷糙分离后所得的净糙小米，表面有皮层，食用时会影响蒸煮、口感和消化，需要进行碾米去除皮层。常用的碾米设备有两大类：一类是立式碾米机，另一类是卧式砂辊碾米机。使用第一类碾米机时，通常采用二机出白工艺。当采用 30−5A 双辊碾米机或 NS 型砂辊碾米机时，可采用一机出白工艺，但应使用筛孔更为细密的米筛板。实践证明，采用卧式砂辊米机碾制糙小米时，碾白效果比立式的好。

实际生产中，应考虑原料的工艺品质，合理选择碾米设备和碾米工艺组合，采用适宜而灵活的碾米工艺保证产品质量。

（六）成品整理

经碾白后的成品小米中，往往混有米糠、碎米及少量的粟，这对成品贮藏极为不利，而且影响成品的质量。因此，打包前必须进行成品整理。

成品整理的流程为：

碾白后小米→ 除糠 → 除粟 → 成品分级 → 成品打包

除糠一般可采用吸风分离器或风筛结合型设备，一方面可以达到除糠目的，另一方面可以起到晾米作用。除粟可使用谷糙分离平转筛，选出粟和部分小米回碾米机继续碾白。成品分级就是利用白米分级筛（24 孔/25.4mm），分离除去大部分碎米和糠粉，达到提高产品整齐度的目的。

第四节　豆类加工

一、大豆加工

（一）豆腐

制作豆腐所需要的设备十分简单，即农村一般都有的石磨，大缸、锅、盆。辅助材料有卤水或石膏类。所以，豆腐生产比较容易进行。

1. 工艺流程

豆腐的生产工艺流程见图 8−1。

原料→ 选豆 → 清洗 → 浸泡 → 磨浆 → 过滤 → 煮浆 → 点浆 → 静置 → 上包、成型

图 8−1　豆腐的加工工艺流程

2. 操作要点

（1）选豆　大豆存放期间，由于生命活动而消耗本身的蛋白质，所以陈豆的出浆率低。坏豆、霉豆的混入会影响豆腐的风味和质量。因此要尽量选择新豆、好豆，以提高出浆率和保证质量。

（2）浸豆　浸豆可使豆粒膨胀，蛋白质膜变脆，易于破碎。一般浸豆应掌握水温 5℃浸泡

24h，15～20℃浸泡6～7h，30℃左右浸泡5h。浸豆的水质要清洁，避免混入油、酸、盐、碱等物质。硬度大的水不宜用来做豆腐。天热时要勤换浸豆水，防止发酸。

（3）磨浆　一般是用磨把豆粒粉碎，破坏包裹蛋白质的膜，以利蛋白质浸出。为了使粒度均匀，可以磨两遍。在粉碎中，要边加水边磨，以得到细腻的膏状糊，提高大豆蛋白质的抽提率。磨浆时的加水量相当于干豆质量的5倍左右。

（4）过滤　将磨好的豆浆移入布袋，榨取其汁。滤布孔眼粗细要选择得当，要加水稀释。为消除过滤产生的泡沫，可以将食用油加入到70～80℃左右的温水中搅匀后倒入豆浆中，以便使蛋白质提取干净。滤出的豆渣要反复用水洗3次。

（5）煮浆　豆浆要煮沸腾2～5min，防止溢锅和糊锅。

（6）点浆　通过投加凝固剂而使蛋白质由凝胶态转变成凝固的蛋白质网络而析出。豆腐质量的好坏，得率多少与点浆有很大关系，这是做豆腐的技术关键所在。点浆温度一般控制在75℃左右，即豆浆加热结束后不能马上点浆，而是灭火让其自然冷却。温度高时，豆浆凝固快，组织大小不匀，豆腐有麻窝、空穴、质地粗糙。温度低时，凝固物过于柔软，不易保持形状。一般是用卤水（氯化镁）为凝固剂，一边加凝固剂，一边搅动，开始可以激烈搅动，以后逐渐减慢，出现凝固现象就停止。

（7）静置　点完浆后，要静置一段时间，并注意保温，析出物逐渐连成整体，即豆腐脑，待析出的豆清水不太混浊后就可以上包了。如果静止时间太短，蛋白质凝固物的结构物不牢固，包水性差，豆腐缺乏弹性，出品率较低。生产老豆腐时，要在静置结束后适当划脑，便于上包后排水。

（8）上包　包布要选择孔隙较大，粗壮结实的布料，质地太细，出水性能差；太粗，又容易流出蛋白质凝固体。上包时先以温水洗一下包布，将凝固的豆腐脑包严，按照制品的规格加压成型。上包时的温度以70℃左右比较适宜，在每平方米50kg左右压力下成型2h。

成型后洒上凉水，降低温度，拆开包，这时老嫩适当，不同规格的豆腐就生产出来了。豆腐加工设备见图8-2。

(1)磨浆机　　　　　　(2)浸泡槽　　　　　　(3)煮浆机

图8-2　豆腐加工设备

（二）豆腐皮和豆腐干

豆腐的半脱水制品，含水率为豆腐的40%～50%。加工过程同豆腐，主要区别在于以下方面。

1. 煮浆

豆浆煮好后，再添入20%～25%的水，以降低豆浆浓度，减慢凝固剂的作用速度，使蛋白质凝固物网络的形成变缓，减少水分和可溶物的包裹，以利于压榨时水分排出畅通。

2. 凝固剂

使用卤水较好，点浆时蛋白质凝固物网络的包水较少，豆腐皮持水率低。

3. 划脑

上包前要将豆腐脑划碎，既有利于打破网络放出包水，又能使豆腐脑均匀地摊在包布上，制出的豆腐皮均匀，质地紧密，无厚薄不匀、空隙较多的缺点。

4. 上包

（1）包布长条形，长数丈，一层豆腐脑一层包布包扎紧密。豆腐脑要铺匀，数量根据豆腐皮的厚薄来确定。厚皮可适当多些，但每批厚薄要一致。加压成型 1h 后，拆下包布即得到豆腐皮。

（2）将包布铺在格子板上，板上的格子按所需要的豆腐干的尺寸制定，铺匀豆腐脑，以稍高于格子几毫米包扎好，加压成型 1h 后拆下包布，用刀将豆腐干按格子印割开，即得到豆腐干。

（三）卤制豆制品

卤制豆制品主要有各种豆腐丝和五香豆腐干。根据添加调味辅料情况，有白豆腐丝、五香豆腐丝、甜豆腐丝等。

豆腐干成套加工设备如图 8-3 所示。

白豆腐丝不加任何调味料。五香豆腐丝是白豆腐丝用五香料水煮制的。甜豆腐丝是在五香豆腐丝的基础上加糖。甜辣豆腐丝是加糖，加辣椒面。五香豆腐干是豆腐丝改为豆腐块，制法如五香豆腐丝。卤制豆制品煮制时间不宜过长，一般以 5～10min 为好。

（四）熏制豆制品

熏制豆制品品种很多，除少数熏丝、熏干外，大多制作工艺较细，食用风味浓郁。其中素鸡、素肚和素肠等工艺基本相同。

图 8-3　豆腐干成套加工设备

制作素鸡的原料为干豆腐或干豆腐边角料，按规定投料比例加入五香料水、面碱、味精、葱姜末、酱油，精盐等加热混合搅匀，静置 3～5min。豆腐吸入料液后，将蘸好的干豆腐握紧卷紧，或拌好的豆腐边放在干净的容器内，用干净包布根据规格要求按成结实的长圆形封堵两头，用布带从一头缠绕绑紧，防止松散。

包好的素鸡立即下锅，气压要足，时间要短，一般为 1h。用汽蒸的比用水煮的味道足，但面碱用量由 1% 减为 0.8%。停汽后立即出锅趁热揭包，否则容易黏连破皮，影响成品外观质量。揭包后的素鸡放在竹帘上散热 0～12min 进行改刀，平摊在熏烤用的铁帘上，入炉熏烤 10～15min 即成。出炉后趁热用搅笼机挂油，搅笼不宜装得过满，否则易挂油不均。挂油后摊在竹帘上或案板上风凉，或用吹风机排酸出厂。

若干豆制品原辅料配方如下。

1. 五香豆腐丝

干豆腐 50kg，花椒 75g，大料 75g，盐 1kg，酱油 1.5kg。

2. 熏素鸡、熏素鸡片和熏素肚

干豆腐 50kg，花椒 25g，大料 25g，糖 500g，植物油 500g，碱 500g，味精 150g，盐 1kg，姜 250g，大葱 2kg。

3. 五香熏干

豆腐块 50kg，盐卤 1.5kg，花椒大料各 35g，糖 500g，植物油 1kg，味精 150g，盐 1kg，酱油 2kg，油角、白灰各 1kg。

4. 甜辣干

豆腐块 50kg，盐卤 1.75kg，花椒、大料、桂皮、茴香和丁香各为 25g，糖 2.5kg，植物油 5kg，碱 250g，辣椒面 500g，味精 150g，盐 500g，油角、白灰各 1kg。

（五）豆芽

豆粒生成豆芽后，营养价值进一步提高。以黄豆芽为例，在 25℃ 左右的温度下，经过 3～4d，芽长 1.5 寸时，每 100g 干物质中含抗坏血酸 10～14mg，含钙、核黄素等维生素的量都有很大的增长。豆芽生产简便易行，一个周期仅 5～7d，设备简单，技术易掌握。

豆芽的生产方法如下。

1. 精选豆种

豆种好坏，直接关系到出芽率的高低。应尽量选择当年的豆种，选择时要求豆种颗粒饱满、整齐，剔除瘪豆，虫咬、霉变。

2. 浸泡

浸种能促进种子萌芽，提高发芽率。将选好的豆种泡入 16～22℃ 清水中，冬季最好用温水，夏季气温高时要注意换水。浸泡到豆粒表面无皱皮时捞出，浸水后豆种的体积约为原来的 2 倍。

3. 铺床

把浸泡好的豆种放入干净的容器中，如缸、盆、箩筐、木箱、木桶之中。器皿底部要有放水的地方，下面垫上草秸以防放水时冲走豆粒。也可以平摊在干净的河沙上。豆层不宜太厚，以免影响空气流通妨碍豆芽生长。一般按 1kg 黄豆 6kg 芽、1kg 绿豆生 8kg 芽计算其体积。豆子上面盖上草帘或其他保水物品，防止水分蒸发过多和淋水时冲断芽根。

4. 管理

生芽的最适宜温度是 18～22℃ 左右，最高不要超过 32℃。淋水可根据气温灵活掌握，夏天每天至少 8 次、冬天 5 次，水温和室温不要相差太大。为了使豆芽生的粗壮，芽发到 1cm 左右时，在豆芽上盖一层草帘，再盖大木板，压上砖，以后逐渐增加压力，这样生出的豆芽白壮粗短。

5. 收获

黄豆芽梗长 8～10cm，绿豆芽梗长 6～9cm 时即可收获，这时老嫩适口，维生素含量较多。豆芽生产设备见图 8-4。

二、蚕豆加工

蚕豆子粒含有大量蛋白质，平均含量 27.6%，有的品种可高达 34.5%，是豆类中仅次于大豆、四棱豆和羽扇豆的高蛋白作物。蚕豆种子不仅蛋白质含量高，而且蛋白质中氨基酸种类齐全，包括人体中不能合成的 8 种必需氨基酸，所以蚕豆被认为是植物蛋白质的重要来源。蚕豆

(1) 育芽设备

(2) 新型环保豆芽机

图 8 - 4 豆芽生产设备

中维生素含量均超过大米和小麦。

蚕豆营养丰富，食用方法多样。既可作主食，又可作副食。根据加工方法和食用要求，加工产品可分为炒类（如盐炒、沙炒、土炒蚕豆、油炸兰花豆、五香豆、怪味豆等）、酿造类（如酱油、甜酱、豆瓣酱等）、淀粉类（如粉丝、粉皮和凉粉等）。

（一）油炸蚕豆

1. 工艺流程

原料清理分级 → 精选蚕豆 → 浸泡 → 切割脱皮 → 离心脱水 → 油炸 → 离心脱油 → 调味 → 成品

2. 操作要点

（1）选择子粒丰满、形状大小均一、无霉变的蚕豆、去除杂质、黄板、小粒和并肩粒，除去泥灰和淘去瘪粒，并清洗干净后按大小分级。

（2）将预处理后的蚕豆在室温下浸泡 30h 左右，以蚕豆即将发芽，易剥皮时为宜。

（3）将浸泡好的蚕豆捞出后，沿轴向切口，油炸后即成兰花豆。也可用双辊胶筒脱皮机脱皮，分离皮壳后的豆瓣入水浸洗。

（4）经以上工序处理后的蚕豆瓣用离心机脱水。

（5）将脱水处理后的蚕豆瓣用饱和度较高的精炼植物油或氢化油在 180 ~ 190℃，油炸6 ~ 8min（实际生产中，油炸时间与批量、油温等参数有关），以成品酥脆为宜。

（6）用离心机脱去油炸后的蚕豆瓣表面的附油。

（7）根据需要，加入粉末调味料，拌匀。

（8）成品冷却至室温时，称量包装。

3. 质量指标

水分 4.8%、粗蛋白 29%、粗脂肪 14.1%。

（二）怪味蚕豆

1. 配方

蚕豆 1500g、白砂糖 75g、饴糖 17.5g、熟芝麻 5g、辣椒 0.75g、花椒粉 0.75g、五香粉 0.2g、甜酱 10g、味精 0.5g、精盐 0.2g、白矾 175g、素油 50g。

2. 工艺流程

原辅料处理 → 油炸 → 调味 → 包糖衣 → 冷却 → 包装

3. 操作要点

（1）原辅料处理 选择子粒完好，无霉变无虫蛀的蚕豆、清理除杂后，淘洗干净，用清水浸泡 30h 左右，取出后剥去外壳，然后放入白矾水中浸泡 3～10h，取出漂洗干净、沥干水分，备用。白砂糖、饴糖加 100g 水溶化后，过滤，备用。

（2）油炸　将素油放锅内，用旺火加热至沸，然后将处理好的蚕豆分批放入油炸，炸至蚕豆酥脆时即可取出。

（3）调味　将素油先放入锅内加热，待油热后，放入甜酱、五香粉、味精、盐等拌均匀，再将炸好的蚕豆倒入酱料中，搅拌上味。

（4）包糖衣　另取一干净的锅，将溶化好的糖液倒入、加火熬至 115℃ 后；将糖水慢慢地浇在拌好调味料的蚕豆上，边浇边翻动，使蚕豆外层都均匀地淋上糖衣。

（5）冷却、包装　上好糖衣的蚕豆，自然冷却至室温，立即包装。

三、豌豆加工

豌豆富含蛋白质、碳水化合物、矿质营养元素等，具有较全面而均衡的营养。豌豆子粒由种皮、子叶和胚构成。其中干豌豆子叶中所含的蛋白质、脂肪、碳水化合物和矿质营养分别占子粒中这些营养成分总量的 96%、90%、77% 和 89%。胚虽富含蛋白质和矿质元素，但在子粒中所占的比重极小。种皮中包含了种子中大部分不能被消化利用的碳水化合物，其中钙磷的含量也较多。

干豌豆子粒蛋白质含量为 16.21%～34.50%，干豌豆蛋白质含量的平均值为 24.84%。豌豆干子粒中含有的 60% 的碳水化合物，其中包括淀粉、糖类和粗纤维，还含有约 2% 的脂肪。

皱粒豌豆含半纤维素较多，而圆粒豌豆含量较少。豌豆的粗纤维主要集中在种皮中，种皮质量约占种子质量的 8.22%，其中含有整个种子中 55.2% 的纤维素和 23.1% 的半纤维素。粗纤维是不能被人类的肠胃消化的，因而被认为是膳食组成中最不重要的成分，其中的纤维素最难消化而且还会影响其他营养成分特别是蛋白质的利用。然而在西方发达国家的膳食中，膳食纤维的重要性近年来已得到公认，因其可刺激肠胃蠕动。

据测定，豌豆子粒中脂肪含量为 1.1%～2.8%，其中绝大部分以油的状态存在。种皮中脂肪含量极少，子叶中所含脂肪约占整个子粒脂肪含量的 90%，胚中脂肪含量很高，但因其分量极小，故所占份额有限。较高的脂肪含量往往与皱粒性状有关联。有研究表明，豌豆子粒中的脂肪酸含量中的 60% 为不饱和脂肪酸。

干豌豆子粒中富含维生素 B_1、维生素 B_2 和烟酸。豌豆干子粒中矿质元素的总含量约为 2.5%，是优质的钾、铁、磷等矿质营养源。

青豌豆可食部分达 100%，软荚豌豆的嫩荚可食部分为 90%～95%。青豌豆和软荚豌豆的嫩荚除含有丰富的蛋白质、碳水化合物和脂肪等营养物外，还含有丰富的维生素和矿物质营养物，是优质的蔬菜。

豌豆加工以油炸豌豆为例。

1. 配方

豌豆 2500g、食盐 200g、味精 0.75g、胡椒粉 1.25g。

2. 工艺流程

原料选择 → 浸泡 → 脱水 → 油炸 → 脱油 → 调味 → 成品

3. 操作要点

（1）原料选择　选用子粒饱满，大小均一，无霉损的豌豆，清除杂质，清洗干净。

（2）浸泡　将处理好的豌豆在室温下用清水浸泡 6h 左右，以豆粒充分吸水膨胀为宜。

（3）油炸　将泡好的豌豆沥干脱水后，放入油锅内炸 10～12min，豌豆粒裂开为宜。

（4）脱油　将油炸好的豌豆粒离心脱油，除去表面及裂口内的油。

（5）调味　按配方比例将食油、味精、胡椒粉混合均匀，撒在豆粒上，搅拌均匀。

（6）冷却、包装　将调好味的豌豆自然冷却至室温，用塑料复合膜包装。

四、绿豆加工

绿豆营养丰富；其子粒中含有蛋白质 22%～26%，是小麦而粉的 2.3 倍，小米的 2.7 倍，玉米面的 3.0 倍，大米的 3.2 倍，甘薯面的 4.6 倍。其中球蛋白 53.5%，清蛋白 15.3%，谷蛋白 13.7%，醇溶蛋白 1.0%。在绿豆蛋白质中，人体所必需的 8 种氨基酸的容量在 0.24%～2.0%，是禾谷类的 2～5 倍。绿豆子粒中含淀粉 50% 左右，仅次于禾谷类，其中直链淀粉 29%、支链淀粉 71%。绿豆中纤维素含量较高，一般在 3%～4%，而禾谷类只有 1%～2%，水产和畜禽类则不含纤维素。绿豆中脂肪含量较低，一般在 1% 以下，主要是软脂酸、亚油酸和亚麻酸。另外绿豆还含有丰富的维生素、矿物质等营养素。其中维生素是鸡肉的 17.5 倍；维生素 B_2 是禾谷类的 2～4 倍，且高于猪肉、牛奶、鸡肉、鱼；钙是禾谷类的 4 倍，是鸡肉的 7 倍；铁是鸡肉的 4 倍；磷是禾谷类及猪肉、鸡肉、鱼、鸡蛋的 2 倍。

绿豆芽中含有丰富的蛋白质、综合性矿物质、维生素及一些具有特殊营养和保护作用的物质。每 100g 干物质中含有：蛋白质 27～35g，人体所必需的氨基酸 0.3～2.1g；钾 981.7～1228.1mg、镁 96.7～150mg、磷 450mg、铁 5.5～6.4mg、铜 1.5～2.1mg、锌 5.9mg、锰 1.28mg、硒 0.04mg、维生素 C 18～23mg，以萌发后第二天含量最高。试验证明在豆芽生产过程中蛋白质、氨基酸及钾、磷、镁、铜等含量都有所增加，而植酸含量和蛋白酶抑制剂活性显著降低。

绿豆系高蛋白、中淀粉、低脂肪、医食同源作物，并含有多种维生素和矿物质元素，是植物蛋白质的重要来源。另外，绿豆适口性好，易消化，加工技术简便，是人们喜爱的饮食加工原料，被誉为"绿色珍珠"。长期以来，我国人民一直把它作为防暑健身佳品，在环保、航空、航海、高温及有毒作业场所被广泛应用。在炎热的盛夏，绿豆汤是传统的家庭必备清凉饮料。绿豆粥、各种绿豆面条、绿豆沙、绿豆糕、各色绿豆点心等，都是物美价廉的风味小吃。凉爽清香的绿豆凉粉也备受人们青睐。绿豆冷饮、冰棒更是暑期的大众消暑食品。绿豆粉皮，薄如绵纸，是国内外市场俏品。绿豆粉丝，色如白发，入水即软，久煮不化，爽滑可口，柔韧耐嚼，畅销国内外。绿豆还是酿造名酒的好原料，如四川泸州的"绿豆大曲"颜色碧绿、晶莹透明、醇香甜润，是酒中佳品；安徽的"明绿液"、山西及江苏的"绿豆烧"、河南的"绿豆大曲"等，酒质香醇，独具风味，深受国内外消费者欢迎。绿豆芽营养丰富，美味可口，清洁卫生，且生长期短，加工工艺简便，无论在工厂或家庭，一年四季均可生产，既可充当新鲜饭菜，又可冷冻或制作罐头。它不仅畅销国内市场，近年来在亚洲及欧美也极为盛行。

绿豆属清热解毒类食物，具有消炎杀菌、促进吞噬功能等药理作用。在其子实和水煎液中含有生物碱、香素、植物固醇等生物活性物质，对人类和动物的生理代谢活动具有重要的促进作用。绿豆衣中含有 0.05% 左右的单宁物质，能凝固微生物原生质，故有抗菌、保护创面和局部止血作用。另外单宁具有收敛性，能与重金属结合生成沉淀，进而起到解毒作用。

绿豆用途广，经济价值高，其原料和制品深受消费者欢迎。它不仅是人们生活中不可缺少的食品，也是我国重要的出口物资。出口原料以大粒、种皮碧绿有光泽、适合发豆芽的豆子为主。近年来随着我国绿豆生产的发展，绿豆的出口量逐年增加，日本、美国、加拿大、澳大利亚及一些亚洲、欧美地区国家的客商纷纷前来洽谈绿豆生意。我国的绿豆粉丝，特别是龙口粉丝，誉满全球，畅销50多个国家和地区。绿豆粉皮、绿豆酒、绿豆糕点等饮食品驰名南北城乡，以大城市和南方各省销量最大，并进入国际市场。绿豆作为我国传统农副产品，载誉海内外，其经济价值不断提高，已成为广大农民致富的辅助性经济作物。

（一）绿豆淀粉

1. 工艺流程

绿豆→选豆→烫泡→磨浆→过滤→分离→干燥→成品

2. 操作要点

（1）烫泡　将经过挑选的绿豆洗净，去除杂质，先用开水烫一下，再放入35～45℃的温水中浸泡6～10h，直到用手捏挤时豆皮能剥离、豆肉也易粉碎时为止。水温用添加冷、热水调节。

（2）磨浆　在浸泡好的豆子中加水4～5倍进行磨浆。加水时要均匀，使粉碎的颗粒大小一致。

（3）过滤　用80目以上的筛子过滤，使淀粉乳与豆皮、豆渣分离。过滤时，可加入少量食用油搅拌，以除去泡沫。豆渣滤出后要用水冲洗3～4遍，以全部回收其中的淀粉。

（4）分离　因淀粉乳是淀粉、蛋白质与水的混合物，它们比重不同，故可利用沉淀方法加以分离。淀粉沉于容器底部后，将上层含蛋白质的水放出，再加入清水进行二次沉淀，即得淀粉。

（5）干燥　将容器上部的水放走后，取出淀粉糊用滤布滤去水分，晒（烘）干即可。

（二）绿豆粉丝

绿豆粉丝细滑强韧、光高透明，为粉丝中佳品，备受人们青睐。

1. 工艺流程

原料浸泡→清除杂质→磨制、浆渣分离→淀粉分离→作面→漏丝→拉锅→理粉→晾晒→成品包装

2. 操作要点

（1）浸泡　为了便于淀粉与其他成分的分离，磨浆前需对绿豆进行浸泡。同时可以起到清洗表面，软化组织，去除可溶物，分散蛋白质网络的作用。

（2）清除杂质　俗称清杂，就是把原料中的砂石、草棍等杂质清除出去，以免影响产品质量和发生生产过程的机械损伤。清杂一般用电动平筛进行，电机一般控制在110～130r/min的范围内。

（3）磨浆　捞出的绿豆要马上磨浆，放的时间一长就要发芽，一部分淀粉发生转化而影响淀粉的提取率。磨浆就是把浸泡好的绿豆进行细胞组织破碎，使淀粉颗粒从细胞组织中游离出来，以便于提取。磨浆设备主要有石磨、锤式粉碎机、砂轮磨、针磨等。粉碎机的转速为4000r/min，筛子直径尺寸在1.0～1.2mm。

（4）淀粉分离－沉淀　沉淀是制作粉丝提取淀粉的重要工序。主要包括第1次沉淀、第2次沉淀、过筛、第3次沉淀、提取黑粉及粉浆处理等环节。本工序不仅操作复杂，而且时间性、技术性要求特别强，必须安排有经验的工人精心操作。粗淀粉乳中，除了水以外，主要是淀粉、细渣和蛋白质，利用淀粉、细渣和蛋白质等在水中的密度不同，将淀粉与其他物质分离开。但

由于淀粉颗粒的密度约为 $1.6g/cm^3$，而蛋白质和细渣的密度为 $1.2g/cm^3$ 左右，两者沉降速度差别较小。特别是一些淀粉与细渣、蛋白质吸附在一起，如果靠自然沉降分离则需要很长的时间，才能得到很好的分离，这样沉淀时，不仅需要的时间很长，而且沉淀物中是淀粉、细渣和部分蛋白质的混合物。

（5）打糊　打糊是制作粉丝的关键工序，用糊的多少和打糊的质量，不仅关系到漏粉时能否漏出，断不断头，而且关系到晒干的粉丝韧性大小和亮度、光洁度，所以应精心操作。

（6）作面　即用打好的糊把淀粉合成能漏粉丝的面子。主要有人工作面和机械作面两种。

（7）漏丝　从面缸中捧出一块面团，放入漏瓢中并用手轻轻拍打面团，使其漏成粉条。待粉条粗细一致时，将瓢迅速移到水锅的上方，对准锅心。瓢底与水面的距离决定了粉丝的粗细，一般 50cm 为宜。漏粉时锅中的水温须维持在 95~97℃。当漏瓢中的面团漏到 1/3 时，应及时添加面团。

（8）拉锅　用长竹筷将锅中上浮的粉丝，依次拉到装有冷水的拉锅盆中，再顺手引入装有冷水的理粉缸中。

（9）理粉　将粉缸中的水粉丝清理成束，围绕成团，然后穿上竹竿，挂在木架上，把水粉丝理直整平，挂约 2h，待粉丝内部完全冷却以后，再从架上取下，泡入清水缸中浸泡过夜，第二天取出晾干。

（10）晾晒　水粉丝取出后在微风、弱光下晾晒 2~3d，待水分含量降至 16% 时，便可进行整理包装。切忌在烈日下曝晒或严寒冰冻。

（三）绿豆饮料

绿豆具有清热解毒，清暑解渴等功效。绿豆汤、绿豆茶早已成为人们家庭必备的清凉饮料。为满足广大消费者需要，采用先进的工艺技术生产的绿豆饮料备受人们欢迎。

1. 原料选择

绿豆、白砂糖、柠檬酸、山梨酸钾、淀粉酶和中性蛋白酶等各适量。

2. 制作方法

（1）选料　选用优质绿豆，除去虫蛀、霉粒及其他杂物，洗净备用。

（2）蒸煮　在提取罐内加入干豆量 5~6 倍水，开锅后投入洗净的绿豆。在 2 个大气压条件下蒸煮至豆粒膨胀而不破皮为宜。

（3）分离过滤　用泵将豆汁抽出，经纱布过滤。

（4）加酶处理　在豆汁中加入适量的淀粉酶和中性蛋白酶，处理 2h，使豆汁中的淀粉和蛋白质分解，然后过滤，静止澄清。

（5）配料装罐　绿豆原汁制成后，可根据需要配制成不同种类的产品。

①瓶装绿豆汁饮料：将原汁加水稀释 1~2 倍，加糖调好酸度，然后灌装密封、灭菌，检验合格后装箱。为了加强绿豆的医疗保健作用，可加入适量的中草药汁液。

②软包装绿豆汁饮料：将未经酶处理的绿豆原汁，加适量白糖，调味后装入塑铝复合袋（盒）中，在 80℃ 水浴锅中灭菌 1h。

③绿豆浓缩原浆　为了便于贮存、外运和多分厂生产，可将原汁投入真空浓缩罐中。在 660~700mmHg，46~53℃ 条件下浓缩到所需要的浓度，将浓缩液放出装箱，高温灭菌。

第五节 花生加工

一、花生概述

花生又名落花生，原产于南美洲一带，世界上栽培花生的国家有 100 多个，亚洲最为普遍，是高蛋白油料作物，蛋白质含量可高达 30% 左右，含油量一般为 46% ~ 50%，出油率可以达到 40%。花生的果实为荚果，通常分为大、中、小 3 种，形状有蚕茧形，串珠形和曲棍形。蚕茧形的荚果多具有种子 2 粒，串珠形和曲棍形的荚果，一般都具有种子 3 粒以上。果壳的颜色多为黄白色，也有黄褐色、褐色或黄色的，这与花生的品种及土质有关。花生果壳内的种子通称为花生米或花生仁，由种皮、子叶和胚 3 部分组成。种皮的颜色为淡褐色或浅红色。种皮内为两片子叶，呈乳白色或象牙色。

我国栽培的花生，按照子粒的大小来分，有大粒花生和小粒花生两种；按照植株生长的形态来分，有丛生（直立）、蔓生（爬蔓）和半蔓生（中间型）3 种。

二、花生加工产品类型

花生的加工产品有花生油、花生蛋白、烤花生果、烤花生仁、脱脂花生仁、花生酱、花生糖果（如蜂蜜香酥花生、鱼皮花生）、花生饮料（花生冰淇淋、花生奶）等 40 多种产品，用途极为多样。

（1）花生油系列 花生脱壳后可以榨油。我国有些地方也有不脱壳榨油的（这种方法限制了饼粕的利用）。花生油是优质植物油，通过精炼可以制作高级烹调油、人造奶油、色拉油、调和油等。

（2）花生糖果食品系列 脱皮花生仁可以制作豆果子、花生酥、板糖果、酥心糖、甘纳豆等。

（3）花生蛋白系列 花生仁可通过低温浸出粕水法制取蛋白粉，由此生产出浓缩蛋白、分离蛋白等；通过压榨和高温浸出饼粕可生产出组织蛋白、豆腐、饲料等。

（4）直接食用的花生 花生果、花生仁可直接炒食，生食等。鲜食菜用花生也是一种消费形式，有扩大的趋势。

（5）花生副产品加工系列 花生壳可生产出食用纤维、酱油、纤维板、黏合剂、木糖醇、葡萄糖、活性炭、饲料、肥料等，花生种皮（红衣）可以制药。

三、花生产品加工

（一）花生酱加工

花生酱是以花生仁为原料，经烘烤、脱皮、碾磨而成的一种糊状食品。

1. 花生酱的生产工艺流程

花生仁→烘烤→冷却→去种皮→过筛→挑选→初磨→精磨→均质→装罐→冷冻→保存

2. 操作要点

（1）烘烤　花生本身要加热到160℃左右，烘烤时间要看烘烤量而定，一般保持160℃、40～60min。烘烤程度必须均匀，花生仁从里到外的颜色必须一致，不能烤焦，也不能烤出过多的油脂。

（2）冷却　花生仁烤到一定的火候时，要迅速出料，立即摊晾或吹冷风冷却。

（3）过筛　花生去掉种皮后，要过筛将子叶和胚芽分开。

（4）磨浆　第一次粗磨磨成中等细度，第二次细磨，磨成精细滑爽的成品。在第二次磨浆时，同时加入糖或盐及维生素E。

（5）均质化　在有夹套的搅拌罐里，加热花生酱至60～70℃，加入单甘酯、大豆蛋白粉混合均匀。为防止油脂分离，还可加入适量氢化花生油。

（6）冷冻　装罐后在低温下静置，待整体结晶完成后，才能搬动。

（二）鱼皮花生加工

1. 原料

花生仁19.5kg，面粉26.2kg，食糖9kg，怡糖1.35kg，酱油2.3kg，生油2.5kg，糖精7g，味精29g，食盐183g，酵母50g。

2. 制法

将食糖和食盐加水溶化，再加入饴糖熬成糖浆。冷却后，加入用温水化开的鲜酵母和面粉搅拌成浆，倒入陶缸或不锈钢容器中发酵，缸口加盖，以防混入灰尘。待浆液有气泡产生，即可用来上衣。将花生仁倒入旋锅中，启动电机，旋锅迅速自转，花生在旋锅中滚动。舀1勺浆液缓慢倒入旋锅，待花生仁表面沾满浆液后，倒入一点面粉，花生仁表面沾上第一层糖衣，再舀入1勺浆液，浆液沾满花生后，再倒入一层面粉，反复多次，使花生仁表面浆液逐步加厚。将浆液全部上完后，再将花生坯倒入另一旋锅内抛光，使花生坯表面光滑，手指捏之没有凹痕，即可出锅。将其放在木盘上摊开晾干。将晾干的花生坯放入筒形铁丝笼中，笼中有轴，通过皮带与电机相连，笼的下面是烤炉。开启电机，铁丝笼快速转动，花生仁在笼内转动受热变热。一般每笼约烘烤45min。烤熟的鱼皮花生表面微黄，内层花生呈象牙色。将上述原料中的酱油、糖精，加水2kg，煮沸后加入适量味精，调匀即成味料。将烤熟的鱼皮花生倒入锅中，加入已调配好的味料，快速铲拌均匀。然后倒入大铁篮中，用风扇冷却后拌油便得成品。

（三）琥珀花生加工

1. 原料

花生米、白砂糖、饴糖。

2. 制法

用等量的花生米和白砂糖，加少量水共煮，并不断搅拌，使水分逐渐蒸发，当糖液达到饱和，部分砂糖开始结晶，花生米周围形成一层带有部分糖液和部分结晶砂糖时，加入少量饴糖，搅拌均匀，即成光亮的琥珀花生。

（四）花生糖加工

1. 原料

炒熟去衣花生米750g，麦芽糖175g，猪油100g。

2. 制法

锅里倒入白砂糖和麦芽糖，加少量水，熬制 15~30min，待糖熔化，水分蒸发，糖浆较稠时，用木棒搅拌，等熬至恰到好处（挑起糖浆滴入凉水碗中冷却，一咬便脆，如黏牙不脆，再熬几分钟后再试），放入猪油，加入花生米，待花生米入锅后，锅子要离炉搅拌均匀，迅速倒入事先准备好的盘内压平，趁热切成条或块（可在刀刃上抹点油，以防黏刀），冷却后即可食用。

（五）花生粘加工

1. 原料

花生米、白砂糖、柠檬酸。

2. 制法

将花生米炒熟，放入转筒备用。将白砂糖以少量水溶化，并加柠檬酸少许（以防糖液返砂），熬到 150℃ 左右时，即将糖液逐渐淋入转筒内，使糖液均匀地挂在花生米上，返砂后就形成细小晶粒的白色糖衣，即成为糖衣薄而均匀，色泽洁白，口味香、甜、脆的花生粘。

🔍 **思考题**

1. 高粱含有哪些主要营养成分？
2. 简述高粱醋的生产方法。
3. 小米中可以分离出哪些功能成分？
4. 简述五香卤豆干工艺流程和操作要点。
5. 简述花生酱加工工艺流程和操作要点。
6. 简述鱼皮花生加工要点。

第九章

粮油加工副产品综合利用

第一节　稻谷加工副产品综合利用

我国是世界上最大的稻米生产国和稻米消费国，每年产稻谷约 1.95 亿吨，占全国粮食总产量的 42%，占世界稻谷总产量的 30% 左右。碾米时产出的副产品稻壳年产量 3000 万～3400 万吨，米糠约 1000 万吨，碎米 1850 万～3000 万吨。由于我国的稻米产量大，加工中的副产品（主要有稻壳、米糠和碎米）十分可观。这些丰富的资源如何加以合理利用，造福人民，一直是我国粮油科技人员和碾米行业关注的问题。

一、稻壳的综合利用

（一）稻壳作能源

稻壳可燃物达 70% 以上，稻壳发热量为 12560～15070kJ/kg，约为标准煤的一半，是一种既方便又廉价的能源，特别是在碾米厂，在获得了能源的同时又处理了稻壳。由于稻壳作为能量资源是可更新的，也就显得更有吸引力。

1. 稻壳发电

稻壳发电是利用在粮食加工过程中将产生的废弃稻壳为原料，在煤气发生炉中燃烧产生煤气，净化为纯净气体后再送入发电机燃烧做功，带动发电机发电。稻壳发电技术主要有稻壳煤气发电和稻壳蒸汽发电两种技术。

2. 稻壳作为锅炉燃料

用稻壳作为锅炉的燃料，用于产生蒸汽，为发动机提供动力以至发电，这是稻壳作为能源的又一重要途径。燃烧 1kg 稻壳可以产生 2.4～2.7kg 蒸汽，平均 15kg 左右的稻壳就能产生加工 100kg 稻谷成为白米所需的动力。

（二）稻壳板

稻壳板是以稻壳为原料，采用合成树脂为胶黏剂，经混合热压形成的一种板材。利用稻壳压制板材是稻壳的又一重要用途。

稻壳板制造工艺简单，设备投资少，稻壳价格低廉，经济效益好，0.9t 稻壳原料能生产 1m³ 板材。稻壳纤维虽短，但坚韧耐腐，抗虫蚀，导热性低，弹性强，耐压耐磨。稻壳板可制成包装箱、家具等，如进行二次加工贴微薄木、贴纸和塑料贴面板材，其用途更加广泛。

（三）压缩－炭化稻壳块

炭化稻壳是在稻壳炭化炉中经控制燃烧后获得的一种黑色闪光的颗粒状粗粉。由于它具有良好的吸热特性和绝缘特性，作为炼铁和炼钢工业中的绝缘和抗结渣方面的保温材料已在国内外大量推广应用。压缩稻壳块及压缩炭化稻壳块，可充分发挥它的绝缘保温性能。它不仅能用作保温材料，也可作为燃料如制造活性炭等。

（四）稻壳灰联产水玻璃、白炭黑和活性炭

稻壳灰也就是稻壳经过炭化以后的产物。用稻壳灰联产水玻璃、白炭黑和活性炭，具有原料丰富、设备简单和经济合理的优点。稻壳既是燃料，利用后的灰渣是制水玻璃的廉价原料，除硅后的滤渣又是制造活性炭的优良原料。稻壳干馏后的固体灰渣 1t 可制得水玻璃 2t、粉状活性炭 0.35t。水玻璃的半成品不仅可以制白炭黑，也可制钠 A 型沸石、硅胶及硅溶胶等化工系列产品。整个生产过程几乎没有一样是废物，不存在环境污染问题。

（五）稻壳制一次性餐具

以稻壳、麦壳等为主要原料，经过粉碎、混合、制片、成型、固化、表面喷涂等工序，制得的一次性餐具安全、无毒、可降解、成本低、表面光洁、外形美观，完全可以取代造成严重"白色污染"的塑料餐具，具有很大的市场推广前景。

二、 米糠的综合利用

（一）米糠制油

米糠中粗脂肪的质量分数为 15%~20%，可采用压榨法和溶剂浸出法从米糠中得到液体米糠毛油和固体脱脂米糠饼（粕）（见第五章）。米糠毛油经脱胶、脱色、脱臭等工序精炼后即得精制米糠油。精炼过程中的副产物为皂脚、蜡糊、脱臭浮沫油等，可以作为油脂化工基本原料加以综合利用。米糠油所含脂肪酸的质量分数饱和脂肪酸为 15%~20%，不饱和脂肪酸为 80%~85%。组成（质量分数）为棕榈油（C16：0）26%~35%，还含有蛋白质和纤维素等成分。

米糠油中含量很高的不饱和脂肪酸，可以改变胆固醇在人体内的分布情况，减少胆固醇在血管壁上过高的沉积，用于防治心血管病、高脂血症及动脉硬化症等疾病。米糠油中含有维生素 E、角鲨烯、三烯生育酚、谷甾醇、植物甾醇和磷脂等成分，对于调整人体生理功能、健脑益智、消炎抗毒、延缓衰老都具有显著的作用。因此，米糠油不仅是一种营养丰富的食用油，而且也是一种天然绿色的健康型油脂。

米糠油也是一种用途广泛的油脂化工原料，可以进行深加工开发利用，可生产表面活性剂、化妆品、香料、食品添加剂和皮革化学品等多种精细加工产品。

（二）米糠精炼皂脚的利用

米糠毛油的酸值一般都比较高，每克毛油含 KOH 15~20mg，需要通过碱炼脱酸将酸价降到 1mg 以下才能食用。通常用氢氧化钠稀溶液进行化学脱酸，米糠油碱炼后的皂脚，主要由脂肪酸钠、中性油、水分及少量类脂物组成。以下分别介绍米糠精炼皂脚的利用。

1. 米糠油皂脚制肥皂

米糠油皂脚中脂肪酸钠（肥皂）的质量分数为 40% 以上，还有中性油，这些都是制取肥皂的原料。但米糠油皂脚中含有叶绿素和叶红素；如不加以处理，则制成的肥皂颜色发暗，影响外观。故制造肥皂时先将皂脚进行漂析，然后再掺入硬化油或松香制成皂基。

2. 制取游离脂肪酸

米糠油中的游离脂肪酸被碱中和产生的皂脚，经补充皂化、酸分解、水洗、干燥和蒸馏等工序，可以得到米糠油脂肪酸（又称植物脂肪酸）谷维素和不皂化物馏分。混合脂肪酸经蒸馏分离后可以得到油酸、亚油酸和硬脂酸等产物。

3. 脂肪酸衍生物

脂肪酸经成盐或酯化后，又可得到一系列衍生物，如亚油酸乙酯、环氧十八酸丁酯、皂化油、硬脂酸钡、硬脂酸锌以及土面增温剂、卤素吸收剂和光稳定剂（HB）和型沙胶黏剂等。硬脂酸锌可用作化妆品中的粉底原料、聚氯乙烯塑料的稳定剂和苯乙烯树脂的脱模剂，在橡胶工业中用作胶料的软化剂和隔离剂等。HB 稳定剂作卤素吸收剂和光稳定剂。脂肪酸还可用于合成二聚酸及其衍生物。

4. 制取二元酸

米糠油皂脚脂肪酸中油酸和亚油酸的质量分数为 70% ~ 85%，它们经臭氧、热分解后可得壬二酸等产品，是稀缺的癸二酸的代用品，可用于生产增塑剂、聚酯树脂和人造纤维等。

（三）不皂化物的利用

不皂化物是植物油脂的重要伴随物，它包括甾醇、三萜醇和三萜烯醇、烃类、脂肪醇、生育酚和色素等。在油脂脱胶、脱酸、脱色、脱臭、脱蜡时，不皂化物随着油脚、皂脚、脱色废白土、脱臭馏出物、蜡及固体脂等进入下脚料。不皂化物常用来提取谷维素、谷甾醇和维生素 E。

1. 谷维素

一般米糠油中谷维素的质量分数为 2% ~ 3%，谷维素主要是由环木菠萝醇类阿魏酸酯及部分甾醇类阿魏酸酯组成的，其中环木菠萝醇类阿魏酸酯的质量分数为 75% ~ 80%。近年来，谷维素的应用范围不断扩大，已遍及医药、食品、化妆品等行业。谷维素可用于周期性精神病、经前期紧张症、妇女更年期综合征、血管性头疼以及植物神经功能失调等；谷维素还有降低血清胆固醇和促进动物成长的作用；谷维素可作为食品（月饼、香肠等）的抗氧化添加剂。谷维素对皮肤能起到营养、滋润、防裂、抗冻、吸收紫外线、阻止皮肤脂质老化以及保持溶质媒体的稳定性功能。谷维素可添加到洗净的皂或膏中，能形成稳定的保护膜。其他还有谷维素光泽化妆品、谷维素防晒霜、谷维素指甲油及谷维素口红等，加入谷维素能有效地阻止红斑和黑素沉着。

2. 谷甾醇

谷甾醇在米糠油中的质量分数为 1.8% ~ 3.2%，谷甾醇在医药工业和日用化妆品工业中有较广的用途。谷甾醇可以用于合成甾类激素和维生素 D_3。米糠油和玉米甾油可降低人体血清胆固醇，防止冠状动脉粥样硬化，它常用作皮肤组织促进剂、抗炎剂、伤口愈合剂和非离子乳化剂；它常以衍生物的形式如乙氧基化合物、多糖和硫酸酯等作为化妆品的乳化剂和调节剂，它还可作为皮肤组织再生促进剂、头发生长促进剂；甾醇具有抗紫外线和防止色素沉积的功能，可用作化妆品的抗氧化添加剂。

3. 生育酚

生育酚又称油溶性维生素 E。生育酚除了具有维生素 E 的作用外，还能起节省维生素 A 的作用。人体内缺乏生育酚时会引起肌肉萎缩、不育和流产等症。生育酚可用于治疗牙周炎、天疱疹和厚皮病等，与亚油酸配合使用，可以防止和治疗动脉硬化、脂肪肝、高胆固醇血症等，还具有改善动物的生殖机能、提高繁殖力的作用。可以用作油脂和需经加热保存的食品及人造奶油等的抗氧化剂，也可以在化妆品中用作抗氧化剂，并且用量很大。

（四）米糠蛋白

脱脂米糠（或称米糠粕）中含有 20% 左右的蛋白质，可用来进一步开发米糠蛋白。米糠中的蛋白质主要是清蛋白和球蛋白，其次是谷蛋白和醇溶蛋白，这四种蛋白质的比例大致为 37∶36∶22∶5。米糠中的可溶性蛋白质约占 70%，与大豆蛋白接近。米糠蛋白的必需氨基酸完全，氨基酸组成更接近 FAO/WHO 的推荐模式；赖氨酸含量比大米胚乳、小麦面粉以及其他谷物中的都要高，生物效价［蛋白质功效比值（PER）为 2.0 ~ 2.5］与牛奶中的酪蛋白相近（PER 为 2.5），消化率达 90% 以上，是一种营养价值很高的植物蛋白。在米糠蛋白的提取中，最常用的是碱法提取，提取时要注意避免碱液浓度过高。米糠经挤压及脱脂处理后，蛋白质有较大程度的变性，利用蛋白酶的水解作用可增加蛋白质的溶解度。另外，米糠中含有大量纤维素、半纤维素等细胞壁组分，利用纤维素酶和复合糖酶可将米糠蛋白的得率从 25% 提高到 54%。

（五）膳食纤维、米糠多糖

米糠中存在着多种类型的多糖，可分为水溶性米糠多糖和碱溶性米糠多糖两大类。直接采用水溶液提取的是水溶性米糠多糖。碱溶性米糠多糖又可分为 A 族半纤维素和 B 族半纤维素，采用一定浓度的碱溶液进行提取后离心所得上清液回调中性后所得的可溶性部分通常称为 B 族半纤维素；而沉淀部分则称为 A 族半纤维素。

采用碱法抽提可以得到米糠多糖，经过一定的化学或生物技术修饰可以大大提高米糠多糖的生物活性。诸多研究资料表明，米糠多糖在抗肿瘤、免疫增强、抗细菌感染及降血糖等方面具有较高的生物活性。

米糠深加工为我国大宗农副产品的综合利用提供了一条有效的途径。长期以来，国内多数地区仅将米糠作为饲料喂养畜禽。使其具有的营养价值和资源效益没有得到充分的发挥，造成极大的浪费。随着国内经济的迅速发展和人民生活水平的不断提高，将不局限于米糠油的单一途径，还应该大力开发米糠在其他领域，如医药、日用化学工业等多种用途，增加米糠产品的附加值。

第二节　小麦加工副产品综合利用

小麦加工副产物主要为麦麸和麦胚。麦麸是小麦籽粒皮层和胚的总称，麦麸的出品率一般为小麦的 15% ~ 25%。麦胚在小麦粒中所占比例为 1.4% ~ 3.8%，制粉时进入麦麸和次粉中。通过提胚手段，可以得到纯度较高的麦胚。我国面粉厂每年产出的小麦胚芽可达 420 万吨，都作为饲料廉价销售，而现代食品科学和营养学研究表明：小麦胚芽富含多种营养活性成分及一些尚未明确的微量生理活性组分，因此小麦胚芽被营养学家们誉为"人类天然的营养宝库"。麦胚富含脂肪，目前用于提取胚芽油，它是营养价值很高的食用油。

一、 小麦麸皮的综合利用

面粉厂加工出的麸皮主要由小麦的皮层和糊粉层组成，另外，由于制粉工艺的限制，麸皮中含有一定量的胚乳和胚。小麦麸皮的组成成分因小麦种类、品质、制粉工艺条件、面粉出率的不同而有所差异。麸皮中含有大量的糖类，还含有较多的蛋白质、维生素、矿物质等成分。

小麦作为人类膳食的主要原料，除淀粉和部分蛋白质以外，其他营养成分主要集中于小麦的皮层部分，即麸皮中。因此，麸皮作为健康食品的原料越来越受到人们的重视。

（一）加工食用麸皮

小麦麸皮虽含有较丰富的蛋白质、维生素和矿物质，营养价值极高，但由于其食感、口味不佳，所以无法食用，只能用作饲料。为提高麸皮的食用性，可通过蒸煮、加酸、加糖、干燥，除掉麸皮本身的气味，使之产生香味，食感变好。市售的食用麸皮都是经过加热精制后的产品，既处理了麸皮中原有的微生物和植酸酶，又提高了二次加工的适应性，使制出的食品既提高了风味，同时也很卫生。

对加工食用麸皮的原料并无特殊要求，通常使用粒度较小的细麸（小麸或粉麸），这是由于麸皮粒度较小，成品的口味相应就好一些。粒度较大的粗麸要首先粉碎，使其粒度在 40 目以下，再进行加工。加工食用麸皮，首先要对原料麸皮进行蒸煮，也就是利用水蒸气对麸皮进行处理。蒸煮可采用蒸笼、高压锅或专用的蒸煮机，蒸煮的时间与所用器具有关。采用蒸笼蒸煮时，可把时间控制在 10～20min，然后对麸皮进行搅拌，同时加入酸、糖。添加的酸以柠檬酸、酒石酸、乳酸等有机酸为最好，也可使用一种或两种以上这类酸的混合物，酸的添加量占麸皮重量的 0.2%～5% 为宜。糖可以使用蔗糖、葡萄糖、麦芽糖、果糖等其中一种或两种以上的混合物，也可用蜂蜜、饴糖等以糖为主要成分的物质，糖的添加量占麸皮重量的 30%～80%。除了添加酸和糖外，还可以加入各种调料，如着色料、着香料，也可把糊精、淀粉、蛋白质、乳制品、油脂等适量混合。酸和糖都要以水溶液的形式添加。然后通过剧烈的搅拌，使麸皮均匀吸收水溶液，然后把吸收了水溶液的麸皮摊开片刻，再加热干燥 30min 即可得到产品。

将麸皮磨碎到要求的细度，可添加到以面包为主的多种食品中。在小麦麸皮面包中，麸皮的添加量以 5%～20% 为宜，一般以 10% 为标准添加量。为了使面包具有一种特别的风味，可以添加一些增香剂和调味品，这种面包非常松脆。麦麸面包发热量较低，不会导致肥胖，且大量的纤维素对增强肠胃功能具有十分有益的作用。

（二）分离麸皮多糖

小麦麸皮中含有较多的糖类（50% 左右），主要为细胞壁多糖。细胞壁多糖有时又称非淀粉多糖，它是小麦细胞壁的主要组成成分。细胞壁多糖有水溶性和水不溶性之分，主要由戊聚糖（有时又称半纤维素）、$(1{\rightarrow}3, 1{\rightarrow}4)-\beta-D-$葡聚糖和纤维素组成。用一般提取溶剂制备的细胞壁多糖主要为戊聚糖和 $(1{\rightarrow}3, 1{\rightarrow}4)-\beta-D-$葡聚糖，另外还含有少量的己糖聚合物。麸皮多糖的制备方法常见的有两种：一种是先分离出细胞壁物质，然后再从中制备麸皮多糖；另一种是从麸皮中制备粗纤维素，然后再制备麸皮多糖。其中第一种的制备方案见图 9－1。

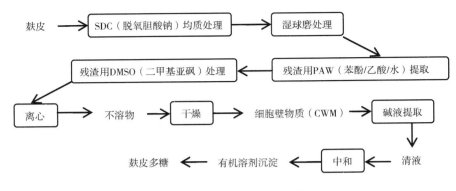

图 9 - 1　分离麸皮多糖工艺流程

麸皮多糖黏性较高，并具有较强的吸水、持水性能，可用作保湿剂、增稠剂、乳化稳定剂等。另外，还具有较好的成膜性能，可用来制作可食用膜等。

（三）制备麸皮膳食纤维

膳食纤维具有降血脂、通便、减肥等重要生理功能，并且已被制作成各种保健食品。小麦麸皮中含有丰富的膳食纤维（40% 左右），是很有开发前景的保健食品资源。

制备膳食纤维的方法有酒精沉淀法、中性洗涤剂法、酶法、酸碱法等，麸皮膳食纤维具有吸水、吸油、保水及保香性等特点，可用作食品添加剂。另外，由于膳食纤维所具有的重要生理功能，可作为功能性食品基料添加到食品中，也可以制成胶囊、口服液的形式直接食用。

在制备小麦麸皮膳食纤维的过程中，通常采用酶解法除去淀粉、蛋白质，这些酶解液中含有大量的糊精、低聚糖等水溶性物质，可再加以利用。

小麦麸皮膳食纤维直接食用时味道不佳，需经过各种加工处理，如热处理（烘烤、挤压等），除去麸皮中的不良气味，制成清香可口的系列产品，应用于食品。目前主要用于面包、饼干、面类、糕点、谷物等食品中作为品质改良剂和膳食纤维强化剂。利用膳食纤维具有的吸水、吸油、保水、保香等性质，添加到豆酱、豆腐等食品及肉制品中，可以保鲜和防止水的渗透；用于粉状品时，可作为载体，制成冲剂；加入沙司、蛋黄酱中时可作为黏度调节剂；加入饼干食品中可使面团易于成型；加入冰棍、糖果等食品，可用作防固结剂。

（四）小麦麸皮中蛋白质的分离和利用

麸皮中含有较高的蛋白质，其质量分数为 12% ~ 18%，是一种资源十分丰富的植物蛋白质资源。小麦面粉的主要组成蛋白质是谷蛋白和醇溶蛋白，而麸皮中清蛋白、球蛋白、醇溶蛋白和谷蛋白 4 种蛋白质分布较均匀。从麸皮中分离蛋白质的方法主要有干法和湿法两种，干法的分离要点是对粉碎后的麸皮依据风选原理进行自动分级，从而获得蛋白质部分。

湿法分离中比较完善的分离步骤见图 9 - 2。

分离出的麸皮蛋白可作为高浓缩蛋白，直接作为蛋白质添加剂应用于食品行业，以增加蛋白质含量，提高食品的营养价值和质构特性等，也可以将分离出的麸皮蛋白进行改性处理，以生产蛋白质水解液等。

二、 小麦胚芽的综合利用

小麦胚中含有丰富的营养成分，营养学家形象地誉为"人类天然营养宝库"。小麦胚中蛋

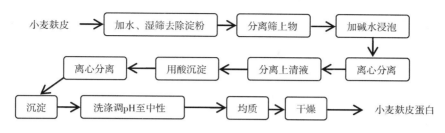

图 9-2　从小麦麸皮中分离蛋白工艺流程

白质含量为 30%~35%，小麦胚蛋白质是全价蛋白质，每 100g 胚中含赖氨酸 205mg，比大米、面粉均高出几十倍。因小麦胚的高蛋白质、高生物价的特性，其可用作一些食品的营养强化剂。小麦胚是小麦籽粒中生理活性最强的部分，水分和脂肪含量高，特别是脂肪水解酶和脂肪氧化酶活性很强，给小麦胚的保存与应用带来一系列问题。生产加工中，往往根据需要及时做相应的处理，如烘烤、烧煮、远红外加热等方法。

（一）脱脂麦胚蛋白粉的功能特性

脱脂麦胚粉约含 30% 的蛋白质、60% 的糖类，其余为水、矿物质和脂肪等，脱脂麦胚所表现的功能特性主要取决于蛋白质，当然，其他成分如糖类，对功能特性也有影响。

脱脂麦胚蛋白质大部分是可溶于水或盐溶液的清蛋白和球蛋白。对麦胚蛋白分离物的研究表明，在 pH 大于 6 时，溶解度最高。

对麦胚蛋白分离物和蛋清蛋白的乳化特性进行了对比性研究，发现二者的乳化能力相似。由于二者的蛋白质中清蛋白含量很高，溶解性好，所以乳化能力也强，蛋白质在油－水界面上的伸展对乳胶体的形成和稳定起着重要的作用，45℃ 加热麦胚蛋白分离物乳胶体 30min，乳化能力没有显著地降低，因此，麦胚蛋白分离物具有良好的乳化特性，可作为乳化食品的添加剂。

比较麦胚蛋白分离物和蛋清蛋白的起泡特性，结果表明，二者的起泡能力基本相同。麦胚蛋白粉含量越高，泡沫稳定性越好；体系 pH 对麦胚蛋白粉起泡特性影响明显，当 pH 为 8 时，起泡特性最好。

（二）脱脂麦胚蛋白粉的食品应用

在国外，麦胚蛋白已经应用于多种食品中。在松饼中加入麦胚粉，可改善其外观及气味，在面包卷中加入麦胚粉，可改善其形状和面包屑的结构；麦胚蛋白作为添加剂加入到家常小甜饼、饼干及碎肉制品中，烤熟的脱脂麦胚蛋白粉散发出烤坚果的芳香，可用于低脂小吃、饼干及各种谷类食品。

麦胚粉应用于多种食品的一个重要原因是它含有十分丰富的矿物质、维生素，以及优质的蛋白质和膳食纤维等营养成分，能起到营养强化和互补的作用。为了改善动物肉制品的质量，降低成本，提高产率，植物蛋白作为添加剂已经受到重视，麦胚蛋白不仅营养价值高，而且还能抑制胰脂酶的活力，降低血清胆固醇的总水平。

在法兰克福香肠中加入 3.5% 的麦胚蛋白粉，加水量与对照组相同的情况下，肉糜黏度略有增加，黏附力上升，持水能力和稳定性显著增强，蒸煮损失下降，得率较对照组增加5.76%。营养成分的分析表明，加入麦胚蛋白粉后蛋白质含量并没有下降，反而略有升高，脂肪含量下降，灰分含量上升，营养结构更趋合理。法兰克福香肠质构上的改变表现为坚固性和内聚力的增加，颜色和感官品质也有所改变，与对照组相比，香肠颜色的亮度略有下降，肉香和肉味并没有下降，反而肉香略有增强。

麦胚蛋白粉与水（1∶3）混合成浆液加到肉糜中去，加入量为2.0%时，持水能力最强，产品得率显著上升。肉的香味和滋味减弱而麦胚的香味和滋味增加，牛肉糜坚固性不变而柔软性增加。

小麦胚蛋白质可应用于面包、饼干、巧克力中，作营养强化剂。加工工艺过程一般是先将小麦胚脱脂，然后采用烘烤法或远红外线加热灭酶法处理。烘烤法加工小麦胚可直接制作麦胚片，脱脂麦胚粉可代替面包粉用于制作脱脂面包等产品。选择脱脂麦胚粉、面粉的比例以及添加剂的种类和数量，可使面包等产品的皮色、风味和营养价值得到改善和提高。将麦胚和大豆一起加压烧煮时，可生产出清甜醇厚、具奶香的豆奶。小麦胚粉添加到油炸方便面中，不仅能强化方便面中的高价蛋白质、各种矿物质及维生素，还可改善方便面复水后的黏弹性。

第三节　玉米加工副产品综合利用

我国是世界上第二大玉米生产国，年产量已超过2亿吨。玉米除作为饲料利用外，还用于淀粉、酒精以及食品加工。玉米加工副产品主要是指玉米生产淀粉、酒精时得到的副产品，包括玉米胚芽、玉米芯、麸质、皮渣、玉米浸泡液和酒糟等。

玉米籽粒中含淀粉70%~72%，较先进的淀粉提取工艺可提取淀粉65%左右。在淀粉生产工艺过程中未提取出来的淀粉和籽粒中的其他成分均为淀粉厂的副产品，如蛋白质、脂肪、可溶性物质、纤维素及若干微量成分等，这些副产品都具有重要的应用价值。为了充分利用玉米籽粒的各种成分，有效开发玉米资源，提高经济效益，开展对淀粉厂副产品的综合利用是非常必要的。淀粉厂的副产品在玉米淀粉提取的不同环节以不同的形式被分离出来，化学成分不同、物质状态不同，要采取适宜的加工方式，合理地进行利用。

一、玉米胚芽的综合利用

玉米胚芽集中了玉米子粒中84%的脂肪、83%的无机盐、65%的糖和22%的蛋白质。玉米胚芽的成分随品种不同变化较大。玉米胚芽中脂肪含量最高，其次是蛋白质和灰分。此外玉米胚芽还含有磷脂、谷甾醇、肽类、糖类等。玉米胚芽的蛋白质大部分是清蛋白和球蛋白，所含的赖氨酸和色氨酸比胚乳高得多，并且富含全部人体必需的氨基酸。

（一）玉米胚芽制油

玉米胚芽脂肪含量丰富。玉米胚芽油营养丰富，是优质植物油。玉米胚芽油所含脂肪酸中，油酸45.4%、亚油酸40.8%、软脂酸7.7%、硬脂酸3.5%、花生酸0.4%。由于不饱和脂肪酸含量较高，故属于半干性油，且易于被人体消化吸收，其消化吸收率在97%以上。

玉米胚芽油中有1.1%~1.6%的非皂化物，主要是谷甾醇，还含有少量的蜡。玉米胚芽油中维生素含量也居植物油首位，同时还含有赖氨酸、磷脂等多种成分。

玉米胚芽油的制取方法有压榨法、浸出法（萃取法）和预榨浸出法。玉米胚芽和其他油料一样，制油过程中也需要经过清理、轧胚、蒸胚、压榨等步骤。

近年来，我国对玉米胚油的利用也越来越广，除食用和工业方面使用外，在医疗上也引起专家的重视，长期食用能起到降低血管中的胆固醇、软化血管、降低血压、防止动脉硬化的作用。

（二）植酸的制备

分析表明，脱脂玉米胚中植酸含量为 3%～6%，是制备植酸的良好原料。从脱脂玉米胚中提取植酸的工艺，即用稀酸浸取脱脂玉米胚，然后用碱中和制取菲汀（植酸钙），经过滤得到的湿菲汀后，再用酸性阳离子交换树脂酸化制备稀植酸，稀植酸经离子交换脱离子、经活性炭脱色，真空浓缩得到成品植酸。该工艺的菲汀平均收率为 75%，菲汀转化为植酸的平均转化率为 77.02%。

（三）玉米胚芽蛋白

玉米胚芽制油后，获得的玉米胚芽饼（粕）粗蛋白含量为 23%～25%。由于玉米胚芽饼（粕）往往含有玉米纤维，有一种异味，所以一般均作为饲料处理。如果玉米淀粉胚芽分离效果好，胚芽纯度高，加之用溶剂萃取玉米油，这样获得的玉米胚芽粉，经过脱臭剂脱臭，即是一种良好的食品添加剂，可用于制作糕点、饼干、面包等。饼干中添加胚芽粉，能提高饼干松脆度；面包中添加胚芽粉达 20% 时，可使面包的蛋白质含量大大提高，而外观、膨松度、口感等均和原来无大的差异。

玉米胚芽蛋白的溶解性较好，在碱性条件下，其氮溶解指数高达 95.6%。不同脱胚方式和脱脂方式对玉米胚芽蛋白的溶解性影响较大。采用低温条件下干磨脱胚和超临界萃取制油，获得的玉米胚芽蛋白具有较好的功能性。玉米胚芽蛋白具有较好的吸水性，远远超过乳清浓缩蛋白和大豆蛋白。

二、 麸质和皮渣的综合利用

（一）麸质的利用

玉米麸质是玉米淀粉加工中的副产物，是由玉米湿磨时产生的麸质水经沉淀、过滤及干燥后所得，一般占原料的 30%。麸质中含有大量的蛋白质，可达 60% 以上，同时还含有玉米黄素、叶黄素及脂肪等物质。麸质粉可用来生产许多种类的物质，如醇溶蛋白、活性肽、玉米黄素等。

玉米麸质水经加工可制成黄色的蛋白粉（图 9－3），其蛋白质含量为 40%～60%，包括醇溶蛋白及主要的氨基酸（谷氨酸和脯氨酸），此外还有较多的游离氨基酸，如丙氨酸、甘氨酸、亮氨酸及维生素和无机盐类，是很有营养的食品与饲料添加剂。玉米蛋白粉还含有 20% 的淀粉和 13% 左右的纤维。玉米蛋白粉主要用作饲料，其进一步加工可以有多种应用途径。

1. 玉米醇溶蛋白制备

玉米麸质中的蛋白质有近 50% 为醇溶蛋白。因醇溶蛋白的分子组成与结构具有特殊性，使醇溶蛋白在医药及食品保鲜方面具有广泛用途。

玉米麸质中提取醇溶蛋白的工艺条件：70% 的乙醇，固液比 1∶16，pH 为 8.0，在 70℃条件下，提取 2h，提取液调节等电点后，再加入 2% 的盐溶液，更有利于产品析出，提取率达到 87.9%，产品纯度达 91.2%。

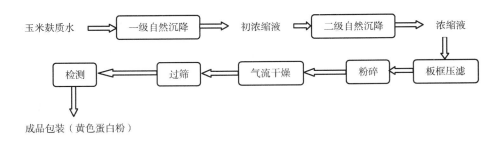

图 9 – 3　玉米麸质水制取蛋白粉的工艺流程

2. 玉米活性肽的制备

玉米活性肽是一类具有特殊生理功能的小肽，它是玉米蛋白通过酶解精制后得到的水解产物，与蛋白质、氨基酸相比，更易被消化吸收。利用玉米活性肽可制备各种饮料、浓缩液，或添加于食品及医药产品中，制备功能性食品或者肽类食品。玉米麸质蛋白由独特的氨基酸组成，是制备多种活性功能肽的良好原料。目前制备玉米活性肽的主要方法是对玉米蛋白进行酶解。通常以玉米麸质蛋白作为酶解的底物，也可采用醇溶蛋白作为底物。

生产玉米活性肽所使用的水解蛋白酶的种类较多，其中以碱性蛋白酶为主。酶解后需要通过不同方法将酶解液中的肽片段富集并逐步分离纯化。在层析色谱分析前，用不同截留量的超滤膜分级分离可以达到非常好的效果。目前，所生产的玉米活性肽主要包括高 F 值寡肽、谷氨酰胺肽、抗氧化肽和降压肽等。

近年来的研究表明，许多短肽具有抑制血管紧张素转移酶的活性，从而具有抗高血压作用。通过酶解玉米麸质制备的高 F 值的玉米肽进行大鼠实验，结果表明，玉米肽可以改善大鼠肝昏迷状态。玉米肽还具有抗疲劳作用。在降低血液中乙醇含量方面，玉米肽强于小麦肽。链长为 2 ~ 6 个氨基酸残基的玉米肽，具有蛋白质大分子不可企及的抗氧化活性。

3. 提取谷氨酸

根据玉米淀粉生产工艺的不同，玉米蛋白粉中的蛋白质含量为 50% ~ 70%。由于玉米蛋白的氨基酸构成中，谷氨酸含量较高，所以玉米蛋白可作为生产谷氨酸或酱油的原料。谷氨酸是味精和一些医药的原料。玉米蛋白粉经盐酸水解、活性炭脱色、离子树脂交换和真空浓缩精制，可得到谷氨酸结晶。

谷氨酸除了作为味精的原料以外，在医药上也有很重要的用途。谷氨酸虽然不是必需氨基酸，但在氮代谢中，与酮酸发生氨基转移作用而生成其他氨基酸。脑组织只能氧化谷氨酸，而不能氧化其他氨基酸，当葡萄糖供应不足时，谷氨酸能起脑组织的能源作用，因此对改进和维持脑机能是必要的。谷氨酸对于神经衰弱、易疲劳、记忆力衰退、肝昏迷等有一定疗效。

4. 提取玉米黄素

玉米黄素不溶于水，易溶于乙醚、石油醚、丙酮、酯类等非极性溶剂，可被磷脂、单甘酯等乳化剂乳化，其性质稳定，耐酸、耐碱，且不受铁、铅离子影响，对光和热较敏感。由于玉米黄素是油溶性色素，其提取工艺一般是溶剂法。常用的溶剂有正己烷、乙酸乙酯、乙醇等。萃取液经真空蒸发即得玉米黄素，得率为玉米蛋白粉的 6%，其提取工艺流程见图 9 – 4。

5. 利用玉米蛋白粉制食品

玉米蛋白粉可作为食品的配料，以提高食品的色泽。但是玉米蛋白粉有一种不受欢迎的风味，为此在决定采用玉米蛋白粉作食品添加配料时，必须先对玉米蛋白粉作脱臭处理。

　　精制的玉米蛋白粉，可用于多种食品的生产。例如，以玉米蛋白粉配以奶粉、砂糖、淀粉，经巴氏灭菌、均质、冷却、老化、硬化制成冰淇淋，色泽鲜黄，口味良好并能降低产品成本。又如，将玉米蛋白粉代替 5% 的淀粉加到香肠中，口味良好，弹性及保水性达到原有产品的水平。玉米蛋白粉脱除异味后除了用于食品配料以外，还可以作蛋白源代替大豆发酵制酱和酱油。

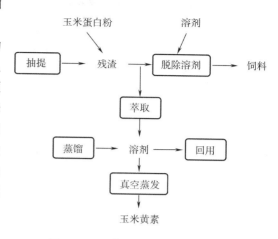

图 9-4　玉米黄素提取的工艺流程

（二）皮渣的利用

　　玉米皮渣也是玉米淀粉加工的副产品，主要是玉米皮层。因加工方法不同，其营养成分略有差异，含粗蛋白 7%~14% 、粗纤维 6%~16% ，有效能值与小麦麸相近，可以代替小麦麸作饲料用。在湿法玉米淀粉生产中，副产品玉米皮渣具有较高的营养价值和加工利用价值。

　　1. 制作饲料

　　玉米的皮层中主要是以纤维素为主的多糖物质，在淀粉提取工序中，通过筛洗被分离出来。在分离出来的玉米皮渣中，还会有一定量未被提取出的淀粉。单位质量的玉米原料，皮渣产量越高，说明皮渣中残留的淀粉越多，成品淀粉的得率必然越小。随着技术的改进，淀粉得率将不断提高，但皮渣中仍会有一定量的残留淀粉。副产品皮渣中的淀粉含量可为 10%~30% 。玉米皮渣利用的主要途径是作饲料，其可采用如下几种方式。

　　（1）直接用湿皮渣作饲料　玉米皮渣经筛洗后排放到皮渣池，直接销售给当地农户或养殖户，作猪、牛等牲畜的饲料。这种方式浪费大，营养利用不科学，特别是高气温容易使其发酵、腐烂。

　　（2）干燥后生产配合饲料　玉米皮渣经挤压脱水，再经加热干燥，成为干皮渣，其经过粉碎，再按比例与胚芽饼、蛋白粉、玉米浆等其他副产品调成配合饲料。如果按配方要求再加入适量大豆粉，可成为优质配合饲料，其营养可得到充分利用。

　　2. 制饲料酵母

　　玉米皮渣含有丰富的糖类，含量达 50% 以上；且玉米皮渣中糖类较多，既有五碳糖，又有六碳糖，二者各占总糖的 50% 左右。如果用玉米皮渣来制取乙醇，只能利用其六碳糖，总糖的利用率较低；而生产饲料酵母，采用热带假丝酵母，对六碳糖和五碳糖均能利用。饲料酵母对玉米皮渣水解液中糖类的转化率约为 45% ，最终产品中饲料酵母含量可达 22.5% 。玉米皮渣水解液的含糖量可达 5% 以上，采用流加法可有效地提高饲料酵母的得率，从而降低产品成本。

　　以玉米皮渣水解培养饲料酵母是利用皮渣的有效途径，可得到高蛋白单细胞酵母。饲料酵母营养价值丰富，含有 45%~50% 的蛋白质，可消化率高，作为蛋白饲料添加到配合饲料中，具有和鱼粉相同的功效。饲料酵母蛋白含有 20 多种氨基酸，其中包括 8 种生命必需氨基酸。

　　3. 生产膳食纤维

　　膳食纤维的来源十分广泛，而玉米淀粉厂的玉米皮渣已是分离出的纤维物质，但其在未经生物、化学、物理加工前，难以显示纤维成分的生理活性。因此必须使玉米皮渣中的淀粉、蛋白质、脂肪通过分离手段除去，获得较纯的玉米纤维，才能成为膳食纤维。如果不经过分离提纯，不仅缺乏生理活性，而且会使食品的口感变差。玉米纤维的活性部分特别是可溶性部分，主要是半纤维素。若将这一部分作为食品添加剂，其口感要比不溶性部分好。

玉米皮渣经酶法脱淀粉和蛋白质，再经纤维素酶、木聚糖酶复合处理，能显著提高其膳食纤维溶胀性至183%，持水性至5.16mL/g，持油性至2.67g/g。

精制玉米纤维的半纤维素含量为60%~80%。将这种膳食纤维以2%的量添加于饼干中，口感良好。玉米食用纤维具有多孔性，吸水性好，若添加到豆酱、豆腐、肉类制品中，能保鲜并防止水的渗出，用于粉状制品（汤料）可作载体，用于饼干生产中可使生面易于成型。

第四节　大豆及植物油脂副产品综合利用

大豆加工主要途径是豆制品和豆油，豆制品加工在我国历史悠久，各种豆制品加工的同时，形成豆皮、豆渣、黄浆水等大量的副产品。

我国是一个植物油生产和消费大国，植物油消费量已达2250万吨左右。豆油是我国食用植物油中的主要种类。在植物油精炼过程中产生的大量副产品（油脚、皂脚、脱臭馏出物），可作为医药及化工生产原料，具有较高经济价值，在国外已得到普遍综合利用。而国内只能进行一些简单粗放的回收，无法深加工制取相应的高附加值化工医药产品，造成这一宝贵资源的巨大浪费，这一落后现状已引起众多业内人士的高度重视。

植物油厂的副产品主要有毛油生产预处理过程去掉的皮壳、生产毛油后得到的油饼和饼粕，以及毛油精炼后得到的油脚、皂脚等副产品。目前，这些副产品利用还不够充分，不仅造成资源的极大浪费，而且对环境也造成了严重的污染。所以对植物油加工产生的副产物进行综合利用具有重大的意义。

一、豆制品加工副产品的综合利用

（一）大豆皮的综合利用

大豆皮约占整粒大豆总重的8%。大豆皮主要由纤维素、半纤维素、木质素、果胶类物质组成，豆粉以及豆制品加工一般要脱除豆皮。

1. 在饲料行业中应用

许多富含纤维的副产品可用于饲料行业，作为粮谷类饲料替代品，大豆皮即是其中之一。大豆皮的纤维含量很高（中性洗涤纤维62%，酸性洗涤纤维45%，木质素2%），在反刍动物体内的消化率达到78%。与常用的饲料玉米相比，具有几乎完全相等的能量值。

国外有关大豆皮用于反刍动物饲料的相关研究报道较多，而国内很少有将大豆皮分离出来单独用作饲料，而是与豆渣或豆粕一起加工成饲料加以利用。近年来也有用大豆皮制取饲料添加剂的，但所利用的不是其中的纤维源，而是将所含的少量蛋白质水解得到氨基酸，再与铜盐或稀土作用生成复合氨基酸络合物作为饲料添加剂。

大豆皮用于饲料行业时，主要作为反刍动物的饲料替代品。反刍动物如奶牛不仅需要淀粉源作为必需的能量补充，还需要一定的纤维素来维持胃的蠕动，促进对营养元素的吸收。大豆皮因纤维素含量高且具有其他饲料替代品如麸皮、棉籽、甜菜和柑橘的下脚料所不具备的优点。因此大豆皮可添加到其他高能量而低含纤维的饲料中，与之混用以提高饲料的利用率。由于大豆皮多纤维性，与谷物相比，可减缓能量的释放，并可避免胃酸过多和饲料浪费等问题，特别是对哺乳期的奶牛来说作用更明显。

2. 制取膳食纤维

膳食纤维是不被人体消化和吸收的多糖类碳水化合物和木质素的总称，对人体的食物酶有抵制作用，被称为人类的"第七营养素"。膳食纤维对人体有很重要的生理功能。

大豆皮含有40%纤维素、20%半纤维素及木质素和果胶类物质，是一种理想的膳食纤维源。天然大豆皮膳食纤维具有明显的生理活性，很适合用于加工低能量的膳食纤维食品。大豆皮是生物可利用膳食铁的丰富来源，其中所含铁主要为能被人体消化吸收的二价铁，与纤维素结合在一起，能够经受高温而不被氧化转变成三价铁，可以用作烘焙粉的外加铁源。

利用大豆皮加工膳食纤维，加工方法涉及化学法、酶法和挤压蒸煮技术。国内大豆膳食纤维产品主要以豆渣为原料进行研制开发，直接以豆皮为原料进行膳食纤维生产的报道较少见到。国外自20世纪80年代中期至今有大量关于大豆皮利用的文献资料，且多为专利。加工方法主要为物理化学法和挤压法，酶法则较少采用。所得产品多为可溶性或凝胶状的短链纤维，以及固体微晶纤维，用作食品添加剂或制取食用膜、糖衣等生物可降解产品。

3. 提取过氧化物酶

大豆皮过氧化物酶（SBP）是从大豆加工副产品豆皮中提取的一类具有很高活性的酸性同工酶。大豆皮过氧化物酶可以用于处理含水酚类和氯酚类化合物的废水，处理效率可达到99%以上。用于废水处理时，甚至可以将大豆皮直接用来处理废水，效果更好。

由于大豆皮中可溶性糖类和蛋白质含量低，大豆皮过氧化物酶的提取和纯化与其他的酶类相比就显得更为容易。其提取一般工艺流程见图9-5。

大豆皮→组织匀浆→磷酸钠缓冲液提取→硫酸铵分级→离子交换层析→亲和层析→凝胶过滤→产物

图9-5 大豆皮过氧化物酶的提取和纯化

（二）豆渣的综合利用

大豆加工的主要副产品是豆渣，随着大豆加工量的增加，豆渣的产量也日趋增加。利用酶技术、膜技术等现代科技手段对豆渣进行综合利用与加工，使其营养成分得以全面开发，解决废弃豆渣所造成的环境污染，实现废物的循环利用，已经成为当今研究的热点和趋势。豆渣的主要来源有豆腐制作、油料压榨等，由于在豆渣中含有丰富的钙、磷、铁、维生素以及膳食纤维等营养物质，在近年更受到了人们的广泛关注。

1. 豆渣制取可溶性膳食纤维

豆渣是大豆加工的副产品，一般只作为饲料和废弃物处理，其经济效益是很低的。从豆渣中制取可溶性膳食纤维对大豆的综合利用有很高的参考价值。豆渣中的膳食纤维是指在小肠中不能被消化和吸收、在大肠中能部分或全部被微生物发酵利用的植物性食品成分、糖类及其类似物质的总和。直接水浸提法提取可溶性膳食纤维工艺简单，成本低，无二次污染，乙醇可回收再利用；在制得可溶性膳食纤维的同时，也可制得不溶性膳食纤维，从而使豆渣得到更充分的利用。酶解法制取可溶性膳食纤维产率比直接水浸提法提取有很大的提高，而且污染少，工序简单，便于推广应用。

豆渣制取可溶性膳食纤维的工艺流程见图9-6。

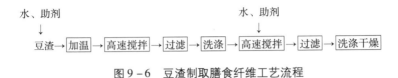

图9-6　豆渣制取膳食纤维工艺流程

该工艺的关键技术是酶解反应，采取碱处理集合胰蛋白酶；酶解除去豆渣中的蛋白质、脂肪，离心机分离，保留滤渣，烘干，粉碎后过筛，可以获得大豆的膳食纤维。此工艺生产出的膳食纤维有可能出现腥味重、色泽深的缺点。

对豆渣进行预处理可以使得到的膳食纤维成为白色无味的粉末状纤维产品。

2. 利用豆渣生产各种新食品

（1）豆渣粉　将新鲜豆猹用水冲洗两次，离心去水，收集豆渣，50℃左右烘干，粉碎，过80目筛即得。此豆渣粉可代替60%~70%小麦粉制作酥皮点心，口感较好。还可将豆渣经蒸汽处理10~15min进行杀菌，快速干燥除去水分。粉碎、过筛除去豆皮后制得豆渣精粉，密封于塑料袋中保存。豆渣精粉可作为食用酱、酱油、点心馅等食品的原料，其制品别有风味。

（2）豆渣浆糊料　将新鲜含水豆渣加热至80℃以上，用超微粒磨碎机磨成粒度为10级以下的浆糊。此种浆糊中的微细粒子具有极强的亲和性，并呈胶质状。它可代替马铃薯泥制作牛肉丸子。其制品无豆渣异味，无粗糙口感，与用马铃薯泥制品的口感相同，且提高了食品的营养价值。另外，也可将含水豆渣直接于-20℃以下速冻贮存，需用时取出，再将冰冻豆渣超微粒粉碎，同样制得胶状物浆糊料。

（3）速溶豆渣奶粉　超细乳化设备在其泵体内可产生极大压强，当豆渣物料进入泵体后，将以150~190m/s的线速喷出。使物料产生极强的蒸汽压，于是，料液在汽化沸腾中产生大量蒸汽泡。当豆渣在强高压冲击下进入高压阀门时，由于瞬时失压，则产生强大压力差，使豆渣颗粒迅速破裂，并由气体凝结成液体，从而使豆渣达到粉碎和乳化的目的。产品粒度在100μm下，并能悬浮于溶液中，再加糖和添加剂，浓缩，喷雾干燥即得速溶豆渣奶粉。该产品即冲即饮，食用比较方便。

（三）豆粕的综合利用

豆粕主要用于饲料，也广泛用于各种蛋白产品的生产（见第六章）。除此之外，豆粕的利用还有以下方面。

1. 提取大豆异黄酮

大豆中异黄酮含量为0.05%~0.4%，大豆异黄酮共有12种，分为游离型的苷元和结合型的糖苷。苷元占总量的2%~3%，由金雀异黄素、大豆素和黄豆苷3种化合物组成。糖苷占总量的97%~98%，主要以葡萄糖苷形式存在，包括金雀异黄苷、大豆苷等。

大豆异黄酮为无色，有苦涩味的晶体状物质，易溶于丙酮、乙醇、甲醇、乙酸乙酯等极性溶剂，用上述溶剂从脱脂大豆粕中可提取该物质，经过分离纯化，获得大豆异黄酮产品。大豆异黄酮在酸、碱、酶的作用下可水解成异黄酮苷元，其中以葡萄糖苷酶的水解最为有效和专一。

豆粕中异黄酮含量非常高，从中提取异黄酮具有很高的经济和环保效益。

（1）乙醇水溶液提取大豆异黄酮 以乙醇水溶液提取大豆异黄酮具有提取率较高、无毒、溶剂可回收等优点，是提取大豆异黄酮的主要方法之一。

①乙醇水溶液提取大豆异黄酮工艺流程见图9－7。

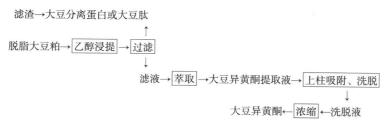

图9－7 乙醇水溶液提取大豆异黄酮工艺流程

②操作要点：

a. 提取。将脱脂大豆粕用8～20倍体积的8%乙醇浸泡提取2～3次，提取温度为60～90℃，每次提取1.0～1.5h。

b. 分离。提取完成后过滤，收集滤液进行真空浓缩，获得大豆异黄酮粗提取物浸膏，其可溶性固形物浓度约为18%。大豆异黄酮粗提取物的得率为0.625%，占脱脂豆粕大豆异黄酮含量的90%以上。滤渣挥发乙醇后用于制备大豆分离蛋白或大豆肽。

c. 萃取。向大豆异黄酮浸膏中加入等体积正己烷，进行萃取脱脂2次。分液后上层正己烷相用于回收并制备大豆油脂，下层水相用稀盐酸调节其pH为4～5，然后用离心机离心，除去其中的蛋白质，获得脱蛋白大豆异黄酮粗提取液。

d. 吸附树脂活化。取XAD－4吸附树脂，先用乙醇浸泡24h后装柱，用去离子水洗涤至无乙醇后用2～3倍体积的浓度为5%的盐酸浸泡1～1.5h，再以每小时2倍树脂体积的流速通过树脂。放出盐酸溶液后，泵入去离子水，以每小时2～3倍树脂体积的流速洗涤树脂，直至流出液pH接近中性。

向树脂柱内泵入2～3倍树脂体积的浓度为2%的NaOH溶液，浸泡处理1～1.5h，再以每小时约2倍树脂体积的流速通过树脂，放出氢氧化钠溶液后，泵入去离子水，以每小时2～3倍树脂体积的流速洗涤树脂，直至流出液pH接近中性。

e. 上柱吸附。取树脂体积1～1.5倍的脱蛋白大豆异黄酮粗提取液，升温至40℃后上柱，控制流出液速度为每小时1～2倍树脂体积，使大豆异黄酮吸附于树脂上。然后泵入25℃左右的去离子水洗涤树脂，除去糖及其他水溶性杂质。

f. 洗脱。向树脂柱泵入温度为55～60℃的去离子水，控制流出液速度为每小时1～1.5倍树脂体积，洗脱大豆异黄酮，以紫外检测器检测，收集在320～360nm有明显吸收的洗脱液进行浓缩。洗脱大豆异黄酮的XAD－4吸附树脂，用2～3倍树脂体积的95%乙醇进行再生，然后用水洗涤至无乙醇味，获得再生树脂，可再次用来吸附大豆异黄酮。

g. 浓缩。将洗脱液进行减压浓缩成浓缩液，浓缩条件为温度95～100℃，真空度为0.08～0.09MPa。向浓缩液中加入等体积丙酮萃取2～3次，萃取温度为60℃。然后用离心机离心，收集离心液，减压回收丙酮后获得淡黄色大豆异黄酮，其得率约为0.506%。

（2）大豆异黄酮苷元制备 将大豆异黄酮在高温及酸作用下水解，然后进行分步结晶，获得大豆异黄酮苷元。

①大豆异黄酮苷元制备工艺流程见图9-8。

脱脂大豆粕→ 提取 → 浓缩、水解 → 真空减压浓缩 → 吸附 → 洗脱 → 结晶 →产品

图9-8　大豆异黄酮苷元制备工艺流程

②操作要点：

a. 提取。向脱脂大豆粕中加入5~6倍体积的丙酮酸性溶液（用0.1mol/L乙酸调节pH至4.5）保持40~50℃，搅拌提取2次，每次2h。过滤，滤渣用少量混合液提取2~3次，再次过滤，收集合并滤液。

b. 浓缩、水解。将滤液在40℃、真空度为-0.09~-0.08MPa下进行减压回收丙酮，获得粗提取固体。然后用10~20倍的50%乙醇溶解，然后升温至80℃，在回流条件下处理15h左右，使大豆异黄酮水解成异黄酮苷。

c. 浓缩。将水解产物进行真空减压浓缩，回收乙醇，其温度为80~95℃，真空度为-0.1~-0.08MPa，直至浓缩液中无乙醇味。脱乙醇后获得浓缩液，将其过滤，收集滤液上柱精制。

d. 吸附。将色谱用聚酰胺装柱，然后将滤液泵入色谱柱，控制流出液速度为每小时1~2倍树脂体积，用紫外检测器检测流出液，直至有显著吸收，使聚酰胺达到饱和吸附。

e. 洗脱。吸附完成后，用去离子水洗涤吸附柱，直至流出液无色。然后用约2倍柱体积70%乙醇以每小时1~2倍树脂体积的流速通过色谱柱，洗脱异黄酮苷，直至洗脱液中无明显紫外吸收。

f. 结晶。收集有明显紫外吸收的洗脱液，洗脱液中异黄酮苷的含量约为25%，大豆中异黄酮的得率约95%。向洗脱液中加入适量20%硫酸，调节洗脱液乙醇浓度大于50%，硫酸浓度为4.5%~5%。然后于80℃水浴上水解20h后冷却至常温，用浓度为10%氢氧化钠溶液中和，静置1h左右过滤。收集滤液进行减压浓缩，浓缩温度为65℃，真空度为-0.1~-0.08MPa，浓缩至无乙醇味时止。静置12h后过滤，用去离子水洗涤沉淀，除去残留的硫酸钠。将沉淀置于60℃烘箱中干燥，获得大豆异黄酮苷元结晶粗品，其含量为35%~45%。将异黄酮苷元粗品用少量50%丙酮溶解，在50~60℃水浴中搅拌回流处理约1.5h。过滤，收集滤液减压浓缩至干，获得纯度大于45%的异黄酮苷元产品。将该部分纯化的异黄酮苷元依次用60%、70%、80%的丙酮溶解及回流处理，回收丙酮并过滤。获得滤液，冷却后置于4℃冰箱中结晶18h以上。重复以上过滤，收集晶体用水洗涤，在60℃烘干，获得异黄酮苷元含量为85%以上的产品。最后进行分步结晶，获得大豆素结晶和染料木素结晶。

2. 发酵生产聚谷氨酸

聚γ-谷氨酸（Polyglutamic acid，PGA）可作为食品添加剂、絮凝剂等应用在医药、环保、食品和日化等领域。早期对γ-PGA的研究主要集中在美国和日本，我国近几年才注意到γ-PGA的重要性，γ-PGA作为一种有着广泛用途的新型生物可降解高分子材料，对它的研发将带来可观的经济效益和社会效益。可采用筛选的菌株，以农副产品豆粕为原料，发酵生产γ-PGA。

菌种保存斜面培养基：普通肉汤琼脂培养基35g溶于1L水，自然pH，120℃高压灭菌20min。从斜面培养基接种菌种到液体种子培养基，37℃振荡培养，将种子液接种到蒸煮灭菌的

豆粕培养基（25g 干豆粕加水浸泡过夜，120℃ 高压蒸煮 30min。）培养。向发酵产物中加 2~3 倍的水，混匀。混合物在 12000r/min 冷冻离心 30min 除豆粕残渣和菌体，取上清液 60℃ 减压浓缩，浓缩液冷冻干燥，得到产物加入 6mol/L HCl 于 110℃ 水解，冷却、定容、过滤、蒸发掉过量盐酸，采用氨基酸自动分析仪测定聚谷氨酸水解前后谷氨酸单体的含量。

3. 制天然有机酸果冻

目前市场上的果冻大多是用柠檬酸、糖、果汁及海藻胶提取物制造的。可用大豆粕中的天然有机酸制果冻。这种果冻营养很丰富，含有人体必需的 8 种氨基酸，含有 4 种酯，有特殊的水果香味。含有 3 种天然有机酸，使果冻具有酸味，含有还原糖使果冻具有甜味。因此用这种方法制得的果冻香、甜、酸味道可口，营养丰富。

称取一定量的豆粕，加入 20 倍体积的水浸泡 1h，用布过滤，然后向过滤的溶液中加入处理好的树脂，放置 3~4h，将上清液用虹吸办法吸出即天然有机酸待用。再称取豆粕，加入 20 倍体积的水，浸泡 1h，用布过滤，过滤的溶液，用前面用树脂处理过的上清液调等电点到 pH4.7 左右，放置沉淀，沉淀部分为大豆凝乳蛋白，将此上清液用虹吸办法分出，溶液的 pH 为 7.0，上已经处理过的阳离子交换柱，将样品（上清液）从上端口装入，然后用自由夹控制下端口的流速为 0.18mL/s，上端样品在流干之前再加样品，上柱后溶液的 pH 为 2.1。每 300mL 树脂一次可交换出溶液（天然有机酸）800mL，这种天然有机酸有特殊的水果香味。把这种天然有机酸溶液 100mL 加入 1g 海藻胶提取物煮开，并加入糖到适当甜度，放冷即成果冻。

二、 植物油脂副产品的综合利用

我国传统上的食用油脂多为植物油，诸如菜籽油、大豆油、花生油等的产量和耗量一直很大，单以菜籽油而言，每年的产量就达 500 万~600 万吨，其次是大豆油。无论过去还是现在，植物油厂都有数量可观的副产品出现，如油脚、饼粕等。其中，油脚的产量占油品产量的 5%~10%，它包括水化油脚和碱炼产生的皂脚。按此推算，全国每年副产油脚将在 50 万吨以上，据不完全统计，国内大豆油脚年总产量在 10 万吨以上。

油脚是根据毛油中非油脂成分其理化性质的不同，而采取不同的精炼方法所得到的。大豆油脚一般是指毛油经水化后以及油长期静置后的沉淀物。原料油脂质量不同，大豆油脚组成往往也不同。如果原料油脂的酸值较低，杂质少而色泽浅，则可得到数量较少而质量较优的大豆油脚。如果原料油脂的酸值较高且杂质多而色泽深，那就会得到数量较多而质量较次的大豆油脚。大豆油脚的主要成分是磷脂、中性油、水分、其他类脂物。此外，还有少量的蛋白质、糖类、蜡、色素以及有机和无机杂质。

（一）大豆油脚制取复合肥皂粉

1. 工艺流程

大豆油脚制取复合肥皂粉工艺流程见图 9-9。

大豆油脚→皂化→盐析→水洗→调和→干燥→粉碎→筛选→加香→包装→复合肥皂粉

图 9-9　大豆油脚制取复合肥皂粉工艺流程

2. 操作要点

（1）皂化　用天平称取大豆油脚于已知质量 1000mL 烧杯中。在电炉上加热熔化，进行搅拌，升温至80℃。然后慢慢加入碱液，碱液浓度为36°Bé，其加入量为大豆油脚质量的20%~40%。加碱量开始和最后要小，中间加入量要大。在开始投入总碱量的1/4，反应时间为30min，原料形成乳化状态。此时再加入1/2的总碱量，反应20min后，再加入剩余碱液。反应过程中要不断搅拌，同时检验pH是否为9~10，30min后再检查pH仍是9~10，说明皂化反应完全，注意在皂化过程中水分不断蒸发，需适当补充水。

（2）盐析　皂粒或皂胶形成后，加盐进行盐析，盐析时均匀撒盐一般为大豆油脚质量的20%，继续搅拌加热观察水皂分离情况，盐析分两次，第一次盐的加入量控制在大豆油脚质量的12%，第二次盐的加入量为大豆油脚质量的8%。盐析的目的是加盐于皂胶中，使皂胶与过量的水分，与其他杂质同时被中和，促使游离胶凝聚将水分开，静置沉淀4h，排出底部黑水。

（3）水洗　加入20%~30%的清水，加入量为大豆油脚重的10%~30%，热煮15~40min，静置沉淀4h，排放水洗黑水，一般进行两次水洗，放出的废液要求清晰，无黏稠现象，游离碱含量不高于0.15%。

（4）调和　将皂基称量，视皂基的情况加入为皂基质量10%~20%的水，在电炉上加热熔化至70~80℃，并加入为皂基质量40%~60%的Na_2CO_3。加速搅拌，再加入皂基质量的5%~10% BA调和剂，搅拌加快，然后冷却后自然干燥存放4~5h。

（5）粉碎　将肥皂块在粉碎机粉碎，并用30目钢丝网过筛。

（6）复配　将粉碎好的皂粉按下列质量比进行配制，即得复合肥皂粉：肥皂粉79.9%，十二烷基苯磺酸钠5%，聚丙烯酸（PAA）有机助剂5%，滑石粉10%，日用香精0.1%。

该产品外观呈白色，颜色鲜艳，泡沫度适中，溶解性好，易于漂洗，去污能力强，尤其对重污的情况效果更好，且对人体皮肤无刺激，不损坏织物，可达到市场上中高档洗衣粉的洗涤效果。

（二）从水化油脚中提取大豆磷脂

大豆磷脂是一种具有较高营养价值的天然乳化剂。含有丰富的卵磷脂、脑磷脂、肌醇磷脂、丝氨酸磷脂等成分，其脂肪酸中含有60%的不饱和脂肪酸，并含有丰富的维生素及微量元素，大豆磷脂除了补充人体必需的营养素，还具备其独特的生理活性，对生物膜的生物活性和机体的正常代谢有重要的调节功能。

大豆油脚是豆油生产过程中的副产品，含有丰富的磷脂。大豆油脚中提取大豆磷脂合理地利用了资源，并且有利于加强对大豆磷脂的绿色开发研究。

水化油脚经过滤器进入贮存槽备用。将油脚泵入沉析槽，预热80~90℃，同时将加热器、干燥釜预热到95~100℃，并开启真空泵，使真空达到0.09MPa。然后将油脚经加热器、过滤器泵入干燥釜（有喷射装置）。在泵的强制搅动下，油脚在加热器、过滤器、干燥釜中多次循环进行干燥脱水，在干燥釜中，形成雾状，使水分在短时间内被蒸发掉，水蒸气进入真空系统而被冷却下来，干燥时间控制在1~1.5h，根据油脚含水量而定。将干燥后的油脚泵入沉析槽，沉淀5h，撇取上层清油，放去废水，然后再对油脚进行第二次干燥，沉淀5h，撇油。最后将油脚泵入干燥釜，用空压机压至暂存罐，便于均匀加入粕中。

（三）大豆油脚、皂脚提取脂肪酸

用油脚或皂脚生产混合脂肪酸的工艺基本相同。皂化酸解减压蒸馏法工艺中最主要的工艺操作为蒸馏。蒸馏的目的是将粗脂肪酸中的低沸点物质及高沸点物质与脂肪酸分开，提高脂肪酸的纯度。混合脂肪酸的蒸馏是将处理过的粗脂肪酸加热到沸点以上，汽化的混合脂肪酸通过冷凝后形成液体的混合脂肪酸,难挥发组分定期或连续地从蒸馏釜中排出。酸化反应温度为 $(90 \pm 5)℃$,酸化时间为 $6 \sim 8h$,浓硫酸加入量为 $8\% \sim 10\%$(以油脚重量计)。蒸馏液温为 $260 \sim 300℃$,汽温为 $230 \sim 240℃$,真空度要求残压低于 $13.33Pa$,冷凝器出口水温不低于 $75℃$。

1. 工艺流程

皂脚提取脂肪酸工艺流程见图 9 – 10。

2. 操作要点

(1)酸化 称取分出中性油后的皂脚 200g,加水 400mL,如 1:1 的硫酸 10mL,于 $80 \sim 88℃$ 酸化 $1 \sim 1.5h$,使钠皂全部转化成脂肪酸。

(2)水洗 酸化后分出上层有机物,用热水洗至中性。

(3)干燥 分出的有机物用无水硫酸钠干燥。

(4)减压蒸馏 干燥后的粗脂肪酸 85g,用加热套加热进行减压蒸馏,收集 $202 \sim 228℃/7mmHg$($933Pa$)的馏分,得豆油脂肪酸 54g。所得产品为白色或淡黄色油膏,熔点为 $27 \sim 31℃$。

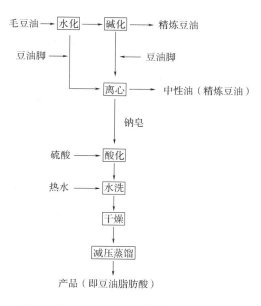

图 9 – 10 皂脚中脂肪酸的提取工艺流程

(四)从油脚中提取大豆磷脂

磷脂是一类具有特定机能的极性物质,天然的磷脂具有很高的营养价值和良好的加工机能。磷脂是一种表面活性剂,是动物和植物组织细胞膜的主要组成成分。磷脂不仅是生物膜的重要组成成分,而且对脂肪的吸收、转运,对脂肪酸,特别是不饱和脂肪酸起着重要的作用。大豆磷脂是大豆油生产过程中毛油水脱胶时的副产品,是经进一步脱水、纯化处理的产品。大豆磷脂是以卵磷脂、脑磷脂、磷脂肌醇和磷脂酸为主,包括大豆油、固醇、糖类一类物质的总称。大豆磷脂是一种性能良好的天然离子型表面活性剂,具有乳化、软化、润滑、抗氧化等机能特性,广泛用于化妆品、食品、医疗、保健品、纺织和动物饲料等行业。

大豆磷脂的应用:磷脂是生物表面活性剂,天然营养素,生命的基础物质,具有生物活性和生理功能,是最佳的健脑、强心、养身的营养素和食品乳化剂,而且还是增进健康、延年益寿的功能性食品。磷脂具有良好的表面性能,可作为乳化剂、分散剂、润滑剂、软化剂。磷脂对心脑血管系统以及肝、胆、肾等器官的保健功效是不言而喻的。磷脂与蛋白质、脂肪、糖类、维生素、微量元素及水一起构成了人的机体,在人体中担负着不可替代的重任。缺了磷脂,人的机体就失去了正常运转的可能。因此,食补大豆磷脂,就像人们每天必须摄入营养素一样重要。大豆磷脂与唾液中的各种消化酶可形成一种微囊化的物质——脂质体。该物质不仅极易被人体吸收,而且对食物中其他营养素的消化吸收有协同作用,从而使大豆磷脂的各种保健功效更加显著。大豆磷脂已被发达国家列为可持续发展的食品添加剂,是无毒、无刺激、无污染的纯天然营养素。

连续式大豆磷脂工艺流程见图 9 – 11。

高纯度大豆磷脂的生产工艺流程见图 9 – 12。

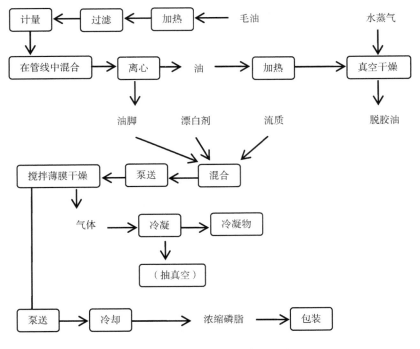

图 9 - 11　连续式大豆磷脂工艺流程

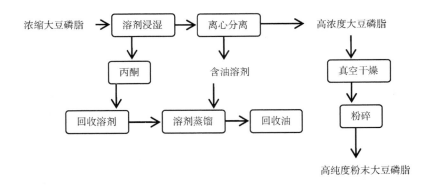

图 9 - 12　高纯度大豆磷脂的生产工艺流程

高纯度卵磷脂和脑磷脂的制备工艺流程见图 9 - 13。

（五）从大豆油的脱臭馏出物中提取天然维生素 E

植物油脂中多含有一定量的天然维生素 E，它是油脂中优良的抗氧化剂。

大豆油在碱炼时会产生皂化物，在高温、真空脱臭过程中有副产物脱臭馏分，它们的主要成分是游离脂肪酸、中性油、天然维生素 E 和植物甾醇，还有一些色素和臭味物质。特别是在脱臭馏出物中，天然维生素 E 的含量可以达到 3% ~ 15%，所以从脱臭馏出物中提取维生素 E 是经济而且合理的方法。目前国际上天然维生素 E 大都来源于此。

可以使用的提取方法有溶剂萃取法、CO_2 超临界萃取法、皂化法、硅胶法、醇法、酯化法、尿素络合法、凝胶过滤法等。

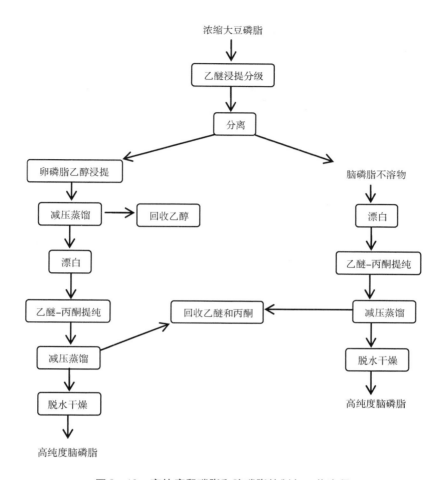

图 9 - 13　高纯度卵磷脂和脑磷脂的制备工艺流程

我国当前通用的提取方法是酯化法，其工艺流程见图 9 - 14。

脱臭馏出物→ 酯化 → 中和 → 分层 → 冷析分离 → 短程蒸馏 → 分子蒸馏 →维生素 E

图 9 - 14　酯化法提取维生素 E 工艺流程

（六）提取中性油

从皂脚中提取中性油，提取率达 95% 以上，回收的中性油品质好，而且投资少、操作简单、安全，适合于中小型企业，能减少资源浪费，提高经济效益。

从皂脚中提取中性油，首先需要升高温度，加入电解质，用机械搅拌等方法来消除或减退原乳化剂的保护能力，破坏稳定的薄膜；然后根据肥皂、油在不同情况下密度的不同而分离出中性油。肥皂的密度在 $90 \sim 95$ ℃时为 $0.97 \mathrm{mg/cm^3}$ 左右；加入电解质后肥皂密度增大到 $1.05 \mathrm{mg/cm^3}$，油的密度为 $0.917 \sim 0.925 \mathrm{mg/cm^3}$，利用密度的不同进行分离。具体方法：将皂脚泵入蒸煮锅内，打开间接蒸汽进行蒸煮，温度控制在 100℃左右，让皂脚中的水分尽量蒸发掉；待皂脚面上有油出现时，将间接蒸汽调小，缓慢蒸发油中水分；待出现大量油时，停止加热，加入少量盐，让皂脚下沉，中性油大量上浮，如此反复撇油 $2 \sim 3$ 次，可分离得到中性油。

（七）油皂脚制备生物柴油

生物柴油是当今社会能源领域研究的热点，它对缓解能源短缺和护生态环境有着深远的意义，而且生物柴油的主要成分脂肪酸甲酯也是重要的化工原料和中间体，可用于制取洗涤剂、乳化剂、渗透剂等表面活性剂，因此生物柴油的工业化生产相当重要。

以菜籽油油脚、皂脚为原料制备生物柴油的反应过程及后处理，与以精炼油为原料制备生物柴油过程相似，低芥酸菜籽中的脂肪酸组成多为 16 ~ 20 个碳，与生物柴油所要求的脂肪酸碳链长度相符。

菜籽油皂脚制备生物柴油的工艺流程见图 9 – 15。

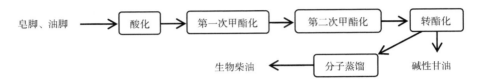

图 9 – 15　菜籽油皂脚制备生物柴油工艺流程

🔍 **思考题**

1. 米糠中都含有哪些主要营养成分？
2. 米糠都有哪些主要加工利用途径？
3. 小麦麸皮中可以分离出哪些功能成分？
4. 为什么说小麦胚芽是人类的天然营养宝库？
5. 玉米淀粉生产都产生哪些副产品？这些副产品的主要加工利用途径有哪些？
6. 大豆异黄酮是如何提取出来的？
7. 大豆油脚和皂脚都能提取哪些有价值的产品？
8. 大豆磷脂的功能和用途是什么？
9. 粮油加工副产品综合利用的重要意义是什么？

参 考 文 献

[1] 曹龙奎，李凤林．淀粉制品生产工艺学［M］．北京：中国轻工业出版社，2008．

[2] 陈璇．玉米淀粉工业手册［M］．北京：中国轻工业出版社，2009．

[3] 程建军．淀粉工艺学［M］．北京：科学出版社，2011．

[4] 杜长安，陈复生．植物蛋白工艺学［M］．北京：中国商业出版社，1995．

[5] 高嘉安．淀粉与淀粉制品工艺学［M］．北京：中国农业出版社，2001．

[6] 高新楼，邢庭茂，等．小麦品质与面制品加工技术［M］．郑州：中原农民出版社，2009．

[7] 管晓冉，张德纯．功能性低聚糖生产工艺的研究现状［J］．中国微生态学杂志，2009，21（8）：762 – 764．

[8] 郭玲玲．国内外玉米深加工现状及发展趋势［J］．农业科技与装备，2010（9）：8 – 10．

[9] 何小维，罗发兴，罗志刚．物理场改性淀粉的研究［J］．食品工业科技，2005，26（9）：172 – 174．

[10] 胡爱军，张志华，郑捷，等．超声波处理对淀粉结构与性质影响［J］．粮食与油脂，2011（6）：9 – 11．

[11] 冀国强，邵秀芝，王玉婷．超声波技术在淀粉改性中应用［J］．粮食与油脂，2010（1）：1 – 5．

[12] 江志炜，沈蓓英，潘秋琴．蛋白质加工技术［M］．北京：中国商业出版社，2003．

[13] 李海波，蒋鸿芳，邱芳萍．淀粉糖工业中新工艺的研究和应用［J］．食品科技，2007（5）：65 – 68．

[14] 李昊，李志达，黄椿鑑，等．中空纤维酶膜反应器制取麦芽低聚糖的工艺研究［J］．中国粮油学报，1998，13（5）：49 – 52．

[15] 李里特，江正强，卢山．焙烤食品工艺学［M］．北京：中国轻工业出版社，2000．

[16] 李丽娜．挤压技术在食品工业中的应用［J］．哈尔滨商业大学学报：自然科学版，2004，20（2）：183 – 186．

[17] 李琦，李军霞．现代膜分离技术及其在大豆加工中的应用［J］．食品工业科技，2012（5）：380 – 383．

[18] 李琼，肖晶，刘毓宏．酶膜反应器及其在淀粉糖中的应用［J］．膜科学与技术，2004，24（2）：58 – 61．

[19] 李新华，刘雄．粮油加工工艺学［M］．郑州：郑州大学出版社，2011．

[20] 李新华，张秀玲．粮油副产品综合利用［M］．北京：科学出版社，2012．

[21] 李志达，黄志通，朱秋享，等．中空纤维酶膜反应器制取异麦芽低聚糖的新工艺［J］．中国粮油学报，1998，13（6）：23 – 27．

[22] 林亲录，周丽君，符琼．淀粉转化生产葡萄糖工艺研究进展［J］．食品工业科技，2011（4）：412 – 414．

[23] 刘坤，张桂，赵国群．酶膜反应器在淀粉糖行业中的研究应用［J］．粮食与饲料工

业，2010（9）：25－26，30.

[24] 刘雄. 粮食储藏与加工技术［M］. 北京：中国农业出版社，2011.

[25] 刘英. 稻谷加工技术［M］. 武汉：湖北科学技术出版社，2010.

[26] 刘玉兰. 植物油脂生产与综合利用［M］. 北京：中国轻工业出版社，1999.

[27] 刘玉兰. 油脂制取工艺学［M］. 北京：化学工业出版社，2006.

[28] 刘宗利，杨海军. 果葡糖浆的市场现状及发展趋势［J］. 精细与专用化学品，2004，12（6）：23－24.

[29] 倪培德. 油脂加工技术［M］. 北京：化学工业出版社，2003.

[30] 权伍荣，张健，李森. 结晶葡萄糖的生产工艺、用途及其发展前景［J］. 延边大学农学学报，2004，26（4）：313－318.

[31] 申森，王振伟. 超声波法制备酸解氧化淀粉的工艺研究［J］. 农业机械，2011（6）：116－119.

[32] 石彦国. 大豆制品工艺学［M］.2版. 北京：中国轻工业出版社，2005.

[33] 宋黎，李新兰. 酸法生产葡萄糖的冷却结晶［J］. 辽宁化工，1997，26（3）：160－162.

[34] 王尔惠. 大豆蛋白质生产新技术［M］. 北京：中国轻工业出版社，1999.

[35] 王如福. 食品工艺学概论［M］. 北京：中国轻工业出版社，2006.

[36] 王奕娇，张庆柱，朱金鸣. 我国玉米深加工现状及其发展建议［J］. 农机化研究，2010（9）：245－248.

[37] 吴小鸣，宋明淦. 挤压技术在功能性食品中的应用探讨［J］. 粮食与食品工业，2000（4）：30－33.

[38] 武汉粮食工业学院. 油脂制取工艺与设备［M］. 北京：中国财经出版社，1983.

[39] 西南农业大学. 酿造调味品［M］. 北京：中国农业出版社，1986.

[40] 肖志刚. 粮油加工概论［M］. 北京：中国轻工业出版社，2008.

[41] 徐正康，罗发兴，罗志刚. 超声波在淀粉制品中的应用［J］. 粮油加工与食品机械，2004（12）：60－61，64.

[42] 徐忠，缪铭. 功能性变性淀粉［M］. 北京：中国轻工业出版社，2010.

[43] 杨连生，扶雄，何小维，等. 以α－葡萄糖苷酶为主酶制备异麦芽低聚糖［J］. 食品科学，1999（2）：20－22.

[44] 杨杨. 稻谷加工设备使用与维护［M］. 北京：中国轻工业出版社，2011.

[45] 杨志强，刘丽萍，于涛，等. 膜分离技术生产淀粉糖工艺［J］. 食品研究与开发，2009，30（11）：33－35.

[46] 姚惠源. 谷物加工工艺学［M］. 北京：中国轻工业出版社，1999.

[47] 殷涌光，刘静波. 大豆食品工艺学［M］. 北京：化学工业出版社，2006.

[48] 尤新. 我国低聚糖生产技术研究进展［J］. 食品工业科技，2002（4）：4－7.

[49] 尤新. 淀粉糖品生产与应用手册［M］.2版. 北京：中国轻工业出版社，2010.

[50] 于国萍，吴非. 谷物化学［M］. 北京：科学出版社，2010.

[51] 于新. 谷物加工技术［M］. 北京：中国纺织出版社，2011.

[52] 余平，石彦忠. 淀粉与淀粉制品工艺学［M］. 北京：中国轻工业出版社，2011.

［53］俞年丰，唐运平，许丹宇，等．高浓度马铃薯淀粉废水处理工艺研究现状及发展［J］．工业水处理，2011，31（1）：5-8.

［54］张百胜．麦芽低聚糖在食品生产中的应用［J］．农产品加工：学刊，2007（7）：91-92，94.

［55］张建华，肖永霞，邵秀芝．抗性淀粉新技术研究进展［J］．粮食与油脂，2009（2）：3-5.

［56］张健，赵镭，欧阳一非，等．现代仪器分析技术在白酒感官评价研究中的应用［J］．食品科学，2007，28（10）：558-561.

［57］张力田，高群玉．淀粉糖［M］．3版．北京：中国轻工业出版社，2011.

［58］张燕萍．变性淀粉制造与应用［M］．北京：化学工业出版社，2007.

［59］赵凯．淀粉非化学改性技术［M］．北京：化学工业出版社，2009.

［60］张泽庆．食品挤压技术［J］．包装与食品机械，2007，25（6）：13-18.

［61］赵晓燕，马越．中国马铃薯淀粉生产现状及前景分析［J］．粮油加工与食品机械，2004（11）：67-68，71.

［62］赵旭，董殿文，林琳．米糠油的功能特性及膨化提出工艺［J］．农业科技与装备，2010，3：38-40.

［63］赵奕玲，黎晓，廖丹葵．超声波预处理制备磷酸酯淀粉的研究［J］．食品工业科技，2008，24（4）：37-40.

［64］周宝瑞．植物蛋白功能原理与工艺［M］．北京：化学工业出版社，2008.

［65］周建芹，罗发兴．膜在淀粉糖生产中的应用［J］．武汉工业学院学报，2000（3）：19-22.

［66］周显青．稻谷加工工艺与设备［M］．北京：化学工业出版社，2011.

［67］LIMBERGER V M，BRUM F B，PATIASL D，et al. Modified broken rice starch as fat substitute in sausages［J］. Ciencia E Tenoiogia De Alimentos，2011，31（3）：789-792.

［68］YANG L，CHEN J H，XUT，et al. Rice protein extracted by different methods affects cholesterol metabolism in rats due to its lower digestibility［J］. Int J Biol Macromol，2011，12（11）：7593-7608.

［69］刘恩岐，曾凡坤．食品工艺学［M］．郑州：郑州大学出版社，2011.

［70］秦文，曾凡坤．食品加工原理［M］．北京：中国质检出版社，2011.

［71］夏文水．食品工艺学［M］．北京：中国轻工业出版社，2007.

［72］曾宪科．农副产品综合利用与开发［M］．广州：广东科技出版社，2002.

［73］胡小松，吴继红．农产品深加工技术［M］．北京：中国农业科学技术出版社，2007.

［74］蒋爱民，赵丽芹．食品原料学［M］．南京：东南大学出版社，2007.

［75］李新华，董海洲．粮油加工学［M］．2版．北京：中国农业出版社，2009.

［76］王德培．粮油产品加工与贮藏新技术［M］．广州：华南理工大学出版社，2001.

［77］王丽琼．粮油加工技术［M］．北京：中国农业出版社，2008.

［78］肖志刚，许效群．粮油加工概论［M］．北京：中国轻工业出版社，2008.

［79］陆启玉．粮油产品加工工艺学［M］．北京：中国轻工业出版社，2008.